超高结构建造整体钢平台模架装备技术

龚 剑 著

中国建筑工业出版社

图书在版编目（CIP）数据

超高结构建造整体钢平台模架装备技术/龚剑著. —北京：
中国建筑工业出版社，2018.12
ISBN 978-7-112-23195-9

Ⅰ.① 超… Ⅱ.① 龚… Ⅲ.① 超高层建筑—钢结构—研
究 Ⅳ.① TU973.1

中国版本图书馆CIP数据核字（2019）第010450号

　　本书是作者多年工作成果的总结，系统介绍了超高结构建造整体钢平台模架装备
技术。全书共分为10章，包括：绪论、整体钢平台模架装备发展历程、整体钢平台模
架装备体系构建、整体钢平台模架装备结构分析、整体钢平台模架装备设计、整体钢
平台模架装备构造、整体钢平台模架装备施工、复杂结构层施工、数字化建造技术、
模架与机械一体化技术。本书内容系统、全面，具有很强的指导性，可供建筑施工行
业技术人员和管理人员参考使用。

责任编辑：王砾瑶　范业庶
责任校对：赵　菲

超高结构建造整体钢平台模架装备技术
龚　剑　著

*

中国建筑工业出版社出版、发行（北京海淀三里河路9号）
各地新华书店、建筑书店经销
北京建筑工业印刷厂制版
天津翔远印刷有限公司印刷

*

开本：787×1092毫米　1/16　印张：23½　字数：413千字
2018年12月第一版　2018年12月第一次印刷
定价：**108.00**元
ISBN 978-7-112-23195-9
（33272）

作者简介

龚剑，工学博士，教授级高工，现任上海建工集团股份有限公司总工程师，同济大学博士生导师，哈尔滨工业大学、大连理工大学兼职教授，享受国务院特殊津贴，英国皇家特许建造学会（FCIOB）和英国土木工程师学会（FICE）资深会员。兼任中国土木工程学会常务理事、中国模板脚手架协会副理事长、中国土木工程学会总工程师工作委员会副理事长、中国建筑学会建筑施工分会副主任、中国建筑学会数字建造学术委员会副主任等社会团体职务。先后荣获何梁何利基金科学与技术创新奖、全国创新争先奖状、上海市科技精英、中国施工企业管理协会首届最高科学技术奖等荣誉。

亲历建造了三栋我国不同时期的最高建筑物以及两座最高构筑物，20 世纪90 年代建造了我国 468m 高的上海东方明珠塔最高构筑物和 420.5m 高的金茂大厦最高建筑物；2000 年以来分别建造了 492m 高的上海环球金融中心、610m 高的广州塔、632m 高的上海中心大厦等工程，建筑物和构筑物在我国率先突破600m 高度。主持完成了国家"十二五"科技支撑计划项目《千米级超高层建造整体钢平台模架及输送泵装备研发与示范》、课题《绿色建造虚拟技术研究与示范》等 18 项国家和省部级科研项目课题研究；"十三五"以来，主持了国家重点研发计划项目《建筑工程施工风险监控技术研究》。在长期的研究过程中，针对超高空高效安全建造装备技术难题，创建了超高结构建造的新型智能控制整体钢平台模架技术体系；针对高大结构混凝土裂缝控制及泵送控制技术难题，建立了高大结构建造的混凝土性能设计及其施工成套技术体系；针对密集中心城区深大基坑工程施工和环境微扰动控制技术难题，建立了基础结构建造的软土深大基坑分区支护及变形控制技术体系，为我国城镇化发展中的高层建筑绿色建造产业创新作出了突出贡献。获国家科技进步一等奖 1 项、二等奖 3 项，国家技术发明二等奖 1 项。获省部级科学技术奖 22 项，其中上海市科技进步特等奖 1 项、一等奖 7 项，上海市技术发明一等奖 1 项。

前　言

登高望远，攀高而上。自古以来，人类对高度极限的追求从未止步，从传说的通天巴比伦塔，到尼罗河畔的金字塔，再到古老东方的嵩岳寺塔、应县木塔，让建筑空间不断向天空拓展是人类长期以来的渴望。19世纪中叶，城市化的发展与现代科技的进步促使现代高层建筑产生和发展。如今，高层及超高层建筑承载着人类对美好生活的愿望，所以世界各地不断涌现，成为现代文明发展最为闪耀的结晶。

改革开放以来，我国高层及超高层建筑发展迅速。全国各地兴建了大量地标性超高层建筑，不断创造新的高度记录。与此同时，我国超高结构建造技术也不断实现超越，面向各类复杂超高工程的建造能力与日俱增。

自主创新，铸就超高结构建造利器。超高结构工程建造装备的水平最能代表国家超高层建筑发展的水平。在我国超高层建筑发展历程中，由上海建工集团最早提出并持续发展应用的整体钢平台模架装备在各类模架体系中脱颖而出，成为目前我国超高结构建造的主流装备。这种自主研发的整体式模架技术围绕超高结构建造需求不断发展和突破，能够适应超高结构日益复杂的体型变化特点以及建筑业绿色化、工业化、信息化发展的要求，屡次刷新中国工程建设的高度，创造中国工程建设的速度，塑造形成中国模架装备品牌，成为我国工程建设领域主动迎接国际竞争、融入全球化发展的强大装备技术。

长期以来，整体钢平台模架装备在我国超高层建筑物和超高构筑物的建造中发挥了不可替代的作用。它最早应用于上海东方明珠电视塔工程，随着体系的不断创新发展，在金茂大厦、上海环球金融中心、南京紫峰大厦、广州塔、上海中心大厦、上海白玉兰广场等诸多超高工程施工中得到了更为广泛的应用。

本书作为首部系统论述整体钢平台模架装备技术的专业图书，全面介绍了整体钢平台模架装备的专业基础理论及施工技术体系，主要内容包括整体钢平台模架装备技术的发展历程、体系构建、结构分析、设计方法、施工技术、数字化建造技术、一体化技术等。希望通过本书的撰写，整体钢平台模架装备技术应用的深度与广度能够得到进一步提升，并能够集聚行业力量，促使整体钢平台模架装备进一步创新发展。同时，以先进工程施工装备为切入点，促进建筑行业传统建造模式的转型升级，推动超高结构向工业化、智能化建造方向发展，全面提升超高结构工程建造水平。

本书内容丰富，案例翔实，各章节的逻辑关系严密，层层递进，兼具理论研究的深度和工程实践的广度，对建筑工程和构筑物工程的高耸现浇混凝土结构施工用整体模架装备的设计、制作、安装、爬升、作业及拆除过程管控具有指导意义。本书可为土木建筑领域从事工程施工的技术人员、管理人员使用，也可供高等院校相关专业的师生学习参考，对从事土木建筑领域的科技人员同样具有参考价值。

在本书撰写过程中，朱毅敏、扶新立、张铭、徐磊、黄轶、黄玉林等人为本书提供了大量有益的素材；王小安、秦鹏飞、马静、杨德生、王明亮、王庆春、李佳伟等人为本书的资料整理做了大量的工作，笔者对以上人员给予的大力帮助表示诚挚的感谢。

书中难免有不当或错误之处，在此衷心希望各位读者给予批评指正。

2018 年 12 月

目　　录

第 1 章

绪　论

1.1 超高层建筑的发展

随着全球经济的发展，世界各国的城市化水平日益攀升，城市人口急剧增加，土地供应日趋紧张，人类在城市极为有限的土地资源上寻求创造更大面积的居住、生活、办公等空间，促使城市逐渐向高空拓展，这是高层及超高层建筑出现和不断发展的源动力。现代高层及超高层建筑的出现和发展受益于现代科技的进步和飞跃，1853 年美国发明的奥的斯升降电梯，1856 年钢材的批量生产，1867 年钢筋混凝土的问世，使得城市高层建筑不断涌现。为了适应社会经济的发展以及人类对美好生活的追求，工程技术人员不断探索创新，为现代高层及超高层建筑的产生和发展提供了强大的科学技术支撑。

1.1.1 国外超高层建筑发展

世界现代高层建筑发展始于 19 世纪中叶以后，迄今已有 130 多年历史。1801 年，英国建造的曼彻斯特萨尔福特棉纺厂（The Cotton Mill Salford）生产车间，共 7 层，是世界上最早以铸铁框架作为承重结构的高层建筑。1885 年，美国芝加哥建成 10 层的家庭保险大楼（Home Insurance Building），高 55m，是世界公认的第一栋具有现代意义的高层建筑，也是世界第一栋钢结构高层建筑，见图 1-1（a）。1894 年，曼哈顿人寿保险大厦（Manhattan Life Insurance Building）在美国纽约建成，地上共 18 层，高达 106m，是世界首栋高度大于 100m 的超高层建筑（1972 年联合国教科文组织所属世界高层建筑委员会定义），标志着高层建筑发展进入超高层建筑阶段。1903 年，美国辛辛那提建造 16 层的英格尔斯大厦（Ingalls Building），是世界上第一栋钢筋混凝土结构高层建筑。1907 年，美国纽约建造 47 层的辛尔大厦（Singer Building），高 187m，是世界上第一栋超过金字塔高度的高层建筑。1913 年，纽约建造 57 层的渥尔沃斯大厦（Woolworth Building），该建筑采用钢框架建造，高 241m，是世界首栋高度大于 200m 的超高层建筑。1931 年，纽约建成 102 层的帝国大厦（Empire State Building），见图 1-1（b），高 381m，是世界首栋高度大于 300m 的超高层建筑，这座大厦保持世界最高建筑达 40 余年，直至 1972 年被高 417m 和 415m 的双子楼原世界贸易中心（World Trade Center）超过，世界贸易中心成为世界首栋高度大于 400m 的超高层建筑，可惜于 2001 年 9 月 11 日被恐怖分子慢机撞毁。1967 年，俄罗斯建造了高 540m 的莫斯科电视塔（Ostankino TV Tower），是当时的世界第一高塔，见图 1-2（a）。1974 年，110 层的西尔斯大厦（Sears Tower）在美国芝加哥建成，高 442m，该建筑保持世界最高建筑达 24 年，见图 1-1(c)。1976 年，高 554m 的加拿大国家电视塔（CN Tower）在多伦多建成，成为当时新的世界第一高塔，见图 1-2（b）。2014 年，纽约在原世界贸易中心遗址建成了新的世贸中心大楼（One World Trade Center），高 82 层，417m，见图 1-1（d）。可以说，20 世纪 80 年代以前，全球范围内具有影响力的高层及超高层建筑主要集中在美国。

（a）家庭保险大楼　　（b）帝国大厦　　（c）西尔斯大厦　　（d）新世贸中心

图 1-1　美国典型高层及超高层建筑

（a）莫斯科电视塔　　（b）加拿大国家电视塔

图 1-2　国外典型超高构筑物

20 世纪 80 和 90 年代以后，亚洲地区的经济发展迅速，超高层建筑在世界范围内开始推广普及，从欧美地区到亚洲地区都有所发展。1998 年，88 层的马来西亚国家石油双塔大厦（Petronas Twin Towers）建成，高 452m，取代西尔斯大厦成为当时新的世界第一高楼，见图 1-3(a)。2010 年，阿联酋建成高 160 层、828m 的哈利法塔（Burj Khalifa Tower），是当今世界第一高楼，见图 1-3（b）。2012 年，日本建成高 634m 的东京晴空塔（Tokyo Skytree Tower），超越广州塔成为世界第一高塔，见图1-4。2017年，韩国首尔建成高度为555m的乐天世界大厦（Lotte World Tower），成为朝鲜半岛新的地标建筑，见图1-3（c）。随着超高层建筑层出不穷，超高层建筑在亚洲地区的发展出现了新的高潮，亚洲地区已成为世界超高层建筑发展新的中心。

（a）国油双塔大厦　　　　　　（b）哈利法塔　　　　　　（c）乐天世界大厦

图1-3　亚洲地区典型超高层建筑

图1-4　东京晴空塔超高构筑物

1.1.2　我国超高层建筑发展

我国现代意义上的高层建筑发源于20世纪初的上海。虽然起步和发展比较晚，但是上海城市稀缺的土地资源，激发了高层建筑的快速发展。1923年，上海建成了字林西报大楼，也就是现在的桂林大楼，高10层，是我国首栋具有现代意义的高层建筑，见图1-5（a）。同时期具有代表性的高层建筑，还有1929年建成的和平饭店和1934年建成的上海大厦。和平饭店原名沙逊大厦，高

77m，见图 1-5（b）；上海大厦原名百老汇大厦，高 21 层，见图 1-5（c）。

1934 年，上海建成高 82.5m，地上 22 层，地下 2 层的当时亚洲第一高楼上海国际饭店，标志着中华人民共和国成立以前我国高层建筑及建造技术通过较短时间的发展已达到了亚洲先进水平，见图 1-5（d）。上海国际饭店由陶桂林（1891～1992）1822 年创办的馥记营造厂建造，馥记营造厂后来发展成全国最大的建筑公司。1953 年初国家实行公私合营，馥记营造厂等 500 多家营造厂归并上海市建工局，上海建工局于 1993 年改制为上海建工集团。1938～1948 年，我国战火连绵，高层建筑发展进入停滞期。

（a）字林西报大楼　　（b）和平饭店　　（c）上海大厦　　（d）上海国际饭店

图 1-5　中华人民共和国成立前我国典型的高层建筑

中华人民共和国成立以后，我国的高层建筑在恢复和争论中缓慢发展。20 世纪 50 年代，我国开始自行设计建造高层建筑，典型工程如 1959 年建成的北京民族文化宫，高 13 层，67m；同年建成还有高 11 层的北京民族饭店等。1968 年，广州宾馆建成，主楼 27 层，高 86.5m，这是中华人民共和国成立后我国内地地区第一栋高度超过上海国际饭店的高层建筑物。1976 年，广州白云宾馆建成，主楼 33 层，高 120m，表明我国自行设计建造的建筑开始突破 100m 高度，高层建筑发展进入了超高层建筑阶段。

20 世纪 80 年代后，随着改革开放的不断推进，我国高层建筑的发展进入了兴盛期。1981 年，建成上海宾馆，高 30 层，91.5m，超过国际饭店成为上海新的最高楼。1983 年，南京金陵饭店建成，高 37 层，110m。1985 年上海联谊大厦建成，高 29 层，107m，成为我国第一栋采用玻璃幕墙的建筑；同年，深圳国际贸易中心建成，高 50 层，160m。1988 年建成上海静安希尔顿大酒店，高 40 层，143m；同年，建成上海新锦江大酒店，高 46 层，154m，见图 1-6（a）。1989 年，建成上海花园饭店，高 33 层，122.6m，见图 1-6（c）；同年，上海展览中心北馆，现名上海商城建成，高48层，168m，成为80年代上海规模最大、高度最高的超高层建筑，见图1-6（b）所示。

（a）上海新锦江大酒店　　　　　（b）上海商城　　　　　　（c）上海花园饭店

图1-6　20世纪80年代上海典型超高层建筑

20世纪90年代，我国超高层建筑进一步得到发展。1990年，建成北京京广中心，高54层，208.7m。1990年，建成香港中国银行大厦，高70层，367.4m，成为香港当时最高建筑。1991年，建成高415.2m的天津广播电视塔，见图1-7（a）；1992年，建成高405m的北京中央电视塔，见图1-7（b）；1994年，建成高468m的上海东方明珠电视塔，成为当时中国第一、世界第三高塔，也是我国内地90年代最高的构筑物，见图1-7(c)。1996年，深圳地王大厦建成，高69层，324.8m，见图1-8（a）；1997年，建成80层的广州中信广场，高321.9m，见图1-8（b）；1998年，建成上海金茂大厦，高88层，420.5m，成为当时中国第一、世界第三高楼，也是我国内地90年代率先突破400m高度的最高建筑物，使我国超高层建筑施工技术跨入世界先进行列，见图1-8（c）所示。

2000年以来，我国超高层建筑工程建设进入了高峰期。2003年，香港国际金融中心建成，高88层，415.8m，见图1-9（a）。2004年，台北国际金融中心建成，共101层，高508m，成为当时世界第一高楼，见图1-9（b）。2008年，上海环球金融中心建成，共101层，高492m，成为当时中国内地新的第一高楼、世界第三高楼，见图1-10（a）。2009年，高610m的广州塔建成，成为当时世界第一高塔，也是我国高度率先突破600m高度的超高构筑物，见图1-11。2010年，建成香港环球贸易广场，共118层，高484m，成为新的香港第一高楼，见图1-9（c）；同年，建成南京紫峰大厦，共89层，高450m，见图1-10（b）。2015年，建成上海中心大厦，共127层，高632m，成为中国第一、世界第二高楼，也是我国高度率先突破600m的超高层建筑，这表明我国超高层建筑建造水平再上新的台阶，见图1-10（c）。

（a）天津广播电视塔　　　（b）北京中央电视塔　　　（c）上海东方明珠电视塔

图 1-7　20 世纪 90 年代中国内地典型超高构筑物

（a）深圳地王大厦　　　　（b）广州中信大厦　　　　（c）上海金茂大厦

图 1-8　20 世纪 90 年代中国内地典型超高层建筑

（a）香港国际金融中心　　（b）台北国际金融中心　　（c）香港环球贸易广场

图 1-9　2000 年以来香港和台湾地区典型超高层建筑

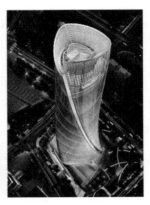

（a）上海环球金融中心　　　　　（b）南京紫峰大厦　　　　　（c）上海中心大厦

图 1-10 2000 年以来中国内地典型超高层建筑

图 1-11 广州塔超高构筑物

表 1-1 列举了当今世界已建成最高的 20 栋超高层建筑物，表 1-2 列举了当今世界已建成最高的 10 座超高构筑物，上述统计数据截至 2018 年 6 月。

世界最高的 20 栋建筑物　　　　　　　　　表 1-1

序号	名称	城市	高度（m）	楼层	竣工年份
1	哈利法塔	迪拜	828	163	2010
2	上海中心大厦	上海	632	128	2015
3	麦加皇家钟塔饭店	麦加	601	120	2012
4	平安金融中心	深圳	599.1	115	2017
5	乐天世界大厦	首尔	554.5	123	2017
6	广州周大福金融中心	广州	530	111	2016

续表

序号	名称	城市	高度（m）	楼层	竣工年份
7	台北 101	台北	508	101	2004
8	上海环球金融中心	上海	492	101	2008
9	环球贸易广场	香港	484	118	2010
10	Vincom Landmark 81	胡志明市	461.3	81	2018
11	长沙国际金融中心	长沙	452.1	94	2018
12	国家石油双塔大厦	吉隆坡	451.9	88	1998
13	南京紫峰大厦	南京	450	89	2010
14	西尔斯大厦	芝加哥	442	110	1974
15	京基 100	深圳	441.8	100	2011
16	广州国际金融中心	广州	440	103	2010
17	432 Park Avenue 公寓	纽约	425.7	85	2015
18	港湾 101 大楼	迪拜	425	101	2017
19	特朗普国际酒店大厦	芝加哥	423.2	98	2009
20	金茂大厦	上海	420.5	88	1998

世界最高的 10 座构筑物　　　　　　　　　　表 1-2

序号	名称	高度（m）	城市	竣工年份
1	东京晴空塔	634	东京	2012
2	广州塔	610	广州	2010
3	加拿大国家电视塔	553.3	多伦多	1976
4	奥斯坦金诺电视塔	540	莫斯科	1967
5	东方明珠广播电视塔	468	上海	1994
6	默德塔	435	德黑兰	2009
7	吉隆坡塔	420.4	吉隆坡	1996
8	埃基巴斯图兹发电厂	419.7	埃基巴斯图兹	1987
9	天津广播电视塔	415.1	天津	1991
10	中央广播电视塔	410.5	北京	1992

1.2 爬升模架技术发展

高层及超高层建筑的发展，为建造技术的进步提供了广阔的舞台；而建造技术的进步，又有力的推动了高层及超高层建筑的快速发展。高层及超高层建筑为了提高抗侧刚度，采用混凝土核心筒结构与外围钢框架结构的混合形式，这是一种常见的结构体系，其中超高混凝土核心筒结构的建造是关键。

在超高现浇混凝土结构施工中，钢筋工程、混凝土工程和模架工程是三个最为重要的工作。模架工程是浇筑混凝土时满足混凝土成型要求的模板及其支撑体系的总称，是钢筋混凝土工程的重要组成部分。采用先进的爬升模架技术，可显著提高超高混凝土结构的工程质量，保证施工安全，加快施工进度，降低工程成本，故爬升模架技术一直以来是超高混凝土结构建造技术发展的核心。纵观世界范围内超高混凝土结构施工用的模架体系，主要包括大模板体系、滑模体系、爬模体系、整体钢平台模架体系等。

1.2.1 大模板体系

大模板体系是一种大型工具化的模板体系，根据混凝土墙面施工需要，设计成整体式或者拼装式，由塔式起重机进行装拆和垂直吊运，见图1-12。大模板的尺寸和规格根据混凝土结构墙面的尺寸进行配置。采用该类模板体系进行施工，模板能够实现整装整拆，机械化施工程度提高，施工速度加快，模板周转使用得到体现，结构工程质量易于保证。

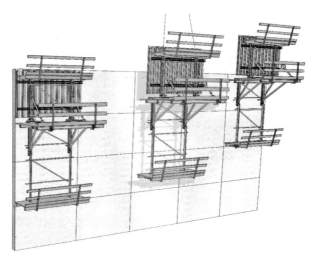

图 1-12 国外 DOKA 大模板体系

1915～1920 年，大模板体系的雏形出现在法国东南部。第二次世界大战结束后，建筑业大发展带动了建筑机械和模架技术的发展。在法国、德国、奥地利、英国、意大利、荷兰等一些受战争严重影响的欧洲国家，广泛采用大模板技术建造高层住宅和旅馆建筑，大模板工艺见图 1-13。苏联、日本、美国等也陆续采用了这种技术。我国大模板施工技术应用开始于 20 世纪 70 年代，其发展经历了从内浇外挂、到内浇外砌、再到内外墙全现浇的施工工艺历程。

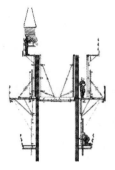 

（a）DOKA 大模板工艺 　　（b）DOKA 大模板施工案例

（c）PERI 大模板工艺 　　（d）PERI 大模板施工案例

图 1-13　国外 DOKA、PERI 大模板体系

20 世纪 70 年代，在"以钢代木"方针的推动下，我国开展了大模板体系的引进、吸收及研制推广工作。20 世纪 70 年代初，我国最早在辽宁沈阳应用大面积钢模板施工内外墙，分别建成了一栋建筑面积 792m² 的五层住宅和一栋建筑面积为 652m² 的四层试验住宅。从 1974 年开始，我国在北京建国门外 14～16 层外交公寓进行了大模板施工试点；1976 年，在北京"前三门"十里长街高层住宅建筑中大面积推广应用大模板工艺，逐步形成了"内浇外挂"大模板工艺体系，并发展出内纵横墙现浇、外墙砌砖、其他构件预制的"内浇外砌"大模板施工工艺。1975 年，上海建工集团率先在上海采用大模板现浇工艺，

形成"一模三板"施工方法，即大模板现浇混凝土内墙、预制大型外墙板、预制内隔墙板、预制大块楼板的施工新工艺，并在南京梅山炼铁基地多层住宅建设中，成功将外挂墙板改为砌筑砖墙，形成新型大模板"内浇外砌"施工工艺。

20 世纪 70 年代中期，以钢筋混凝土剪力墙结构体系为主的高层建筑在我国开始兴起，我国在发展通用性工具式组合大模板、定型化大模板工艺方面进行了探索研究。1978 年，上海建工集团在高 75.26m、21 层的大名饭店施工中采用了外承式大模板施工工艺，附墙支架既是外模的支撑结构，又是外模的空中堆场，大大减少了起重频次，提高了施工效率，见图 1-14。

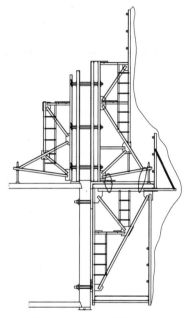

图 1-14　国内大模板工艺

改革开放后，超高层建筑及建筑工业化的发展为大模板施工工艺的升级与应用创造了条件。墙体大模板，除了继续使用整体式钢大模外，组合式大模和装拆式大模得到进一步发展。20 世纪 80 年代，为在高层建筑中减少"内浇外挂"工艺体系的外墙板制作、运输等作业环节，发展了内外墙同时现浇的大模板施工工艺。1982 年完成高 97.75m、33 层的广州白天鹅宾馆是当时国内采用大模板体系建造的最高建筑物。

进入 20 世纪 90 年代后，我国超高层建筑进入快速发展时期，促进了大模板技术的不断迭代升级。1994 年新型模板被建设部确定为建筑业重点推广应用的 10 项新技术之一，新型钢或胶合板可拆卸式大模板、钢框胶合板模板、宽面钢模板、全钢大模板、定型组合及模块式大钢模板等新型大模板技术层出不穷。1991 年建成高 200.18m、63 层的广东国际大厦施工中采用了一种新型钢木组合模板体系。

采用大模板体系进行超高结构施工，其安装支模过程需要塔式起重机辅助完成，因此这种工艺无法适应快速施工的要求。2000 年以后，大模板体系逐渐融入自动化程度高、整体性好、安全性强、适用性广的滑模、爬模及整体钢平台模架技术中，成为其工艺的组成部分，并被先进技术逐渐取代。

1.2.2　滑动模板体系

滑动模板体系，是一项具有移动成型特点、机械化程度较高的现浇混凝土结构工程施工模板体系[1]。它是在建筑物或构筑物底部一次性组装完成，在整个施工中基本上不再做大的改动，以提升设备带动模板向上连续滑动进行混凝土浇筑，实现混凝土结构施工的工艺，具有施工速度较快的特点，见图 1-15。

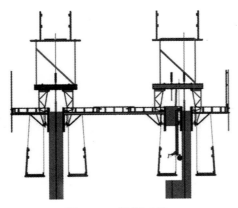

图 1-15　滑模工艺

20 世纪 20 年代，美国最早研制了手动螺旋式千斤顶的滑动模板体系。20年代后，开始推广到欧洲一些国家。1943 年，瑞典 Bygging-Uddemann 公司发明了中央控制液压滑升模板系统，彻底改变了以往主要依靠人力作为提升动力的局面，实现了滑动模板的机械化与自动化，取得了历史性突破。进入 70 年代后，随着液压和电子科技的不断发展，滑升设备及其控制系统日趋完善。除瑞典外，高层建筑施工采用滑动模板施工工艺在美国、加拿大等国家也日益增多。1976 年建成的多伦多加拿大国家电视塔采用滑模施工工艺，共用八个月完成建设。

20 世纪 30 年代，我国开始引进国外手动滑模施工技术。直到 70 年代初期，滑模技术才得到较大发展。上海闵行发电厂 180m 高烟囱采用了"双滑"施工新工艺，在 60 个工作日内一次滑升到顶。上海上港二区散粮筒仓主体结构采用群体滑模施工工艺，缩短了工期。1973 年，上海建工集团相继采用了滑模施工工艺建造了大量多层住宅。随着滑模施工工艺的日益成熟，该工艺应用逐步拓展到高层建筑墙体施工领域。1976 年，高 120m、33 层的广州白云宾馆建成标志着滑模施工工艺正式应用于超高层建筑施工领域。

20 世纪 80 年代起，滑模体系及施工技术趋于成熟，其应用逐渐从筒仓、烟囱等筒壁结构扩展到工业、民用和高层建筑中的框架结构和墙板结构。适用的结构截面形式从等截面发展到变截面，甚至更复杂的变坡变径截面形式；结构外形从常规的柱、梁、墙板和无悬挑结构，发展到具有凹凸竖线条和有悬挑的结构形式。1983 年，上海建工集团针对高层及超高层剪刀墙结构体系工程，研制了楼板和墙体整体现浇的"滑一浇一"工艺。1989 年，在上海采用滑模工艺建成了 34 层的花园饭店。

20 世纪 90 年代以后，随着我国超高层建筑的兴起，滑模工程大量增加，滑模施工工艺不断革新，派生出多种形式的滑模工艺，包括应用于不同材质墙体的复合壁滑升工艺、井壁或结构加固用的单侧滑升工艺、双曲线冷却塔用的滑动提升模板工艺及滑框倒模工艺等。1995 年，205m 高的武汉国际贸易中心大厦采用了墙柱梁整体滑模工艺施工；1998 年，185m 高的广州中城广场核心筒采用了滑升模板"滑一浇一"施工工艺完成施工。

2000 年以后，随着信息化技术的发展，滑模施工逐渐实现动态监测，自动调平、自动纠偏、自动纠扭等自动化控制技术逐渐应用，为滑模施工质量的进一步提高提供了现代化手段。

滑模工艺对结构平面布置和截面厚度有一定要求，当遇到特殊原因必须暂停施工时，必须具有停滑措施，混凝土浇筑和模板提升同时进行的工艺也决定了混凝土无法达到高标准的质量施工要求。目前高层和超高层建筑的结构体型复杂，且具有高标准的质量要求，滑模工艺已很少在高层和超高层建筑施工中采用。

1.2.3　手动爬模体系

爬模体系是从大模板体系发展而来，由模板、爬升支架、爬升设备等部分组成。爬模与滑模体系一样，爬升模板附着在建筑结构上，并随混凝土结构施工逐层向上爬升，爬模施工基本不用其他垂直运输设备辅助，特别适用于狭小

14

场地的作业，有利于文明施工要求。爬模体系模板是逐层分块安装，垂直度和平整度易于调正和控制，可以避免施工误差的不断积累。爬模体系施工中的模板与混凝土墙体不作相对运动，故混凝土施工质量可以达到很高要求。根据爬模动力设备的不同，爬模体系可分为手动爬模系统和液压爬模体系。上海建工集团手动爬模系统工艺见图 1-16。

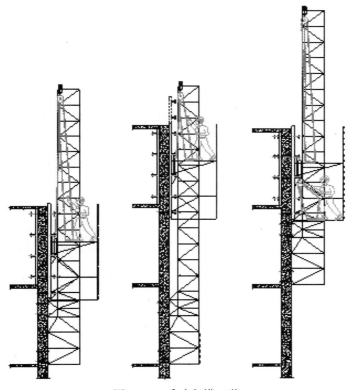

图 1-16 手动爬模工艺

手动爬模体系依靠混凝土墙体作为承力结构，附着于已完成的混凝土结构墙体上的爬升支架或大模板，以连接爬升支架与大模板的手动捯链设备提供爬升动力，通过大模板与爬升支架的相对运动交替爬升，完成混凝土现场浇筑施工。模板体系一般采用大模板，与一般大模板不同之处是设有爬升吊点。爬升支架由立柱和底座组成，立柱是悬吊、爬升、固定大模板的固定架，底座是手动爬升模板的固定座，仅在支架爬升时才与混凝土结构短暂脱开。手动爬模体系的动力设备为捯链滑轮组，机械化程度较低，但由于结构简单可靠，造价低，很好地满足了我国早期中小型高层建筑的施工需求。上海当时的最高楼上海商城工程是手动爬模工艺的典型案例，其工艺适用的结构形式见图 1-17。

15

图 1-17 上海商城混凝土结构体系

　　20 世纪 70 年代初，上海建工集团开始研发手动爬模工艺，主要用于高层建筑的混凝土外墙施工，成功应用于国家海洋地质局大楼、邮电部 520 厂生产楼等工程。上海商城的 48 层主楼和 32 层东西公寓 3 幢超高层建筑，采用了能扩展的手动捯链式爬模技术，见图 1-18。

（a）手动爬模工艺施工外立面　　　　　　　（b）手动爬模工艺作业层

图 1-18 上海商城手动爬模体系

　　1990 年在南浦大桥施工中，上海建工集团开发出斜爬模体系技术。斜爬模体系由架体、模板和导向滑轮系统三大部分组成。在提升架体和翻转模板之间互设爬升支点，在支点之间安装手动捯链，利用已浇筑的混凝土墙体作为固定支承点，通过提升架体和模板的互相交替运动实现上下爬升的目的。斜爬模体系成功解决了架体以自身动力斜向爬升的难题，实现了清水混凝土墙面高标准的施工要求。在杨浦大桥工程施工中又开发出开口斜爬模、连续转角爬升的新工艺，使斜爬模的施工工艺更趋完善。20 世纪 90 年代中期，上海国际航运大厦 52 层的主楼核心筒施工采用了片架式组合爬升模板系统，爬架由电动葫芦提升，模板采用 H 型锥形螺母固定，由手动捯链系统进行提升。

手动爬模体系自动化及机械化程度低，难以满足 21 世纪建筑工程的工业化发展需要，目前已被液压爬模、整体钢平台模架体系所取代。

1.2.4 液压爬模体系

液压爬升模板体系由液压自动爬架体系和大模板体系组成[2]，见图 1-19。液压自动爬架体系由操作脚手平台、爬升导轨、附墙靴、爬升靴、液压油缸等构成。液压爬模施工时，首先在混凝土墙体内预埋承载螺栓和锥形承载接头，混凝土浇筑完成后，附墙靴通过锥形承载接头与承重螺栓连接；然后，通过液压油缸驱动爬升靴顶升爬升导轨，爬升导轨顶升到位后，将其顶部与附墙靴锁定；之后，以爬升导轨为导向，液压油缸驱动爬升靴将爬模体系整体顶升至预定高度；最后，爬模体系支撑在附墙靴上，完成受力转换。

图 1-19　哈利法塔液压爬模体系

液压爬模体系标准化程度高，体型适应性强，操作安全方便，模板体系提升依靠自身动力设备，无需垂直运输设备辅助施工，自动化程度高，施工效率高。因此，液压爬模体系特别适用于高层建筑物和超高构筑物现浇混凝土结构的施工。

20 世纪 60 年代末、70 年代初，液压爬模技术最早在欧洲发源起步。到 20 世纪 70 ～ 80 年代，液压爬模技术发展逐渐完善，欧洲、美洲的一些国家和日本相继在大型工程上推广采用液压爬模技术。纵观过去 50 多年国外特别是发达国家爬模技术的发展，可以发现随着液压爬模技术的不断升级改进，与之对应的市场服务模式也日益精细化。无论是前期的方案策划、开发设计、加工制作，还是后期的现场安装、施工及拆除作业等，液压爬模技术相关的行业已发展形成相互配套、高度关联的产业链与完整成熟、高度发达的产业流程。世界知名的专业模板公司主要有德国 PERI、奥地利 DOKA 等，都具备液压爬模技术开发、设计、生产、施工、经营和推广的产业化综合功能，在全球模架产业中有较高的市场占有率。目前，液压爬模技术是国外、特别是发达国家超高混凝土结构施工的主导模架技术，见图 1-20、图 1-21。

（a）液压爬模施工案例　　　　（b）液压爬模工艺

图 1-20　国外 PERI 液压爬模体系

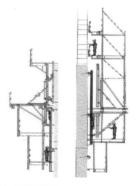

（a）液压爬模施工案例　　　（b）液压爬模 SKE50、SKE100 工艺

图 1-21　国外 DOKA 液压爬模体系

　　改革开放后，我国液压爬模技术的发展主要采用的是引进、消化、吸收、再创新的方式，通过引进国外成熟的爬模技术，根据国内超高结构工程施工特点与需求进行再创新，形成了适应我国超高混凝土结构建造的液压爬模技术体系。随着国内超高层建筑的快速发展，我国出现了很多专业的液压爬模公司，包括北京卓良模板有限公司、江苏江都揽月机械有限公司等，其开发的液压爬模产品不仅服务国内工程建设，而且远销海外进行经营服务。

　　上海建工集团是国内较早开发和采用液压爬模技术的企业。在上海环球金融中心建造过程中，上海建工集团负责主楼混凝土结构建造，针对外围框架异型钢筋混凝土巨型柱斜向爬升施工的需求，引进了 DOKA 公司的 SKE 50 液压爬模体系，解决了外框架钢筋混凝土巨型柱变截面以及斜向爬升施工难题，见图 1-22。

（a）竖向爬升施工　　　　　　　　　　（b）竖向爬升施工

（c）斜向爬升施工　　　　　　　　　　（d）斜向爬升施工

图 1-22　上海环球金融中心液压爬模施工案例

上海建工集团除了引进消化吸收国外先进液压爬模技术，还针对国内超高结构的施工特点，在液压爬模体系封闭性、操作脚手平台结构、爬升同步性控制、施工工艺等方面进行了全面改进，发展形成了上海建工集团 YAZJ-15 液压自动爬模体系。该液压爬模体系 2009 年在高 240m 的上海外滩中信城主楼核心筒施工中得到应用，之后在高 309m 的广州珠江城大厦塔楼核心筒、高 310.9m 的沈阳茂业中心主楼核心筒、高 256.8m 的宁波环球航运中心主楼双核心筒、高 375m 大连国贸中心大厦塔楼核心筒等工程施工中得到了广泛应用，见图 1-23。

液压爬模工艺因其技术的先进性，在各类超高层大型工程施工中得以广泛应用，但是液压爬模体系也存在一些难以克服的不足。由于液压爬模体系采用单元组合方法，所以整体性相对较差，爬升稳定性要求较高，侧面和底部封闭

19

性相对较弱，施工安全管控难度相对较高。另外，液压爬模体系单元片架式结构承载力有限，一般不能承受较大的荷载，所以液压爬模的架体上堆载会有很大的限制，这对塔式起重机垂直运输会提出较高的要求，通常会对建造工期产生较大的影响。

（a）广州珠江城大厦

（b）沈阳茂业中心

（c）宁波环球航运中心

（d）大连国贸

图 1-23 上海建工集团液压爬模施工案例

1.2.5 整体模架体系

整体模架即整体钢平台模架，它是面向超高复杂混凝土结构建造需求而构建的新型整体式爬升模架体系，最早由上海建工集团提出并开展自主研发和工程应用。整体钢平台模架相比爬模系统，具有整体性好、封闭性强、承载力大等特点，因而特别适合各类复杂超高混凝土结构的建造。由于具有全封闭特点，所以在超高空复杂环境立体作业方面适应性强，高空立体安全防护有保障；由于大承载力特性，提高了模架的堆载能力，施工效率大幅提升；随着整体钢平台模架技术的不断发展，特殊结构层的适应性也在不断提升。整体钢平台模架在超高层建筑工程建造方面，具有综合指标全面领先的技术优势。

1992 年，上海建工集团在国内外率先提出超高结构建造整体钢平台模架理念，自主开发了内筒外架式整体钢平台模架装备，形成了第一种类别自主品牌超高层建造整体式装备产品，并最早应用于当时的中国第一高塔、世界第三高塔上海东方明珠电视塔复杂混凝土筒体结构工程建造中，开创了整体钢平台模架的技术先河，见图 1-24。

图 1-24　上海东方明珠电视塔施工案例

1996 年，在金茂大厦核心筒结构施工中，整体式爬升模架技术进入发展完善和推广应用阶段，上海建工集团提出了临时钢柱支撑的分体组合式整体钢平台模架技术，形成了第二种类别自主品牌超高层建造整体式装备产品，见图 1-25、图 1-26。在金茂大厦核心筒施工过程中采用了临时钢柱支撑的整体钢平台模架装备；上海环球金融中心工程研发了模架体系的分体组合技术，解决了穿越伸臂桁架层施工难题。针对核心筒体型复杂、结构墙体立面变化大的情况，采用了整体钢平台模架空中滑移施工工艺，提高了整体钢平台模架复杂结构立面施工的适应性。这一新型类别整体钢平台模架的发展实现了中国模架装备的新突破，创造了金茂大厦核心筒结构工程一个月施工 13 层的施工记录，最快达到 2 天施工一层的速度。之后，临时钢柱式整体钢平台模架技术又成功应用于上海浦西第一高楼上海世茂国际广场。2005 年，南京紫峰大厦核心筒结构施工同样采用临时钢柱式整体钢平台模架技术，通过调整临时格构柱及钢平台平面布置的方法，解决了伸臂桁架层施工利用整体钢平台模架的技术难题。由于临时钢柱支撑式整体钢平台模架技术简洁，施工作业效率高，所以在超高层建筑工程中得到了很好的推广应用；但由于临时钢柱埋设在混凝土结构中无法重复利用，所以会相应增加整体钢平台模架装备的使用成本。

图 1-25　金茂大厦施工案例　　图 1-26　上海环球金融中心施工案例

2007 年，在广州塔核心筒结构施工中，上海建工集团根据核心筒结构中设计有劲性钢柱的结构特点，并结合核心筒平面布置情况，研发了第三种类别的外围劲性钢柱和中心内筒外架联合支撑的整体钢平台模架技术，首次实现了竖向混凝土墙体结构与水平混凝土楼板结构的同步施工，见图 1-27。混合式整体钢平台模架技术不仅充分利用了劲性结构件作为支撑结构，还解决了模架装备的承载力和整体稳定性问题。由于充分利用了永久结构劲性钢柱作为支撑构件，整体钢平台模架工程应用的经济性得到很好的体现，为广州塔特殊结构高标准建造提供了新的解决方案。

图 1-27　广州塔施工案例

为了推动超高层建造向工业化、绿色化、信息化方向发展，上海建工集团对整体钢平台模架再次进行创新升级，研制采用了全新概念、全新技术、全新模式的新一代整体钢平台模架装备产品，在爬升工艺、动力驱动、模块化技术、智能化控制等关键技术方面取得新的突破。上海建工集团分别在 2010 年和 2012 年成功研制了两套新型整体钢平台模架装备。其一为第四种类别的下置顶升式钢梁与筒架交替支撑整体钢平台模架技术，其二为第五种类别的上置提升式钢柱与筒架交替支撑整体钢平台模架技术。钢梁与筒架交替支撑式整体钢平台模架装备在中国第一高楼上海中心大厦得到了成功应用，见图1-28。钢柱与筒架交替支撑式整体钢平台模架装备在上海浦西最高建筑白玉兰广场得到了成功应用，见图1-29。

图 1-28　上海中心大厦施工案例　　图 1-29　上海白玉兰广场施工案例

1.3　爬升模架发展趋势

从超高层建造爬升模架技术的发展历史可以推断出，随着建筑工程领域工业化、绿色化、信息化的不断推进，爬升模架技术将会呈现出模架结构的整体化、模架材料的绿色化、模架施工的专业化、模架技术的数字化、模架与机械设备的一体化等发展趋势。

1.3.1　模架结构的整体化

超高层建筑施工安全和效率是工程建设关注的重点。在这一要求下，模架结构的整体化优势越发凸显，整体式模架结构逐渐成为超高层建筑工程建造的必然选择。首先，由于整体式模架体系只需安装一次，减少了模板和脚手架因结构施工反复组装、拆除，大幅减少了模架工作量；其次，整体式模架结构可随着结构施工逐层自升，施工速度大幅提升；同时，由于整体式模架结构能够方便实现全封闭式设计，施工作业环境安全可靠；整体式模架结构采用大操作面设计，承载能力较高，可满足大量施工材料及设备的堆放要求，有效解决了工程物料高频率垂直运输效率低下的难题。

1.3.2　模架材料的绿色化

在建筑施工过程中，模架材料消耗最严重，不仅环境影响大，而且增加了工程造价。随着绿色建造理念逐渐深入人心，业界在研发绿色建筑材料方面进行了大量有效的研究工作，模架材料向可再生、可大量周转重复使用方向发展成为必然趋势。从轻质高强、施工便捷、周转次数多等角度来看，未来的模架面板将会逐渐以胶合板模板、钢框胶合板模板、铝框胶合板模板、塑料模板以及复合材料模板为主发展。

1.3.3 模架施工的专业化

国外进行模架工程施工的大多为集研究开发、加工生产和工程承包于一体的专业化公司。这些公司能够实现专业化研发、规模化生产和国际化经营，提供的模架产品体系完整，产品配套齐全，产业化应用成熟，并能够针对各种不同的建筑结构形式提供完善的解决方案。而我国当前模架工程施工专业化水平相对较低，模架公司众多，大多规模较小，产品配套不成体系，适用性严重受限。模架施工的专业化代表了模架技术的发展方向，可以推动产学研用一体化，驱动技术的稳定迭代升级，有助于先进模架技术的不断涌现和持续推广应用。模架技术的专业化研发，可以集中行业内的专业技术人才，解决模架装备设计、设备研制等领域的共性技术难题，实现技术成果的不断积累。模架技术的专业化应用，可以打造专业技术服务团队，不断吸收采纳最新的模架技术研究成果，针对工程项目特点形成专项技术方案，并付诸高标准实施，保证工程建造的安全和质量。

1.3.4 模架技术的数字化

数字化建造技术可以改变传统的工艺方法，在提高效率、减少劳动力等方面能够收获极大的效益。超高层爬升模架技术的未来发展，离不开数字化技术的大规模应用。模架技术的数字化应用主要体现在模架装备虚拟仿真建造、模架施工信息化管控及安全风险智能化预警等领域。数字化应用可充分渗透于模架设计及施工的各个环节。从模架结构设计开始，数字化技术的应用可对模架装备进行数值仿真模拟，对模架实际工作环境、受力状态及边界约束条件进行评价与预判。在施工过程中，数字化技术的应用可大幅降低现场管理人员的工作量，通过各类传感器的数据采集、无线传输及数据可视化处理等功能，实现模架性能的实时监控；通过各类安全风险识别系统的全面构建，可实现模架结构的安全风险智能评估及预警功能，降低超高层建筑施工的整体安全风险。

1.3.5 模架与机械一体化

超高层建筑施工现场机械设备密集，各类施工机械作业面相互交叉，互相干扰，难以达到最佳的协同有序工作，导致施工安全和效率均受到不同程度的影响。随着超高层施工现场工业化建造需求的不断提高，采用整体模架与机械设备一体化集成技术，打造专业的集成平台系统，提升整体模架与各类机械设备的协同工作，成为整体爬升模架技术发展的关键内容。整体爬升模架一般可以与大型塔式起重机、人货两用电梯、混凝土布料机、辅助起重行车等大型机械设备进行一体化集成，实现与爬升模架同步爬升或协同爬升的要求。大型塔式起重机与整体钢平台模架同体同步爬升，爬升后各自分体作业，改变大型塔式起重机频繁爬升作业的烦复过程；人货两用电梯以整体钢平台为滑移式附着点，使电梯协同爬升到达钢平台作业层，形成工程物料和施工人员的高效垂直运输；混凝土布料机安装固定在钢平台框架上，形成混凝土浇筑施工的高效协同；辅助起重行车安装于筒体内部钢平台框架下方，形成钢平台下部工业化安装技术实施的空间环境。整体模架与机械设备的一体化建造技术的发展，将进一步提升整体钢平台模架的技术水平。当然，整体钢平台模架与施工机械一体化的重点在于研究经济性，以大幅增加成本来实现一体化是不可持续的，基于经济适用性的一体化技术才应该是长期发展的方向。

第 2 章

整体钢平台模架装备
发展历程

2.1　概述

　　整体钢平台模架技术的发展与我国超高建筑物和超高构筑物工程建造技术的发展相辅相成。在上海东方明珠塔、金茂大厦、上海环球金融中心、广州塔、南京紫峰大厦、上海中心大厦、上海白玉兰广场等工程建造过程中，整体钢平台模架技术从模架体系构成、设计计算理论、构造设计方法、支撑和爬升原理、爬升驱动方式、功能部件操控形式、智能化施工控制手段、标准施工流程、适应复杂结构体型施工技术以及施工全过程控制技术等方面不断得到发展升级，形成的每一种类别整体钢平台模架都具有核心的自主知识产权，各种类别整体钢平台模架共同构建起了整体钢平台模架装备技术体系，在我国超高建筑物和超高构筑物的建造过程中发挥了不可替代的作用。整体钢平台模架在发展过程中，逐渐塑造形成了中国模架装备新品牌，提升了我国超高层工程建造的国际竞争力。

　　从 1992 年开始，历经 26 年的不断发展，整体钢平台模架装备体系已经演化形成五种类别，分别是内筒外架支撑式整体钢平台模架、临时钢柱支撑式整体钢平台模架、劲性钢柱支撑式整体钢平台模架、钢梁与筒架交替支撑式整体钢平台模架、钢柱与筒架交替支撑式整体钢平台模架，见图 2-1。

（a）东方明珠内筒外架式　　　　（b）金茂大厦临时钢柱式　　　　（c）环球金融临时钢柱式

图 2-1　五种类别整体钢平台模架典型工程（一）

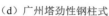

（d）广州塔劲性钢柱式　　　（e）上海中心钢梁筒架式　　　（f）白玉兰钢柱筒架式

图 2-1　五种类别整体钢平台模架典型工程（二）

　　内筒外架支撑式整体钢平台模架最早应用于上海东方明珠电视塔三筒体结构施工，之后与其他类型整体钢平台模架结合形成混合式模架体系在广州塔核心筒施工中发挥了重要作用。临时钢柱支撑式整体钢平台模架应用于金茂大厦核心筒施工，之后在上海环球金融中心、南京紫峰大厦等工程核心筒施工中得到持续发展与应用。劲性钢柱支撑式整体钢平台模架应用于广州塔核心筒施工，扩展了钢柱支撑式整体钢平台模架的应用范围。上海中心大厦核心筒施工采用下置顶升式液压驱动整体钢平台模架方式，全新的钢梁与筒架交替支撑式整体钢平台模架技术得到应用。上海白玉兰广场核心筒施工采用了上置提升式液压驱动整体钢平台模架方式，全新的钢柱与筒架交替支撑式整体钢平台模架技术得到应用。两种全新类别的整体钢平台模架装备丰富了整体钢平台模架技术体系，并逐渐与各类施工机械设备设施实现一体化，构建了具有施工现场工业化建造特点的集成钢平台体系。

　　本章结合典型超高建筑物和超高构筑物工程建造案例，介绍整体爬升模架装备技术的发展演变历程，阐述整体钢平台模架装备技术体系逐渐建立与发展完善的历史过程。

2.2　内筒外架支撑式整体钢平台模架装备技术

　　1992 年，上海建工集团在国内率先提出超高结构建造整体钢平台模架理念，自主研发内筒外架支撑式整体钢平台模架装备，形成第一种类别超高结构建造整体钢平台模架装备。

2.2.1　工程结构特点

内筒外架支撑式整体钢平台模架技术是针对 20 世纪 90 年代初期我国超高层筒体结构建造需求而开创的一种新型整体式模架技术，主要适用于内部空间较小的复杂超高混凝土结构建造。内筒外架支撑式整体钢平台模架适用的典型工程如上海东方明珠电视塔筒体结构，其三个较小直径的直筒体通过多道连梁连接形成整体结构，见图 2-2。

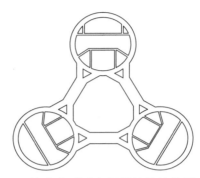

图 2-2　上海东方明珠电视塔筒体结构平面布置

基于 20 世纪 90 年代初期我国的施工技术与工艺条件，手动爬模、滑模等施工技术面对此类特殊体型结构施工时，遇到了一些难以解决的技术难题，主要表现为以下几方面：

1）模架体系需适应筒体结构内部狭小空间条件下的混凝土施工。混凝土筒体直径较小，内部施工操作空间非常有限，而混凝土施工涉及钢筋绑扎、混凝土浇筑、模板安装及拆除、模板修整以及提升等一系列工作，其作业空间受到极大的限制。

2）模架体系要保证结构整体性建造要求。为了满足混凝土结构受力的整体性，施工时需要保证塔身筒体和连梁实现整体浇筑。

3）模架体系需保证结构表面实现很高的外观质量。根据建筑设计要求，筒体混凝土施工需保证表面平整光滑，实现清水混凝土的外观质量要求，施工时需要严格控制垂直度偏差及混凝土表面质量。

4）模架体系要解决垂直运输及作业面水平通达难题。由于混凝土结构采用多个直筒体，平面位置相对独立，结构立面错综复杂，人货两用电梯及塔式起重机外置难度大，模架体系既要实现与垂直运输机械的协调，又要经济性的满足作业人员通达的全覆盖，其整体设计难度高。

　5）模架体系要保证超高空立体作业的安全性。随着施工高度的增加，模架体系在超高空施工时需保证施工人员、施工区域及施工周边环境的安全，其立体作业全封闭防护难度大。

6）模架体系需保证足够的施工效率。超高结构施工模架体系需具有足够大的承载力，具备大量钢筋等物料堆放的能力，降低塔式起重机垂直运输的频率，从而提高施工效率。

针对此类超高结构工程的特点及施工安全质量要求，经过大量的研究及论证，一种突破传统工艺方法的内筒外架支撑式整体钢平台模架技术应运而生。

2.2.2 模架工作原理

内筒外架支撑式整体钢平台模架技术采用一种基于机械提升施工方法的整体钢平台形式。该工艺技术将平面布置的多筒体模架组合为一个整体，形成整体式钢平台系统，用于高空施工需要。上海东方明珠塔施工所用的内筒外架支撑式整体钢平台模架体系见图 2-3。

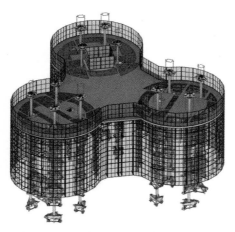

图 2-3　上海东方明珠塔建造模架体系

整体钢平台模架体系在顶部设置整体钢平台将筒体施工模架连成一体，不仅在顶部提供了较大施工作业空间，而且实现了直筒体与连梁的整体浇筑，同时使得工程材料和施工人员垂直运输系统的布置变得更加方便，保证在各种不利气候条件下施工人员也能正常作业。在施工过程中整体钢平台也作为提升模板和吊脚手架的反力结构。施工脚手架悬吊于钢平台框架下方，在较小的筒体内部提供混凝土施工立体操作空间，混凝土施工质量由内外钢大模板精准控制。整体钢平台模架体系与滑动模板体系不同，钢平台位置偏差与模板位置没有直接的相关性，所以易于独立调整模板位置精度来保证混凝土表面平整度和垂直度的要求。风荷载产生的水平力由上下两组伸缩式滚轮水平限位装置传递至混凝土内筒壁，确保模架整体的稳定性，伸缩式滚轮也能适应筒壁截面的变化，见图 2-4。

整体钢平台模架采用机械提升施工方法，提升设备采用蜗轮蜗杆提升机并设置在内筒架支柱顶部，用于整个钢平台系统的提升，见图 2-5。整体钢平台模架以筒壁墙体为支承点，通过内筒架与外构架的交替受力和相互提升实现自爬升，逐层完成混凝土结构施工，施工效率高，保证了工程的建造速度。

图 2-4　伸缩式滚轮水平限位装置　　　图 2-5　蜗轮蜗杆提升机设置柱顶

钢平台在提升过程中，提升螺杆将上部外构架及钢平台自重和全部堆载传递至蜗轮蜗杆提升机，再由提升机传递给内筒架支柱，支柱再将荷载向下传递至内筒架底座上，最后内筒架底座通过其上设置的竖向支撑装置将力传至核心筒壁上的预留凹槽，见图 2-6。钢平台爬升到达指定高度位置后，立即转换成外构架受力支撑，钢平台上的钢筋、机具、人员等各类载荷以及提升内外大模的荷载全部通过外构架上的竖向支撑装置传递至混凝土筒壁的预留凹槽。内筒架的提升以外构架为反力结构，采用手动捯链提升的方式进行。

（a）转动式竖向支撑装置　　（b）平移式竖向支撑装置

图 2-6　两种不同类型竖向支撑装置

2.2.3 模架系统构成

内筒外架支撑式整体钢平台模架体系由整体钢平台、吊脚手架、内筒外架、提升机械设备、模板系统组成，见图2-7。

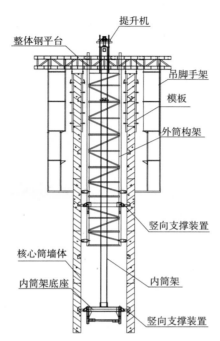

图 2-7 内筒外架支撑式整体钢平台模架组成

1. 整体钢平台

钢平台采用型钢构成的桁架式结构，保证在跨度较大情况下的承载力与刚度满足受力要求。在东方明珠电视塔施工中，三个直筒体上各布置二榀主桁架，六榀主桁架在中部交汇，在平面上呈120°布置，每个筒体各自在主桁架基础上设置正交的若干榀次桁架，通过多道弧形工字钢和直线型钢骨架连接构成整体的钢平台系统，见图2-8。钢平台上铺设花纹钢板，侧面设置围挡网板，构成施工平台防护系统。

2. 吊脚手架

整个内外吊脚手架的吊架由钢管及型钢组成，外侧设置型钢及钢丝网全封闭围挡板，底部设置型钢及花纹钢板走道板，楼层设置型钢及钢板网走道板。吊脚手架整体悬挂在钢平台下方，随钢平台同步提升，见图2-9。

3. 内筒外架

内筒外架系统包括钢管柱内筒架和外筒构架两部分。外筒构架主要由钢管

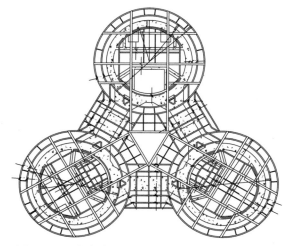

图 2-8　上海东方明珠塔整体钢平台模架平面图

图 2-9　吊脚手架系统

和槽钢构成，为格构式筒架支撑系统。钢管柱内筒架主要由钢管立柱及型钢底座构成，内筒架圆形钢管为提升整体钢平台的承力支撑柱。内筒架、外构架均通过钢梁上的竖向支撑装置支撑于混凝土筒壁的预留凹槽上。上海东方明珠电视塔施工中，整个模架系统设提升架 12 套，见图 2-10。

4. 提升机械设备

整体钢平台模架采用蜗轮蜗杆提升机提供爬升动力。内筒架每根支柱上端安装一组配有蜗轮蜗杆提升机的动力设备，外构架和内筒架交替提升与搁置，通过蜗轮蜗杆提升机提升整体钢平台模架系统。上海东方明珠电视塔施工中，共采用 12 套 24 台提升设备，见图 2-11。

（a）钢管柱内筒架及外筒构架 （b）钢管柱内筒架底座

图 2-10 内筒外架系统

图 2-11 蜗轮蜗杆提升机

5. 模板系统

内筒外架支撑式整体钢平台模架进行筒体施工采用的内模板及外模板均为钢大模。钢大模悬挂于钢平台的桁架或型钢梁上，以钢平台为反力支点，用手动捯链分片分块进行提升安装施工，见图 2-12。

图 2-12 圆弧形钢大模板

2.2.4　标准施工流程

内筒外架支撑式整体钢平台模架标准层施工流程如下：

1）初始状态，混凝土浇筑完毕，整体钢平台模架停留在刚浇筑混凝土楼层顶部。在内筒架提升之前，应确保内筒架与结构墙体、外构架之间没有钩挂情况。打开底部防坠挡板，使其与混凝土结构墙体保留 30～50mm 的间隙，见图 2-13（a）。

2）提升内筒架采用手动捯链，上吊点设置在外构架底部，下吊点设置在内筒架底座上，通过手动捯链提升内筒架。由于提升机械设备始终安装在内筒架钢管立柱顶部，提升内筒架过程会同步将提升机械设备提升至预定位置。提升到位后利用正向通过反向支撑搁置的装置，将内筒架搁置在墙体结构支座上，见图 2-13（b）。

3）以内筒架为支撑，利用内筒架钢柱顶部的提升机反向工作驱动螺杆下降至预定位置，将螺杆与提升接长杆连接。

4）在外构架提升之前，确保外构架与墙体结构之间没有钩挂情况，并打开底部防坠挡板，使其与混凝土墙体结构保留 30～50mm 间隙。

5）利用顶部的提升机系统正向工作驱动提升螺杆，带动外构架上升到预定位置。外构架限位导向钢环箍越过正向通过反向支撑的竖向支撑装置，并将外构架搁置在内筒架上的临时搁置竖向支撑装置上，完成第一阶段半程提升，见图 2-13（c）。

6）利用提升机反向工作驱动螺杆下降，卸掉接长杆，到达指定位置，见图 2-13（d）。

7）采用同样方法完成第二阶段提升，将外构架搁置在墙体支座上。整体钢平台模架提升结束后，关闭底部防坠闸板，防止物体坠落，见图 2-13（e）。

8）用塔式起重机将墙体结构钢筋吊至钢平台上，施工人员在钢平台及吊脚手架上完成钢筋绑扎等施工作业。

9）将钢平台上的钢梁作为吊点，采用手动捯链将下层墙体上的钢大模吊住，完成钢大模拆除工作。在下层脚手架上对钢大模表面完成清理及整修后，用手动捯链将钢大模提升到预定高度位置，进行钢大模安装施工作业，见图 2-13（f）。

10）钢筋工程和模板工程结束后，施工人员在整体钢平台模架顶部完成混凝土浇筑工作。

11）混凝土养护，完成一个标准层的施工。

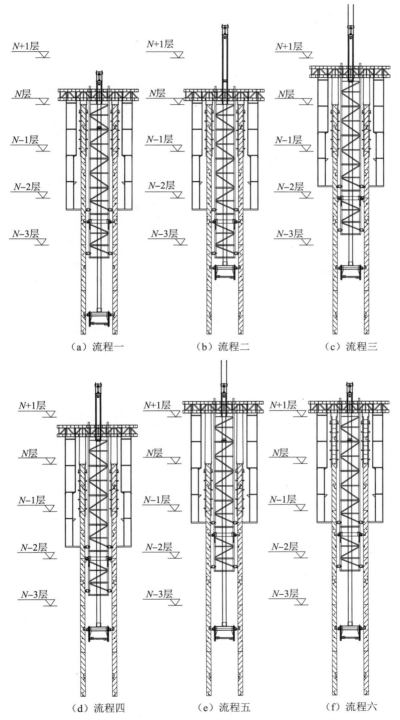

（a）流程一　　　　　（b）流程二　　　　　（c）流程三

（d）流程四　　　　　（e）流程五　　　　　（f）流程六

图 2-13　内筒外架支撑式整体钢平台模架标准层施工流程

2.2.5　工程应用案例

上海东方明珠电视塔位于浦东陆家嘴，总高 468m，建成时为中国第一高塔、世界第三高塔，也是我国 20 世纪 90 年代最高的构筑物，见图 2-14。整个电视塔以 3 个直径 7m 的钢筋混凝土巨型斜撑支撑着 3 个直径 9m 的巨型直筒体结构，串联起 2 个直径分别为 50m 和 45m 的上下球体建筑，并在天线钢桅杆下端设有 1 个 14m 直径的太空球体建筑。

上海东方明珠电视塔塔身主要由钢筋混凝土直筒体和斜筒体组成。地面以上至 286m 高度采用三筒体结合连梁结构形式，呈三角形布置，直筒体内部空间较小。直筒体从下到上有 700mm、500mm、400mm 三种壁厚，连梁结构高达 6m；286m 至 350m 高度采用直径为 8m 至 7m 的变截面单筒体；350m 以上为钢桅杆天线，总长 118m。塔身下部 3 个斜筒体倾角 60°，在 72.5m 处与直筒体汇交；3 个斜筒体各有 1 个直径为 4m、倾角 42° 的小斜筒体支撑。三筒体采用一体化协同施工方法，见图 2-15。

图 2-14　上海东方明珠电视塔　图 2-15　三筒体协同施工方法

上海东方明珠电视塔筒体结构的特点、质量和进度要求对施工工艺技术提出了很高的要求。混凝土浇筑需达到结构混凝土表面色泽一致、平整光滑的清水混凝土要求。模架工艺要求施工速度快、操作简便，工序之间要求质量易于控制，模架体系设计要满足立体施工狭小空间作业要求，并保证安全操作可控。

上海东方明珠电视塔采用内筒外架支撑式整体钢平台模架装备体系，通过工艺原理分析，采用了合理的系统构成以及施工流程，见图 2-16。这套方案完全实现了设计意图，达到了整个筒体、连梁结构整体浇筑的要求。整体钢平台模架在超高空间的狭小空间提供了良好的施工作业环境，操作安全得到保证；顶部整体钢平台的设置满足了大量施工材料及设备的堆放，极大地提高了工效；封闭式吊脚手架解决了超高空复杂环境的施工作业难题，既保证了超高空施工作业安全问题，又同时保证了上下立体作业防止坠物的防护问题。整个模板系统采用定型化设计，施工操作简单，劳动强度低，一般技工均能胜任；模板系统全过程周转使用达近 80 次，降低了成本。所有模板的校正和垂直度控制都与整体钢平台模架本身位置偏差不直接关联，模板工程可满足精确定位需求，满足了清水混凝土施工质量要求。整体钢平台模架施工操作工序之间阶段性划分清楚，工序之间的质量易于控制和检测，施工节奏紧凑，施工速度快，可以达到了三天一层的施工速度。混凝土筒体结构的表面施工质量达到了很高的水平，286m 全高中心垂直度偏差不大于 20mm，垂直精度达到了 0.07‰，实现了高质量的清水混凝土效果。

（a）整体钢平台模架提升前位置　　　　（b）整体钢平台模架提升后位置

图 2-16　上海东方明珠电视塔施工整体钢平台模架

内筒外架支撑式整体钢平台模架也应用在与上海东方明珠电视塔筒体结构具有相同特点的广州塔核心筒结构施工。广州塔核心筒呈椭圆形，筒体内壁净尺寸为 17m×14m，内部设置较多隔墙，构造复杂，隔墙内部的空间较小。广州塔核心筒施工采用以劲性钢柱支撑式整体钢平台模架为主的模架体系，具体见第 2.4 节。为了减少钢平台的跨度，在核心筒中部设置 2 套内筒外架模架系统，确保整体钢平台模架系统处于合理安全的受力状态。在核心筒中部区域，整体钢平台通过外构架搁置在混凝土结构上，用以减少钢平台系统的支撑跨度，起到了辅助搁置支撑及提升式爬升的作用，为广州塔工程高标准建造提供了重要的技术支撑。

2.3　临时钢柱支撑式整体钢平台模架装备技术

随着超高层建筑的发展，结构体型与构筑物相比复杂程度日益增加，从 1996 年开始，上海建工为适应超高层建筑工程建造需求，研发出第二种类别临时钢柱支撑式整体模架技术，形成适应复杂结构体型变化的系列施工方法。

2.3.1　工程结构特点

超高层建筑功能需求的增加，结构体型呈现了多样化，核心筒结构也呈现出更加复杂多变的体型特征。金茂大厦作为我国最早采用钢 - 混凝土混合结构的工程之一，其核心筒结构及其体型变化具有典型意义，见图 2-17。

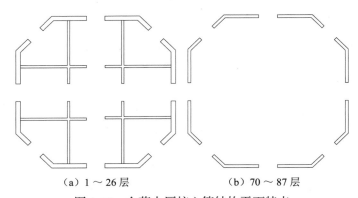

（a）1 ~ 26 层　　　　　　（b）70 ~ 87 层

图 2-17　金茂大厦核心筒结构平面特点

超高层建筑核心筒结构复杂多变的特点主要体现在以下方面：

1）核心筒设置多道伸臂桁架。为满足核心筒结构与外围钢框架结构的整体刚度要求，超高层结构沿高度方向通常会设置多道伸臂桁架以加强结构抗侧刚度。金茂大厦、南京紫峰大厦核心筒设置了 3 道贯穿主平面的伸臂桁架，上海环球金融中心在伸臂桁架基础上设置了环形带状钢桁架。

2）墙体厚度多次收分变薄。出于结构受力合理性的考虑，超高层建筑核心筒结构自下而上墙体厚度逐渐减小，存在墙体多次收分的情况。如金茂大厦核心筒底部外墙厚度为 850mm，沿着高度方向进行 4 次逐步收分，到顶部厚度为 450mm。

3）结构平面变化多端。考虑到结构受力的合理性，同时考虑到日益复杂的建筑功能需求，超高层建筑核心筒结构自下而上通常存在着墙体收分、内隔墙变化等复杂体型结构变化的情况。如金茂大厦核心筒井字形内隔墙在 53 层变化为大空间结构，上海环球金融中心核心筒结构平面由八字形变成梭形再变为八字形，南京紫峰大厦核心筒结构自下而上共采用了 6 种平面形式。

4）结构层高不一。为了实现建筑功能布置的需求，超高层建筑的楼层高度逐渐呈现多样化的趋势。如金茂大厦核心筒结构楼层共有 3.2m、4m、5.2m、5.8m 等 8 种层高的变化。

5）施工精度要求提高。随着结构高度的增加，超高层工程建造过程对垂直度精度控制的要求更高。如金茂大厦塔楼核心筒结构在施工过程中要求必须严格控制其垂直度的累积误差。

内筒外架支撑式整体钢平台模架作为第一种类别建造装备，由于其支撑方式等方面的限制，无法适用于具有上述特点的核心筒结构施工。针对以上工程结构特点和施工工艺的要求，上海建工研发出第二种类别的临时钢柱支撑式整体钢平台模架技术，较之前的施工方法在支撑方式、爬升方式等方面具有诸多创新，特别是能够面向各类复杂结构层施工提供完善的技术解决方案。

2.3.2　模架工作原理

临时钢柱支撑式整体钢平台模架以埋设在混凝土结构中的临时钢柱作为支撑结构。典型案例金茂大厦核心筒结构施工采用的临时钢柱支撑式整体钢平台模架见图 2-18。

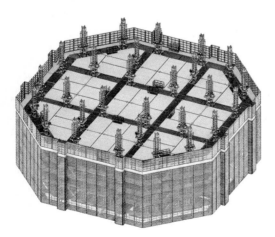

图 2-18　金茂大厦施工模架体系

临时钢柱支撑式整体钢平台模架体系的钢平台在正常施工时位于混凝土结构及钢大模的上方位置，是每层核心筒结构中钢筋临时堆放和混凝土浇筑施工的操作平台；具有全封闭操作空间的吊脚手架位于核心筒结构侧面，形成类似于室内操作的作业环境。整体钢平台模架利用预埋在混凝土筒体内的临时钢格构柱承载整体钢平台模架所有荷载。临时格构钢柱不仅是整体钢平台模架系统的关键承力构件，还是整体钢平台模架系统爬升的导轨系统，见图 2-19。临时格构钢柱被预埋固定在核心筒墙体中，根据整体钢平台模架爬升的需要逐层向上加节延长。整体钢平台和提升设备均通过承重销搁置于临时格构钢柱上。

图 2-19　整体钢平台模架临时钢柱爬升导轨

提升整体钢平台的动力设备采用蜗轮蜗杆提升机，提升螺杆通过接套和螺杆提升座与整体钢平台连接。临时钢柱支撑式整体钢平台模架通过钢平台和蜗轮蜗杆提升机在临时钢柱上的交替搁置支撑实现爬升，见图 2-20。

图 2-20　蜗轮蜗杆提升机搁置临时钢柱

整体钢平台提升过程中，蜗轮蜗杆提升机固定在临时钢格构柱上，通过正向旋转螺杆带动整体钢平台模架一起提升；在提升整体钢平台到预定位置后，钢平台搁置在临时钢格构柱承重销上；通过反向旋转螺杆顶升蜗轮蜗杆提升机箱体至上一个预定位置并固定在临时钢格构柱上，准备进行下一次的整体钢平台提升。

2.3.3 模架系统构成

临时钢柱支撑式整体钢平台模架体系由整体钢平台、吊脚手架、临时钢柱、提升机械设备、模板系统组成，见图2-21。

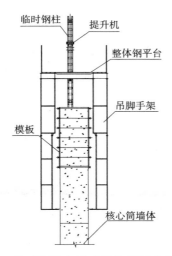

图 2-21 临时钢柱支撑式整体钢平台模架组成

1. 整体钢平台

整体钢平台由工字钢作为主钢梁焊接而成，设计成多个分块单元，由连接板通过螺栓拼装成整体。在所有钢梁的上翼缘平面上铺设供施工操作的钢平台盖板。钢平台盖板面层通常铺设花纹钢板，侧面设置围挡网板，构成施工平台防护系统，见图2-22。

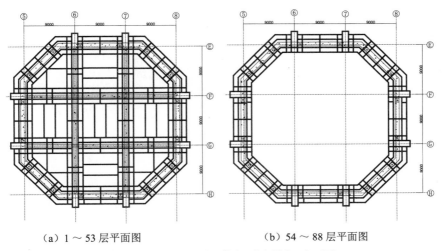

（a）1～53 层平面图　　　（b）54～88 层平面图

图 2-22 金茂大厦整体钢平台模架平面图

43

2.吊脚手架

吊脚手架采用工具式拼装设计方法，整体固定于钢平台钢梁底部。吊脚手架共设置五步，上二步为钢筋、模板施工区，下三步为拆模、整修区。根据模板操作空间的要求，上二步和下三步的吊脚手架设置不同的宽度，满足不同作业的需要，见图2-23。

图2-23 吊脚手架悬挂于钢平台框架梁

3.临时钢柱

临时钢柱采用由角钢和缀板焊接形成的格构式钢柱形式，由工厂按照层高分段制作并在施工现场逐层向上加节对焊连接，随着逐层混凝土的浇筑而埋设于混凝土核心筒墙体结构内。每节临时钢柱高度有标准长度和非标准长度等不同规格，以适应不同层高和转换层模架爬升的施工需要。在金茂大厦核心筒施工中，53层以下共设置28根临时钢柱，53层以上共设置20根临时钢柱；钢格构柱由∟75mm×8mm角钢组焊成500mm×500mm和500mm×270mm两种规格截面尺寸；钢格构柱标准长度采用3.2m和4m两种规格，以满足不同高度楼层的施工需求。

4.蜗轮蜗杆提升机

整体钢平台提升设备采用蜗轮蜗杆提升机为整体钢平台模架的爬升提供动力。蜗轮蜗杆提升机2个为一组，常规施工时通过提升机支架固定于临时钢柱顶部；在伸臂桁架层整体钢平台模架空中分体转换时，则固定于转换层临时提升架的相应位置。蜗轮蜗杆提升机在进行整体钢平台模架爬升时，由中心控制室的计算机控制实现同步性。通常受施工空间高度的限制，蜗轮蜗杆提升机的提升螺杆一般不宜过长，长度一般控制在 4m 左右，所以每层施工时整体钢平台模架提升会分两阶段进行。在金茂大厦核心筒施工中，53 层以下蜗轮蜗杆提升机共使用 28 组（56 台）动力设备，53 层以上蜗轮蜗杆提升机共使用 20 组（40台）动力设备，见图 2-24。

图 2-24　蜗轮蜗杆提升机螺杆连接钢平台框架

5. 模板系统

临时钢柱支撑式整体钢平台模架进行混凝土结构墙体施工采用的内、外模板系统均为钢大模。在金茂大厦核心筒施工中，为满足层高 3.2m、4m 标准层施工及墙体收分施工的要求，钢大模配置 3.2m 和 0.8m 两种高度规格，少数非标准层则增加了临时木模实现不同层高结构的施工。

2.3.4　标准施工流程

临时钢柱支撑式整体钢平台模架标准层施工流程如下：

1）初始状态，混凝土浇筑完毕，整体钢平台模架停留在刚浇筑的混凝土结构顶部。将临时钢格构柱吊装置于已经预埋在混凝土结构的钢格构柱顶部，通过对接焊接牢固向上延伸，完成标准段临时钢格构柱加节安装工作，见图 2-25（a）。

2）利用整体钢平台钢梁作为支点，拔除提升机承重销，提升螺杆下端支撑在钢梁上限位不动，提升机反向工作驱动提升机箱体沿提升螺杆爬升到预定高度，然后将提升机系统通过承重销搁置在临时钢格构柱上，完成提升机箱体的第一阶段半程爬升，见图 2-25（b）。

3）整体钢平台模架提升之前，确保整体钢平台模架与混凝土结构墙体之间没有钩挂情况，打开底部防坠挡板，并保留 30 ～ 50mm 间隙。

4）提升机箱体搁置固定在临时钢格构柱上，提升螺杆下端与钢平台钢梁相连，然后通过正向驱动提升机，带动提升螺杆上升，从而驱使整体钢平台模架上升到预定位置。通过承重销将整体钢平台模架搁置在临时钢格构柱上，完成整体钢平台模架第一阶段半程提升，见图 2-25（c）。

5）重复以上方法完成第二阶段后半程整体钢平台模架的提升。整体钢平台模架提升结束后，关闭底部防坠挡板，防止高空物体坠落，见图 2-25（d）。

6）用塔式起重机将墙体结构钢筋吊至整体钢平台上，施工人员在整体钢平台及吊脚手架上完成钢筋绑扎等施工作业。

7）以核心筒墙体上方整体钢平台的钢梁作为固定吊点，采用手动捯链将下层墙体上的钢大模吊住，完成钢大模板的拆除工作。在下层脚手架上完成钢大模表面的清理及整修工作，用手动捯链将钢大模提升到预定位置，进行钢大模安装施工作业。

8）模板安装施工作业结束后，施工人员在整体钢平台顶部完成核心筒结构混凝土的浇筑工作，见图 2-25（e）。

9）混凝土养护，完成一个标准层的施工。

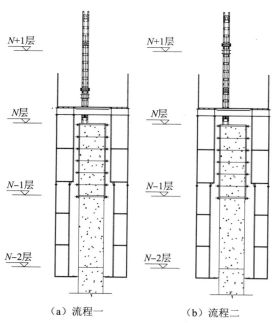

（a）流程一 　　　　　（b）流程二

图 2-25　临时钢柱支撑式整体钢平台模架标准层施工流程（一）

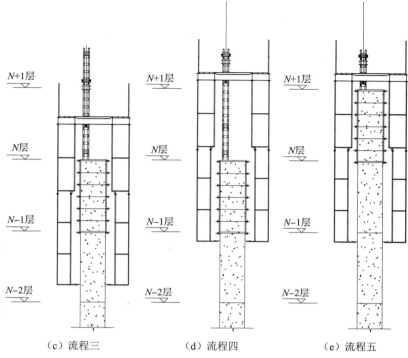

（c）流程三　　　　（d）流程四　　　　（e）流程五

图 2-25　临时钢柱支撑式整体钢平台模架标准层施工流程（二）

2.3.5　工程应用案例

金茂大厦位于上海浦东陆家嘴，总高度 420.5m，地上 88 层，是一座融汇中国塔型风格与现代建筑技术的摩天大楼，建成时是中国第一高楼、世界第三高楼，也是中国率先突破 400m 高度的超高层建筑，见图 2-26（a）。上海环球金融中心位于上海浦东陆家嘴，与金茂大厦毗邻，总高度 492m，地上 101 层，建成时为新的中国第一高楼、世界第三高楼，也是 21 世纪初中国最高建筑，见图 2-26（b）。南京紫峰大厦位于南京鼓楼区，总高度 450m，地上 89 层，工程也应用了临时钢柱支撑式整体钢平台模架技术。

这三座超高层地标建筑的核心筒结构体型都呈现出复杂多变的特点，存在着结构墙体收分、体型变化，设置伸臂桁架层等结构特点。例如，金茂大厦结构采用框架 - 核心筒混合结构体系，核心筒为 27m×27m 八边形现浇钢筋混凝土结构。53 层以下的核心筒由外墙及筒内井字形隔墙组成，外墙厚度为 850mm 逐步收分至 450mm，内隔墙厚度为 450mm 到顶；53 层以上至核心筒顶部均为无内隔墙的大空间结构。为增强结构的整体抗侧刚度，金茂大厦核心筒结构在

（a）金茂大厦　　　　　　（b）上海环球金融中心

图 2-26　工程应用典型案例

$24 \sim 26$ 层、$51 \sim 53$ 层、$85 \sim 87$ 层分别设置了三道贯穿主平面的外伸桁架结构，将混凝土核心筒结构与外围框架结构连接形成共同抗侧力的结构体系。

金茂大厦等超高层建筑复杂结构体型及体型变化情况，对核心筒施工模架体系提出了很高要求。核心筒结构层高不一，有 3.2m、4m、5.2m、5.8m 等 8 种层高类型，要求模架体系必须要有灵活拼配、可调高度的方法；三道横穿混凝土核心筒的外伸臂钢桁架决定了模架体系必须适应复杂桁架层施工的不利工况；核心筒结构体型在高空的变化，要求模架体系必须能在高空原处进行变形，以适应混凝土结构体型的变化需要。

金茂大厦[3]、上海环球金融中心[4, 5]、南京紫峰大厦等工程核心筒施工都采用了临时钢柱支撑式整体钢平台模架技术，见图 2-27（a）、图 2-27（b）、图 2-28。

（a）金茂大厦　　　　　　（b）上海环球金融中心

图 2-27　临时钢柱支撑式整体钢平台模架

图 2-28 南京紫峰大厦整体钢平台模架

整体钢平台模架技术采用了吊脚手架空中整体滑移的施工方法，解决了核心筒墙体多次向内收分的施工技术难题；采用高空转换的施工方法，解决了核心筒转换层结构体型变化的施工技术难题。在上海环球金融中心核心筒施工中，临时钢柱支撑式整体钢平台模架采用了劲性桁架层的空中分体组合施工方法，解决了劲性桁架层结构施工的技术难题[6, 7]，见图 2-29。在南京紫峰大厦核心筒施工中，采用了调整格构柱和蜗轮蜗杆提升机位置等措施，使整体钢平台模架在劲性桁架层进行整体结构施工，提高了结构施工的安全性[8-10]，见图 2-30。

（a）伸臂桁架与模架位置关系　　　　　（b）伸臂桁架与模架位置关系

图 2-29 上海环球金融中心整体钢平台模架空中分体组合施工方法（一）

49

（c）空中分体提升再组合　　　　　　　（d）空中临时提升机支架

图 2-29　上海环球金融中心整体钢平台模架空中分体组合施工方法（二）

图 2-30　南京紫峰大厦桁架层施工

在 20 世纪 90 年代初我国工程建造技术相对落后的大环境下，临时钢柱支撑式整体钢平台模架创新技术实现了中国模架装备赶超国外模架技术的重大突破。在金茂大厦核心筒结构施工中的应用，确保了结构施工的快速进行，并使得主体结构工程提前建造完成，不仅创造了月施工 13 层的连续施工速度新纪录，还创造了核心筒结构施工最快 2 天一层的速度，结构工程垂直度偏差小于两万分之一的新纪录。

临时钢柱支撑式整体钢平台模架还在上海世茂国际广场等工程得到了应用。随着工程应用的不断深入，临时钢柱支撑式整体钢平台模架不断完善，从设计标准、制作安装、施工工艺、同步提升，再到施工中的体型转换等方面技术不断创新，应用不断扩大，有效保证了整体钢平台模架体系的持续发展，形成了适用于超高层建筑工程结构施工的成套技术体系，为复杂体型超高层建筑工程施工积累了丰富的经验。

2.4　劲性钢柱支撑式整体钢平台模架装备技术

在临时钢柱支撑式整体钢平台模架技术基础上，根据核心筒混凝土结构中设置劲性钢柱的特点，以劲性钢柱代替临时钢柱，上海建工集团研发了一种劲性钢柱支撑式整体钢平台模架技术，大幅提高了模架装备的经济性。

2.4.1　工程结构特点

为有效提高超高结构的抗侧刚度，核心筒内部埋设劲性钢柱是一种常见的结构形式。广州塔采用核心筒埋设劲性钢柱的方式，保证结构在较小平面尺寸下满足抗侧刚度需求，核心筒在整个高度范围体形变化不大，仅在墙体厚度方面随高度增加而不断收分，核心筒结构平面见图 2-31。劲性钢柱支撑式整体钢平台模架技术特别适用于这种内部设置有较多劲性钢柱的核心筒混凝土结构建造[11]。

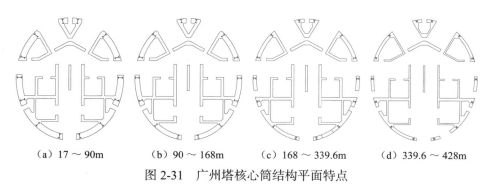

（a）17～90m　　（b）90～168m　　（c）168～339.6m　　（d）339.6～428m

图 2-31　广州塔核心筒结构平面特点

具体而言，这类超高层工程结构的特点主要有以下几方面：

1）核心筒结构墙体内设计有较多劲性钢柱。超高层核心筒通过设置劲性钢柱增强抗侧性能，如广州塔核心筒外墙内共设有 14 根劲性钢柱。

2）核心筒平面造型奇特，内部构造复杂。为满足建筑功能分隔需求，核心筒内部隔墙设置复杂，核心筒内部空间有限。如广州塔核心筒结构平面为椭圆形，细长且内部构造复杂，隔墙内部的空间较小。

3）墙体多次收分。如广州塔核心筒外墙底部厚度为 1000mm，经过 6 次收分后到顶部达到 400mm；内墙底部厚度为 500mm，经过 3 次收分到顶部达到200mm。

核心筒内劲性钢柱若能在模架设计时充分利用，将其作为整体钢平台模架的组成系统，不仅可以提高整体钢平台模架的整体性和安全性，还能提高核心筒的施工效率，降低施工成本，提高经济性能。

　　劲性钢柱支撑式整体钢平台模架充分利用核心筒墙体内的劲性钢柱替代临时钢柱作为支撑及爬升结构，大幅提高了整体钢平台模架应用的经济效益。如果受到劲性钢柱间距的限制，单纯利用劲性钢柱支撑间距过大，可考虑增设支撑立柱作为补充，增设的支撑立柱可采用临时钢柱支撑、内筒外架支撑等方式，见图 2-32。

图 2-32　椭圆形核心筒中部设置内筒外架支撑系统

2.4.2　模架工作原理

　　劲性钢柱支撑式整体钢平台模架利用核心筒中设置的劲性钢柱作为施工作业整体钢平台的搁置结构以及爬升时提升设备的搁置支撑结构。广州塔核心筒施工采用的劲性钢柱支撑式整体钢平台模架与内筒外架支撑式整体钢平台模架混合体系见图 2-33。

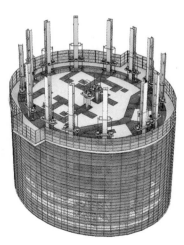

图 2-33　广州塔施工模架体系

劲性钢柱支撑式整体钢平台模架工作的原理与第 2.3.2 节所述的临时钢柱支撑式整体钢平台模架的工作原理类似。劲性钢柱既是整体钢平台模架系统的承重构件，又是整体钢平台模架系统爬升的导轨。劲性钢柱随核心筒施工向上加节对焊形成，其竖向分段一般为 2 个标准楼层高度，为整体钢平台模架预留提升 2 层的竖向距离。

提升整体钢平台的动力设备采用蜗轮蜗杆提升机，提升螺杆通过接套和螺杆提升座与钢平台连接。劲性钢柱支撑式整体钢平台模架通过钢平台和蜗轮蜗杆提升机在劲性钢柱上的交替搁置支撑实现爬升，见图 2-34。

（a）劲性钢柱支撑导向爬升　　　　　　（b）提升机设置在劲性钢柱上

图 2-34　劲性钢柱支撑式整体钢平台模架

在整体钢平台提升过程中，蜗轮蜗杆提升机保持固定，通过正向旋转螺杆带动整体钢平台模架一起提升；在钢平台提升到预定位置后，钢平台搁置在劲性钢柱上并保持不动，通过反向旋转螺杆顶升蜗轮蜗杆提升机至预定位置并固定在劲性钢柱上，准备进行下一次钢平台提升。

整体钢平台提升过程中，蜗轮蜗杆提升机固定在临时钢格构柱上，通过正向旋转螺杆带动整体钢平台模架一起提升；在提升整体钢平台到预定位置后，钢平台搁置在临时钢格构柱上；通过反向旋转螺杆顶升蜗轮蜗杆提升机箱体至上一个预定位置并固定在临时钢格构柱上，准备进行下一次的整体钢平台提升。

钢平台支撑距离受设计位置劲性钢柱间距的影响，对钢平台跨度进行控制，整体钢平台模架在核心筒中部设置了内筒外架系统作为辅助支撑，减小了钢平台的跨度，这是混合支撑方式整体钢平台模架的一个典型案例。

2.4.3　模架系统构成

劲性钢柱支撑式整体钢平台模架体系由整体钢平台、吊脚手架、劲性钢柱、提升机械设备、模板系统组成，见图 2-35。

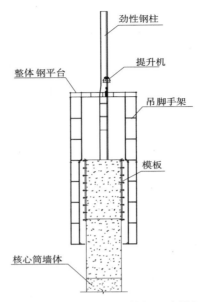

图 2-35　劲性钢柱支撑式整体钢平台模架组成

1. 整体钢平台

整体钢平台由型钢作为主钢梁焊接而成，位置处于混凝土结构的顶部，在施工时为施工人员及钢筋等材料堆放提供操作平台和堆场，见图 2-36。

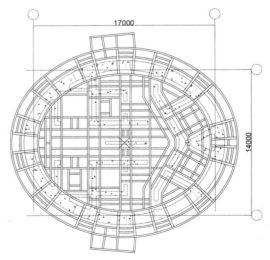

图 2-36　广州塔整体钢平台模架平面图

2. 吊脚手架

吊脚手架分为内、外脚手架两部分，通过吊架立杆顶部的螺栓固定于整体钢平台系统钢梁的底部，随整体钢平台系统同步提升协同工作，见图 2-37。

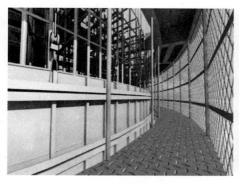 

（a）吊脚手架内侧 　　　　　　　　（b）吊脚手架外侧

图 2-37　吊脚手架体系

3. 劲性钢柱

核心筒筒壁墙体内设计了劲性钢柱，整体钢平台模架可利用劲性钢柱作为支撑和爬升立柱。劲性钢柱既是整体钢平台模架使用过程的承重构件，又是整体钢平台模架爬升时的导轨。整体钢平台和蜗轮蜗杆提升机通过正向通过反向搁置的竖向支撑装置支撑于劲性钢柱上，广州塔工程案例核心筒筒壁设有 14 根型钢劲性钢柱。

4. 提升机械设备

整体钢平台提升设备采用机械式蜗轮蜗杆提升机。蜗轮蜗杆提升机搁置在劲性钢柱上为整体钢平台模架爬升提供动力，见图 2-38。广州塔工程在每根劲性钢柱上设置两台 1 组蜗轮蜗杆提升机，共 24 台 12 组蜗轮蜗杆提升机组。

图 2-38　蜗轮蜗杆提升机螺杆连接钢平台框架

5. 模板系统

劲性钢柱支撑式整体钢平台模架的模板系统通常采用钢大模。广州塔工程由于核心筒为椭圆形的结构形式且会不断收分，为了满足使用一套模板就能完成结构施工的原则，通过分块抽条设计的方法形成曲面组合钢大模的形式。

55

2.4.4 标准施工流程

劲性钢柱支撑式整体钢平台模架标准层施工流程如下:

1)初始状态,混凝土浇筑完毕,整体钢平台模架停留在刚浇筑完成的钢筋混凝土结构顶部。在劲性钢柱顶部焊接安装上一层标准段劲性钢柱,完成劲性钢柱加节工作,见图 2-39(a)。

2)利用整体钢平台钢梁作为支点,螺杆不动,提升机反向工作驱动提升机沿螺杆爬升到预定高度,将提升机系统搁置在劲性钢柱支承小牛腿上,完成提升机的第一阶段半程爬升,见图 2-39(b)。

3)整体钢平台模架提升之前,确保整体钢平台模架与混凝土结构墙体之间没有钩挂情况,打开底部防坠挡板,保留 30 ~ 50mm 间隙。

4)提升机搁置固定在劲性钢柱上,螺杆下端与钢平台钢梁相连接,提升机正向驱动螺母带动螺杆上升,将整体钢平台模架提升到预定位置。利用正向通过反向搁置的竖向支撑装置将整体钢平台模架支撑搁置在劲性钢柱上,完成整体钢平台模架第一阶段半程提升,见图 2-39(c)。

5)重复以上方法完成第二阶段后半程整体钢平台模架的提升。整体钢平台模架提升结束后关闭底部防坠挡板,以防止物体坠落,见图 2-39(d)。

6)用塔式起重机将钢筋吊至整体钢平台上,施工人员在整体钢平台及吊脚手架上完成钢筋绑扎等施工作业。

7)以核心筒墙体上方的钢平台钢梁作为吊点,在手动捯链将下层墙体上的钢大模吊住的条件,完成钢大模拆除工作。在吊脚手架下半区上施工完成钢大模表面的清理及整修工作,然后用手动捯链将钢大模提升到预定高度位置,进行钢大模的安装施工。

8)模板安装施工作业结束后,施工人员在钢平台上完成核心筒结构混凝土浇筑工作,见图 2-39(e)。

9)混凝土养护,完成一个标准层的施工。

2.4.5 工程应用案例

广州塔位于广州市珠江南畔、广州新城市中轴线上,是广州市乃至中国的标志性建筑,主塔高 610m,是世界首座超过 600m 的构筑物,现为中国第一、世界第二高塔,见图 2-40。

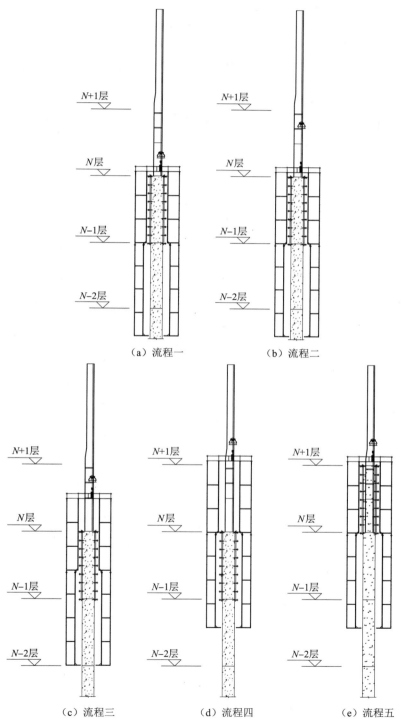

（a）流程一 　　　　（b）流程二

（c）流程三 　　　（d）流程四 　　　（e）流程五

图 2-39 劲性钢柱支撑式整体钢平台模架标准层施工流程

图 2-40　广州塔

广州塔结构具有超高、扭转、偏心、透空、收腰等特点，外筒是由一个椭圆沿空间向上，不断扭转、收放形成的复杂斜交钢结构网格，网格由 24 根最大直径 2m 的钢管混凝土斜柱、与水平面呈 150°夹角的 46 道钢管环杆及斜柱之间斜撑组成。外筒椭圆沿空间向上扭转 450°，椭圆上下倾斜偏心 9.5m。内筒为 454m 高的钢筋混凝土核心筒，核心筒为内径 14×17m 为椭圆形断面，核心筒外墙内置 14 根劲性钢柱，壁厚最大 1.2m、最小 0.4m，核心筒内墙最大厚度 0.5m、最小厚度 0.2m，劲性钢柱在标高 428.0m 以下为 H 型钢、428.0m 到 448.8m 标高段为钢管，截面尺寸随着高度增加而改变。

广州塔核心筒结构细长且内部构造复杂，对施工提出了很大的挑战。核心筒结构平面为椭圆形，模架体系的选型需要适应核心筒异型平面施工的需求。核心筒平面尺寸较小，模架体系需要在狭小空间中提供施工操作空间。核心筒墙体随着高度的增加而收分，其最大收分墙面累计达 0.6m，所以模架体系在高空需要能够进行适应性变化，同时模架体系尚需兼顾核心筒内水平钢筋混凝土结构的施工需要。核心筒筒壁内存在 14 根劲性钢柱，在模架体系选型时可以充分考虑利用 14 根劲性钢柱作为支撑和爬升结构，以提高模架体系的经济性能。

广州塔核心筒结构施工创新研发了基于劲性钢柱和内筒外架协同支撑式的整体钢平台模架技术[12]，核心筒外围采用劲性钢柱支撑方式，核心筒中部采用内筒外架支撑方式，中部的内筒外架支撑减小了整体钢平台的跨度，见图 2-41。以核心筒筒壁内的 14 根劲性钢柱为支撑及爬升钢柱，并在核心筒内部设置 2 套内筒外架作为支撑及爬升结构以减少整体钢平台的跨度。钢平台和蜗轮蜗杆提升机通过竖向支撑装置搁置于 14 根劲性钢柱和 2 个内筒外架上，通过受力转换实现整体钢平台模架爬升施工。

图 2-41　广州塔施工整体钢平台模架

　　这种模架体系兼具内筒外架式和临时钢柱支撑式整体钢平台模架的优势，既充分利用了劲性钢柱保证了模架体系的经济性，又通过设置内筒外架保证了模架结构体系受力的合理性与安全性。混合式整体钢平台模架体系作为施工设备放置、材料堆放、构件安装、钢筋绑扎、混凝土浇筑的向上移动场所，解决了超高复杂环境狭小空间中的施工作业难题，提高了施工工效。封闭式作业环境保证了施工安全，满足了不同气候条件下的作业要求。针对椭圆核心筒变截面和变体型施工特点，研发了基于抽条模板方式的可调宽度圆弧形钢大模施工技术，实现单套模板全程施工。模板标准化设计方法大量节约了材料，符合绿色施工节材要求。针对核心筒结构竖向和水平结构同步施工特点，研发了基于整体钢平台模架技术的大悬臂超升技术，实现了核心筒水平结构与竖向结构同步施工，这项技术方法为后续超高核心筒混凝土结构施工所广泛应用。针对核心筒顶部劲性结构特点，研发了基于空中分体的内外模架姿态控制悬挂式专项爬升技术，实现了劲性钢板剪力墙与整体钢平台模架爬升的交替施工，见图2-42。两种类别爬升系统均采用蜗轮蜗杆提升机提供爬升动力，整体钢平台模架爬升的同步性得到保证。

图 2-42　核心筒顶部钢板剪力墙层整体钢平台模架工艺

基于劲性钢柱和内筒外架协同支撑式的分体组合整体钢平台模架技术为广州塔复杂结构建造提供了重要的技术保证，确保了广州塔工程实现高标准的工期、质量、安全建造目标。

2.5　钢梁筒架支撑式整体钢平台模架装备技术

在建筑产业现代化要求不断提高的背景下，整体式模架在设计理念、驱动方式、控制手段等方面实现升级成为必然。上海建工集团基于模块化设计、智能化控制，对整体钢平台模架的支撑及爬升方式、功能部件驱动方法以及智能化控制、复杂结构层的适应性等方面进行升级，研究形成下置顶升的钢梁与筒架交替支撑式整体钢平台模架技术。

2.5.1　工程结构特点

超高结构建筑的发展促使其结构向高空不断延伸，摩天级的超高层建筑结构主要采用钢筋混凝土和钢结构组成的混合结构体系。混合结构体系竖向结构通常包含核心筒和巨型柱，水平结构通常包含伸臂桁架、带状桁架、楼面桁架、楼层钢梁以及组合楼板等。

核心筒除了存在结构层高变化多、墙体多次收分、结构平面变化大等通常超高层建筑结构所具有的特点外，摩天级超高结构体系还呈现出如下新的特点：

1）水平结构复杂。为满足结构整体刚度要求，通常会设置较多的伸臂桁架，水平结构与核心筒的连接也呈现出多样性。

2）核心筒劲性钢板剪力墙结构复杂。不但无法采用劲性钢柱式的思路加以利用，而且劲性钢板的就位安装过程还会与整体钢平台模架的施工产生交叉，施工效率和安全控制难度大。

3）核心筒平面尺度较大，内部隔墙较多，体型变化复杂。如上海中心大厦工程核心筒结构在平面上共分为 9 个区域，下部区域的墙体为劲性钢板与钢筋混凝土组成的组合结构体系。

上海中心大厦工程核心筒结构及其体型变化情况见图 2-43。

传统整体钢平台模架体系在动力驱动方式、智能化控制方法、模块化程度、面向复杂结构适应性等技术方面均有的提升空间，故对整体钢平台模架技术发展提出了更高的要求，需要进一步研发新型的整体钢平台模架技术，以适应超高层建筑工程建造的需要。通过研究开发出钢梁与筒架交替支撑式整体钢平台

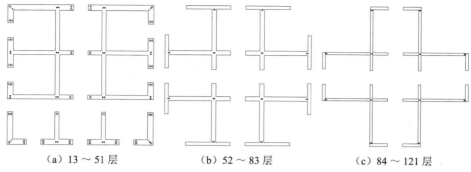

(a) 13～51层　　　　　　(b) 52～83层　　　　　　(c) 84～121层

图 2-43　上海中心大厦核心筒结构平面特点

模架技术,这种整体钢平台模架技术不仅具有承载力大、全封闭施工的传统特点,还在模块化设计、智能化控制、复杂结构层的适应性等方面取得突破,成为新一代整体钢平台模架的主流装备。

2.5.2　模架工作原理

钢梁与筒架交替支撑式整体钢平台模架体系采用下置顶升方式,液压动力系统置于整体钢平台下方,具有灵活多变的特性。新型整体钢平台模架体系采用单元式设计、整体式组装的理念,使各单元之间可以相对独立、方便高空拆分,大部分单元在施工完成后能够回收重复使用,这种工业化的设计施工模式充分体现了绿色建造理念。新型整体模架体系具有单层作业模式和双层作业模式,双层作业模式可以实现核心筒伸臂桁架层劲性结构的高效施工和复杂结构层的高效转换施工,加快工程进度。新型整体钢平台模架体系爬升动力系统和功能部件驱动系统全面采用液压油缸驱动方式,智能化控制水平得到全面提升。新型整体钢平台模架体系可以适应人货两用电梯直达整体钢平台模架系统顶部,方便施工人员进出场和材料设备的高效运送。新型整体钢平台模架体系可与长臂液压混凝土布料机一体化设置,实现核心筒混凝土的智能化浇筑施工。上海中心大厦核心筒结构施工采用的钢梁与筒架交替支撑式整体钢平台模架体系见图 2-44。

为了在结构施工顶面提供人员的作业平台,并提供钢筋和施工设备等的堆放场所,通过整体钢平台模架顶部设置的整体钢平台系统实现。为了给施工人员提供上下通道,满足钢筋绑扎和模板安装作业空间需要,通过整体钢平台模架钢平台吊脚手架系统实现,见图 2-45;外吊脚手架系统设有液压动力滑移式装置,满足核心筒墙体不断收分的施工需要,见图 2-46。

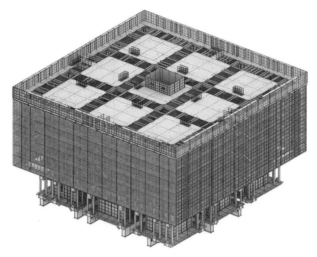

图 2-44　上海中心大厦施工模架体系

（a）钢筋工程施工　　　　　　　　（b）模板工程施工

图 2-45　吊脚手架作业环境

（a）液压动力滑移装置　　　　　　　（b）动力驱动吊脚手架内移

　　　　　　　　　　　图 2-46　吊脚手架空中滑移工艺

钢梁爬升系统和筒架支撑系统采用非螺栓、非焊接连接方式交替支撑搁置在混凝土结构支承凹槽上，分别承受爬升过程和使用过程整体钢平台模架的荷载。整体钢平台模架利用液压油缸的顶升和回提提供爬升动力，实现整体钢平台模架钢梁爬升系统与筒架支撑系统的交替支撑和爬升施工，见图 2-47。为了满足全封闭作业要求，液压油缸动力系统设置在筒架支撑系统中，液压油缸顶升行程按每个层高两次顶升到位的要求进行设计，内藏式动力系统体现了整体钢平台模架安全作业的特点，见图 2-48。

图 2-47　钢梁与筒架交替支撑　图 2-48　安装中的液压油缸

钢梁与筒架交替支撑式整体钢平台模架通过筒架支撑系统与钢梁支撑系统的交替支撑实现爬升。钢梁爬升系统内嵌在筒架支撑系统中，在水平方向两者相互约束，在竖向两者可交替运动，满足相互支撑爬升需要。在整体钢平台模架爬升过程中，整体钢平台模架的竖向荷载通过液压油缸传递给爬升钢梁，再由爬升钢梁上的竖向支撑装置传递给混凝土结构支承凹槽，见图 2-49；整体钢平台模架在液压油缸的驱动下向上爬升。整体钢平台模架爬升到位后，转换为筒架支撑系统承力，整体钢平台模架的竖向荷载通过筒架支撑系统上设置的竖向支撑装置传递给混凝土结构支承凹槽；爬升钢梁在液压油缸的回提下进行提升就位，到达下次顶升的预定部位。

在核心筒伸臂桁架层中，钢结构构件吊装施工需要从整体钢平台模架系统顶部向下穿越安装，会与钢平台系统部分钢连梁位置冲突，故钢平台系统连梁采用螺栓连接的临时可拆卸的方法满足构件吊装要求，见图 2-50。在爬升过程中，整体钢平台模架的吊脚手架部分会与伸臂桁架及楼面桁架突出核心筒墙面

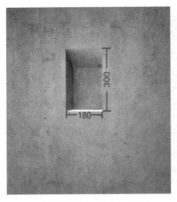

（a）混凝土结构支承凹槽　　　　（b）竖向支撑装置传递荷载

图 2-49　采用非螺栓非焊接支撑连接方式

的预留连接部分相冲突，故吊脚手架部分采用有效避让措施解决爬升问题。核心筒墙体内剪力钢板分布层数多，剪力钢板吊装同样从整体钢平台模架系统顶部向下穿越安装，为了提高剪力钢板安装效率，减少分层焊接量，整体钢平台模架采用双层施工模式，位置冲突部分钢连梁同样采用螺栓连接的临时可拆卸的方法解决。

（a）螺栓连接可拆卸连梁　　　　（b）伸臂桁架安装工艺

图 2-50　钢平台框架可拆卸连梁满足构件吊装需求

2.5.3　模架系统构成

　　钢梁与筒架交替支撑式整体钢平台模架由整体钢平台、吊脚手架、筒架支撑、钢梁爬升系统、模板系统五部分组成，见图 2-51。

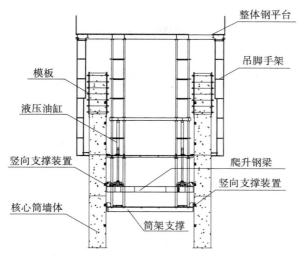

图 2-51 钢梁与筒架交替支撑式整体钢平台模架组成

1. 整体钢平台

整体钢平台由纵横布置的主次梁、平台盖板、格栅盖板、围挡以及安全栏杆等构成，位于整体钢平台模架体系的顶部，在施工时为施工人员及钢筋等材料堆放提供操作平台和堆场，见图 2-52。

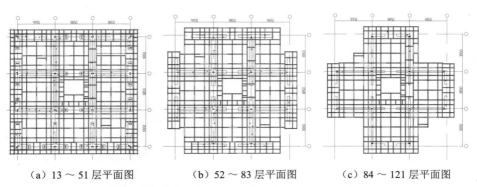

（a）13～51 层平面图　　　（b）52～83 层平面图　　　（c）84～121 层平面图

图 2-52 上海中心大厦整体钢平台模架平面图

2. 吊脚手架

吊脚手架包括核心筒内吊脚手架和核心筒外吊脚手架。外吊脚手架沿着核心筒外墙周边布置，固定于整体钢平台系统的钢梁底部。外吊脚手架分为角部固定部分和中部可滑移部分。在可滑移部位，外吊脚手架顶部安装滚轮及滑移顶推油缸，油缸固定于钢平台框架钢梁上。内吊脚手架由分布在核心筒部分内墙周边，通过吊架立杆顶部的螺栓固定于钢平台框架钢梁的底部。吊脚手架随整体钢平台系统同步提升协同工作，见图 2-53。

（a）底部走道板防坠挡板　　　　　　　　（b）走道板作业环境

图 2-53　吊脚手架体系

3. 筒架支撑

筒架支撑系统是整体钢平台模架的主要承重构件，筒架支撑系统位于整体钢平台底部，用于支撑整体钢平台。筒架支撑系统是型钢构成的平面受力框架体系，由型钢立柱、连梁、竖向支撑装置等构成。筒架支撑系统通过竖向支撑装置搁置在核心筒混凝土结构预留支承凹槽中，承受搁置状态整体钢平台模架的荷载。

4. 钢梁爬升系统

钢梁爬升系统是整体钢平台模架爬升过程的主要机构，主要由爬升钢梁以及双作用液压油缸动力系统组成。爬升钢梁系统内嵌在筒架支撑系统内侧，由承重钢梁或钢框架以及竖向支撑装置构成，主要承受爬升状态时整体钢平台模架荷载；动力系统的双作用液压油缸内置在爬升系统的内部，下端支承在爬升钢梁上，上端支撑在筒架支撑系统上，用于实现爬升钢梁与筒架支撑交替支撑爬升的过程，见图 2-54。

（a）爬升系统内嵌筒架支撑系统　　　　　（b）双作用液压油缸动力系统

图 2-54　钢梁爬升系统

5. 模板系统

钢梁与筒架交替支撑式整体钢平台模架的模板系统采用钢框木模，由模板面板、模板背肋、模板围檩、模板对拉螺栓组成。钢框木模的面板采用维萨芬兰板、背肋槽钢竖向布置、围檩双拼槽钢横向布置。模板系统按标准层配置标准模板一套，周转使用到顶，非标准层模板按楼层高度另行配置。

2.5.4 标准施工流程

钢梁与筒架交替支撑式整体钢平台模架标准施工流程如下：

1）初始状态，混凝土浇筑完毕，整体钢平台模架停留在刚浇筑的混凝土结构顶部，此时整体钢平台模架通过筒架支撑系统的竖向支撑装置搁置在混凝土结构预留支承凹槽中，见图 2-55（a）。

2）以爬升钢梁的竖向支撑装置为支点，筒架支撑系统的竖向支撑装置承力销通过小型专用液压油缸水平收回，完成筒架到钢梁的受力转换；驱动双作用液压油缸动力系统，顶升筒架支撑系统第一阶段半程上升，带动整体钢平台模架升高至约半层的高度，通过小型专用液压油缸水平顶推承力销，并将承力销伸出缸体，使筒架支撑系统的竖向支撑装置搁置在混凝土结构预留支承凹槽中，完成钢梁到筒架的受力转换。见图 2-55（b）。

3）爬升钢梁竖向支撑装置承力销通过小型专用液压油缸水平收回，以双作用液压油缸上端为连接支点，驱动双作用液压油缸回提，带动爬升钢梁第一阶段半程上升，升高至约半层的高度，通过小型专用液压油缸水平顶推爬升钢梁的竖向支撑装置承力销，并将承力销伸出缸体，就位搁置在混凝土结构预留支承凹槽中，准备第二阶段爬升。见图 2-55（c）。

4）重复第二小点过程，完成筒架支撑系统的第二阶段半程爬升；重复第三小点过程，完成爬升钢梁第二阶段半程爬升；至此完成整体钢平台模架一个标准层高的爬升，见图 2-55（d）。

5）钢筋由塔式起重机吊运至整体钢平台系统顶面堆放，作业人员在整体钢平台系统顶面通过格栅板传递至整体钢平台系统下方墙体位置，作业人员在内外吊脚手架或筒架支撑系统上进行钢筋绑扎。

6）钢筋绑扎完毕后，进行模板工程施工。模板系统悬挂在整体钢平台下方，通过提升到上一层预定位置进行支模拼配作业，模板采用对拉螺栓安装固定。

7）模板工程完毕后，利用设置在本体钢平台系统顶部的布料机完成混凝土的浇筑施工，如图 2-55（e）所示。

8）混凝土养护，完成一个标准层的施工。

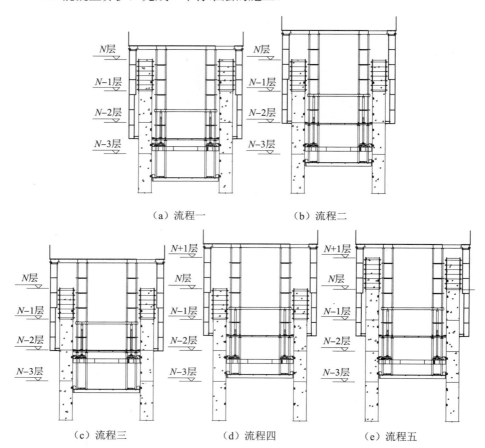

（a）流程一　　　　　　　　（b）流程二

（c）流程三　　　　　　　（d）流程四　　　　　　　（e）流程五

图 2-55　钢梁与筒架交替支撑式整体钢平台模架标准层施工流程

2.5.5　工程应用案例

上海中心大厦是一栋地处上海陆家嘴金融贸易区的地标性超高层建筑，与金茂大厦、上海环球金融中心形成"三足鼎立"之势，见图 2-56。上海中心大厦主楼地下 5 层，地上 127 层，建筑总高度 632m，现为中国第一、世界第二高楼，是一座绿色、智慧、人文的国际一流精品工程。

上海中心大厦核心筒在立面上共分为 9 个区域，核心筒墙体交接处内埋劲性钢柱，主楼核心筒内楼板均为压型钢板与钢筋混凝土组成的组合楼板。核心筒面积较大，内部隔墙较多，随高度增加墙体发生收分，且结构体型会发生变化，另外整体钢平台模架施工过程需要解决穿越伸臂桁架层和钢板剪力墙层的施工难题。

图 2-56 中国第一高楼、世界第二高楼——上海中心大厦

上海中心大厦核心筒墙体厚度随高度增加而递减，其中核心筒内墙以轴线为中心进行 5 次对称收分，厚度从 900mm 变化至 500mm，核心筒外墙以内边线为基准由外向内进行 5 次收分，厚度从 1200mm 变化至 500mm。在 1 区至 4 区核心筒水平截面呈正方形九宫格分布，到第 5 区后，核心筒水平截面的四个角部墙体开始向两侧收缩，至第 7 区时，原九宫格分布式筒体变为十字形五宫格分布式筒体，在核心筒顶部最终收缩成一字形三宫格分布式筒体。

上海中心大厦在高度方向上共设置 6 道伸臂桁架，在核心筒混凝土结构区域形成劲性结构形式。在平面上每道伸臂桁架由两部分组成，一部分设置在核心筒内的腹墙和翼墙内，另一部分设置在核心筒外围的钢框架结构中，并与巨型钢柱相连。核心筒劲性结构段伸臂桁架的上下弦杆连接部位伸出核心筒墙面约 800mm，伸臂桁架 2 层高。楼面桁架设置在 2 区至 8 区的设备避难层中，位于核心筒外围梁柱框架结构中，用于连接核心筒、巨型钢柱和带状桁架，楼面桁架四个角部上下弦杆连接部位伸出墙面 500～700mm。

上海中心大厦施工采用钢梁与筒架交替支撑式整体钢平台模架很好解决了超高、复杂、异形核心筒的施工难题[13]，见图 2-57。

图 2-57 上海中心大厦施工整体钢平台模架

针对核心筒结构体型变化情况，整体钢平台模架基于模块化组装的理念，在超高空进行了快速安全的体型变换施工，为超高空施工提供了安全保障，见图 2-58；通过专用小型液压油缸顶推滑轮装置实现了外吊脚手架的空中整体平移，解决了核心筒收分吊脚手架难以全封闭体型变换施工的难题；针对伸臂桁架特殊层钢结构安装施工要求，整体钢平台模架采取了单元式设计的方式，伸臂钢桁架吊装时各单元之间连杆能够方便拆分，同时钢梁与筒架交替支撑的爬升方式实现了伸臂桁架层的双层作业模式，满足了伸臂桁架整体吊装的要求，加快了施工速度。

（a）单元式模块化设计　　　　　　　　　（b）钢平台系统模块化设计

（c）吊脚手架系统模块化设计　　　　　　（d）筒架支撑系统模块化设计

图 2-58　整体钢平台模架模块化组装理念

钢梁与筒架交替支撑式整体钢平台模架的应用，确保了上海中心大厦工程安全、高效、高质量的施工，为项目的顺利开展和实施提供了重要保障，产生了良好的社会效益和经济效益，见图 2-59。这套整体钢平台模架技术后续在南京金鹰天地广场 T1 塔楼核心筒施工也得到了成功应用。该套整体钢平台模架所体现的绿色化、工业化建造理念与国家可持续发展的政策要求完全契合，为类似的超高复杂建筑工程施工提供了很好的借鉴，成为整体钢平台模架发展的一套主流装备。

（a）模块化组装施工工艺

（b）标准层作业环境

（c）伸臂桁架作业环境

（d）整体钢平台顶面作业环境

图 2-59　整体钢平台模架施工场景

2.6　钢柱筒架支撑式整体钢平台模架装备技术

随着我国超高层建筑的不断发展，对整体钢平台模架提出了适应多样性的技术发展要求，在保持下置顶升式整体钢平台模架设计理念的前提下，继续从绿色化、工业化、信息化发展出发，上海建工集团成功开发形成上置提升式的钢柱与筒架交替支撑式整体钢平台模架技术。

2.6.1　工程结构特点

钢柱与筒架交替支撑式整体钢平台模架技术适用的超高建筑结构类型和钢梁与筒架交替支撑式整体钢平台模架类同，但更适用于核心筒平面面积相对较小、整体钢平台模架竖向荷载相对较小的工程建造。相比较钢柱与筒架支撑式整体钢平台模架，其造价更具有经济性。上海白玉兰广场工程在整个高度范围体形变化不大，仅在墙体厚度方面随高度增加而不断收分，核心筒结构平面情况见图 2-60。

71

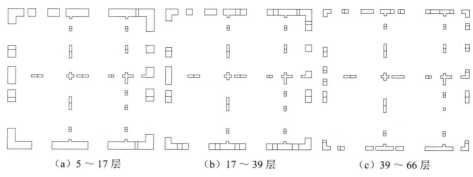

（a）5～17 层　　　　　　（b）17～39 层　　　　　　（c）39～66 层

图 2-60　上海白玉兰广场核心筒结构平面特点

这类超高层建筑核心筒结构具有下列主要特点：

1）设置伸臂桁架以加强抗侧刚度，满足结构整体刚度要求。如上海白玉兰广场核心筒在 34～36 层、65～66 层设置了 2 道伸臂桁架层。

2）造型奇特，结构平面变化多。如上海白玉兰广场工程核心筒内部设置的隔墙布局不均、厚度不一。

3）墙体多次收分。如上海白玉兰广场工程核心筒外墙随着高度的增加进行 4 次收分。

4）核心筒结构设计没有劲性钢柱或劲性钢柱数量较少。如上海白玉兰广场核心筒结构只有 4 个角部设置了劲性钢柱。

5）核心筒结构平面面积相对不大。如上海白玉兰广场工程核心筒面积为 577.2m²，而上海中心大厦核心筒面积则为 957.9m²。

钢柱与筒架交替支撑式整体钢平台模架技术特别适用于没有双层施工作业需求的超高层结构，在施工效率等同的条件下，其整体用钢量更少，模架的总重量更轻，设计与施工更为简便，经济性更能够得到体现[14]。

2.6.2　模架工作原理

钢柱与筒架交替支撑式整体钢平台模架技术采用上置提升方式，液压动力系统置于整体钢平台上方，具有灵活轻巧的特性。上海白玉兰广场核心筒结构施工采用的钢柱与筒架交替支撑式整体钢平台模架见图 2-61。

钢柱与筒架交替支撑式整体钢平台模架在核心筒顶部设置整体钢平台系统，作为材料和设备放置的空中移动作业平台，见图 2-62；在核心筒内部设置筒架支撑系统，协同实现脚手及支撑系统功能；吊脚手架系统位于核心筒混凝土结构侧面，吊脚手架系统及模板系统与整体钢平台系统同步提升；整体钢平台围挡、吊脚手架系统和筒架支撑系统围挡及底部防坠挡板形成全封闭立体安全防护体系。结构施工时，材料由塔式起重机运至整体钢平台上堆放，作业人员在整体钢平台系统、吊脚手架系统、筒架支撑系统上进行钢筋绑扎，随后进行模板施工，并由整体钢平台模架一体化专用布料机进行混凝土浇筑。

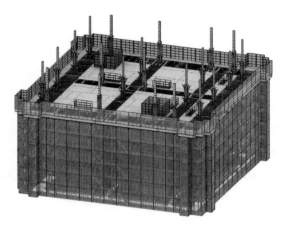

图 2-61　上海白玉兰广场施工模架体系

（a）高空移动式作业平台　　　　　　（b）混凝土墙体竖向钢筋绑扎

图 2-62　整体钢平台作为材料及设备放置场地

　　该体系的最大特点在于，采用工具式可周转钢柱作为爬升支撑钢柱，相比临时钢柱支撑式整体钢平台模架经济优势明显，相比劲性钢柱支撑式整体钢平台模架施工更加方便。爬升钢柱与筒架支撑系统配合协同工作，分别作为爬升过程和使用过程的支撑结构，施工过程传力路径清晰。钢柱爬升系统支撑在核心筒结构顶部，筒架支撑系统搁置在核心筒结构墙体支承凹槽上，通过交替支撑实现爬升。

　　钢柱与筒架交替支撑式整体钢平台模架在爬升过程中，爬升钢柱固定在核心筒混凝土结构顶部，利用结构钢筋固定爬升钢柱底端，见图 2-63。通过爬升钢柱上、下爬升靴组件装置之间的内置短行程双作用液压油缸正向驱动，使爬升靴组件装置在设有爬升孔的钢柱上进行交替支撑爬升，带动整体钢平台模架向上提升。在整体钢平台模架提升到位后，转换为筒架支撑系统进行支撑，此时筒架支撑系统竖向支撑装置搁置在混凝土结构支承凹槽上。通过上爬升靴组件装置与下爬升靴组件装置之间的内置短行程双作用液压油缸反向驱动，使爬升钢柱回提上升，预留出核心筒结构施工层高度，爬升钢柱置于施工层上方，见图 2-64。结构混凝土浇筑完毕，重复爬升钢柱与筒架筒架支撑系统交替支撑及爬升过程，实现整体钢平台模架随核心筒结构施工不断移动上升的作业需求。

图 2-63　爬升钢柱利用结构钢筋固定　　图 2-64　爬升钢柱置于施工层上方

2.6.3　模架系统构成

钢柱与筒架交替支撑式整体钢平台模架由整体钢平台、吊脚手架、筒架支撑、钢柱爬升系统、模板系统共五部分组成，见图 2-65。

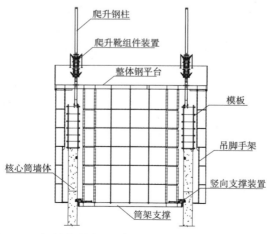

　　　　图 2-65　钢柱与筒架交替支撑式整体钢平台模架组成

1. 整体钢平台

整体钢平台由纵横布置的主次梁、平台盖板、格栅盖板、围挡以及安全栏杆等构成，位于整体钢平台模架体系的顶部，在施工时为施工人员及钢筋等材料堆放提供操作平台和堆场，见图2-66。

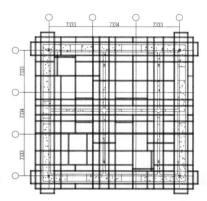

图 2-66　上海白玉兰广场整体钢平台模架平面图

2. 吊脚手架

吊脚手架沿着核心筒外墙周边布置，通过吊架立杆顶部的螺栓固定于钢平台框架钢梁的底部，核心筒内墙由筒架支撑兼做脚手架系统，吊脚手架随整体钢平台系统同步提升协同工作。

3. 筒架支撑

筒架支撑系统是整体钢平台模架的主要承重构件，筒架支撑系统位于整体钢平台底部，用于支撑整体钢平台。筒架支撑系统是型钢构成的平面受力框架体系，由型钢立柱、连梁、竖向支撑装置等构成。筒架支撑系统通过竖向支撑装置搁置在核心筒混凝土结构预留支承凹槽中，承受搁置状态整体钢平台模架的荷载，见图2-67。筒架支撑系统通过水平限位装置控制筒架支撑系统整体稳定性，从而达到控制爬升钢柱侧向位移的稳定性原理要求，见图2-68。

图 2-67　竖向支撑装置　　　　　图 2-68　水平限位装置

4. 钢柱爬升系统

钢柱爬升系统包括爬升钢柱、爬升靴组件装置、短行程双作用液压油缸等。爬升钢柱是整体钢平台模架系统的导向爬升装置，柱面开有等间距爬升孔，下端搁置在核心筒混凝土结构顶面，通过结构钢筋采用螺栓固定，实现快速装拆。上、下爬升靴组件装置通过短行程双作用液压油缸正向驱动，在钢柱爬升孔中爬升，带动整体钢平台模架提升，见图2-69。通过短行程双作用液压油缸反向驱动，可以提升爬升钢柱，使其置于核心筒施工层上方，预留核心筒施工层高度，见图2-70。

（a）爬升靴组件装置提升钢平台　　　　（b）提升构件连接钢平台框架

图 2-69　钢柱爬升系统提升整体钢平台模架

（a）爬升靴组件装置提升爬升钢柱　　　　（b）爬升钢柱上升腾出钢筋绑扎层

图 2-70　钢柱爬升系统提升爬升钢柱

5. 模板系统

钢柱与筒架交替支撑式整体钢平台模架的模板系统采用钢框木模。钢框木模的面板采用维萨芬兰板、背肋槽钢竖向布置、围檩双拼槽钢横向布置。模板按标准层层高配置，非标准层施工时在标准层模板基础上接高配置。

2.6.4 标准施工流程

钢柱与筒架交替支撑式整体钢平台模架标准层施工流程如下：

1）初始状态，混凝土浇筑完毕，整体钢平台模架停留在刚浇筑混凝土顶部，此时整体钢平台模架通过筒架支撑系统的竖向支撑装置搁置在核心筒混凝土结构预留支承凹槽中。爬升钢柱柱脚与核心筒混凝土结构顶面螺栓连接，爬升靴组件装置换向控制手柄置于向下位置，见图 2-71（a）。

2）以爬升钢柱为支点，筒架支撑系统的竖向支撑装置承力销通过小型专用液压油缸水平收回，完成筒架到钢柱的受力转换；短行程双作用液压油缸正向驱动上、下爬升靴组件装置在钢柱上交替支撑向上爬升，带动整体钢平台模架向上提升一个楼层高度，通过小型专用液压油缸水平顶推承力销，并将承力销伸出缸体，使筒架支撑系统的竖向支撑装置搁置在混凝土结构预留支承凹槽中，完成钢柱到筒架的受力转换。见图 2-71（b）。

3）将爬升靴组件装置换向控制手柄置于向上位置，短行程双作用液压油缸反向驱动上、下爬升靴组件装置，带动爬升钢柱向上提升一个楼层高度，预留出施工层高度。见图 2-71（c）。

4）钢筋由塔式起重机吊运至整体钢平台顶面堆放，作业人员在钢平台顶面通过格栅板传递至整体钢平台系统下方墙体位置，在吊脚手架和筒架支撑上进行钢筋绑扎作业。

5）钢筋绑扎完毕，下一层模板拆模，并将模板提升至施工层，进行模板工程施工，模板系统采用对拉螺栓进行固定。

6）利用设置在整体钢平台顶部的混凝土布料机完成混凝土浇筑，见图 2-71（d）。

7）混凝土养护，将爬升靴组件装置换向控制手柄置于向下位置，完成一个标准层高的施工，见图 2-71（e）。

2.6.5 工程应用案例

上海白玉兰广场工程位于上海虹口北外滩沿黄浦江地区，总建筑面积约 41 万 m^2，主楼包括一幢高 320m 的办公塔楼和一幢高 171.7m 的酒店塔楼组成，见图 2-72。

办公塔楼由钢筋混凝土核心筒、外围钢框架、伸臂桁架和楼层系统构成，地下 4 层、地上 66 层。核心筒平面呈正方形，共设有三道内隔墙，厚度

77

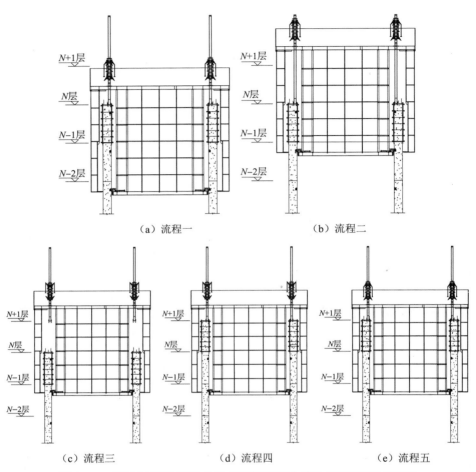

（a）流程一　　　　　　　　　（b）流程二

（c）流程三　　　　　（d）流程四　　　　　（e）流程五

图 2-71　钢柱与筒架交替支撑式整体钢平台模架标准层施工流程

400mm 不变。翼墙随着高度的增加，由底层位置的最大厚度 1300mm，分别经过多次收分到达顶部最小厚度为 600mm。核心筒分别在 34 ～ 36 层、65 ～ 66 层位置分别设置了伸臂桁架层，以满足结构抗侧力的需求。

　　上海白玉兰广场工程办公楼核心筒施工在标高 22.4 ～ 311m 的范围采用了钢柱与筒架交替支撑式整体钢平台模架技术，以工具式钢柱作为爬升结构构件，通过爬升靴组件装置及短行程双作用液压油缸的驱动，实现整体钢平台模架的爬升。工程应用大大降低了施工成本，节约了工程材料，见图 2-73。钢柱与筒架交替支撑式整体钢平台模架技术采用上置提升方式，使用过程的搁置状态采用混凝土结构支承凹槽的简单构造形式，施工及爬升效率大幅提升[15]。

　　针对核心筒结构复杂体型特点，钢柱与筒架交替支撑式整体钢平台模架研

图 2-72 上海浦西第一高楼白玉兰广场　　图 2-73 上海白玉兰广场工程

发出一系列专项施工技术。针对核心筒墙体收分，通过节点特殊设计采用吊脚手架空中移位，使吊脚手架与核心筒结构桥面作业的距离始终处于最佳状态。针对伸臂桁架层和剪力钢板层等特殊结构层施工特点，基于模块化设计采用了整体钢平台模架柔性可变的施工技术，通过灵活拆装整体钢平台系统的标准跨墙构件及格栅板，满足了核心筒劲性钢结构安全高效吊装施工需要。整体钢平台模架爬升过程中，通过智能控制系统对钢柱及筒架的空间姿态进行有效控制，确保了整体钢平台模架处于平稳爬升状态。

钢柱与筒架交替支撑式整体钢平台模架技术同样在上海静安大中里、南京金鹰天地广场 T2 及 T3 塔楼、武汉恒隆广场等工程中得到了广泛应用，进一步丰富完善了整体钢平台模架产品系列，整体钢平台模架的工程适应性得到了根本改变。

第 3 章

整体钢平台模架
装备体系构建

3.1　概述

整体钢平台模架创立至今，经过大量工程实践，已成为超高混凝土结构建造的关键装备。整体钢平台模架装备由钢平台系统和吊脚手架系统形成全封闭的作业环境，通过支撑系统或爬升系统将荷载传递给混凝土结构，采用动力系统驱动，运用支撑系统与爬升系统交替支撑进行爬升作业，实现混凝土结构工程施工。

超高混凝土结构施工模架体系需满足超高空立体施工、自动爬升作业、高效建造、安全防护、结构体型变化等要求。整体钢平台模架装备通过精细化的体系构建，全面满足了超高混凝土结构的建造需求。

1）整体钢平台模架装备能够满足超高空移动式立体施工的要求。整体钢平台模架装备通过设置吊脚手架系统和筒架支撑系统满足了混凝土结构施工作业要求。在任何建造高度，整体钢平台模架装备的钢平台系统、吊脚手架系统以及筒架支撑系统都能全覆盖混凝土结构的作业面，施工人员能顺利到达各作业点。

2）整体钢平台模架装备能够安全快速地实现自动爬升。整体钢平台模架装备的爬升系统采用具备足够承载能力的专用自爬升设备，能实现自动化控制，通过支撑系统和爬升系统的交替受力完成自动爬升，保证了快速爬升需要。

3）整体钢平台模架装备能够实现超高建筑高效建造。随着结构建造高度的不断增加，塔式起重机竖向运输占用时间以及垂直运输频率将严重影响建造工效。为实现不间断的施工，单次起吊的材料运输量需足够大，以减少垂直运输频率，确保整体钢平台模架装备高效施工。整体钢平台模架装备在顶部设置钢平台系统用于堆放工程材料，钢平台系统工作面大、设计承载力高，堆放的钢筋可根据需求达到半层甚至一层的施工用量。

4）整体钢平台模架装备能够提供完备的超高作业全封闭移动空间安全防护功能。整体钢平台模架装备在钢平台系统的侧面、吊脚手架系统及筒架支撑系统的侧面和底部设置围挡、走道板、防坠挡板，使得超高空施工人员作业环境如同地面作业，能有效防止高空坠物，保证立体作业施工安全。

5）整体钢平台模架装备具备很强的复杂结构施工体型适应能力。超高混凝土结构体型往往复杂多变，整体钢平台模架装备采用模块化组合和柔性化可变技术，能适应各种混凝土结构平面形式，并能根据复杂混凝土结构体型变化进行自适应调整，保证了高效变换的复杂结构施工需要。

本章从设计与施工的控制原则、装备的构成系统、系统的组成、功能部件、支承结构等方面，详细介绍整体钢平台模架装备体系的构建。

3.2 整体钢平台模架设计与施工控制

3.2.1 整体钢平台模架装备工况设计

整体钢平台模架装备作为高空的施工装备，施工过程经历的受力状态复杂多变，设计与施工过程进行规范有效的控制显得尤为重要。所有的组成系统、构件及部件，都需要考虑其在施工过程所经历的最不利工况进行控制，确保整体钢平台模架装备结构具有足够的承载力、刚度、整体稳固性。所以，整体钢平台模架装备的设计要充分考虑爬升阶段、作业阶段、非作业阶段等各阶段的各种工况，以及施工过程中整体钢平台模架装备拆分、解体、移位等特殊工况。

爬升阶段、作业阶段及非作业阶段是整体钢平台模架装备施工过程经历的三个典型状态。爬升阶段是指整体钢平台模架装备以爬升系统作为支撑，依靠动力系统提供爬升动力，相对混凝土结构上升到达上一作业层的过程。作业阶段是指整体钢平台模架装备进行钢筋绑扎、模板作业、混凝土浇筑等混凝土结构施工作业的过程。非作业阶段是指整体钢平台模架装备因恶劣天气或其他因素，需要停止混凝土结构施工作业并将施工人员撤离的状态。

在进行整体钢平台模架装备结构分析与设计计算时，首先需要明确施工中的安装与拆除过程、爬升阶段、作业阶段的风速限值，安装与拆除阶段、爬升阶段、作业阶段的设计风荷载取值需要与施工过程风速限值相协调，施工过程风速限值应小于设计风荷载取值。施工行业通常用风级进行施工控制，如建筑施工6级风及以上不允许高处作业等，由于每个风级对应的是一个风速范围，为适应工业化的装备产品设计计算需求，上海建工通过系统的理论和试验研究，并经过大量的工程实践总结，确定了整体钢平台模架装备设计计算的风速取值，详见本书4.2.3节。

非作业阶段通过整体钢平台模架装备与混凝土结构的连接构造解决，采用增设整体钢平台模架装备抗风杆件进行加固，依靠所建造的混凝土结构共同抵御超大风荷载。非作业阶段整体钢平台模架装备不做专门的设计计算，通过专

83

项构造措施加以解决。这种设计控制方法，既体现了产品化的设计理念，又体现了资源节约的绿色理念。

3.2.2　整体钢平台模架装备施工控制

整体钢平台模架装备进行安装与拆除、爬升、作业时，需严格按照设计规定给出的风速限值加以控制，实际风速不得超出设计给出的风速限值要求，确保整体钢平台模架装备结构的安全。在非作业阶段，整体钢平台模架装备因恶劣天气停工而暂停施工时，应通过增设抗风杆件进行加固，依靠建造的混凝土结构共同抵御超大风荷载。整体钢平台模架装备施工控制中，安装与拆除过程根据 6 级风压控制，爬升阶段根据 8 级风压控制，作业阶段根据 12 级风压控制，设计计算风速相对应的施工过程风速限值详见 4.2.3 节。

整体钢平台模架装备安装和拆除采用分块方式进行时，各分块在施工过程中逐渐安装形成整体或从整体逐渐拆分形成各分块，各分块以及已安装的模架单元、待拆除的模架单元的受力状态与设计时考虑的整体结构受力状态存在很大差异，施工过程应细致分析各个工况的形成。如果安装或拆除过程各分块及分块连接后形成单元、分块拆除后剩余单元未按照整体稳固性要求采取诸如设置临时支撑等必要的措施，各分块可能缺少有效支撑点，造成局部结构的失效，进而可能引发连锁反应，造成整体钢平台模架装备结构在安装或拆除过程发生大面积连续坍塌事故，施工过程应该严加控制。所以，在整体钢平台模架装备安装和拆除过程，要采取保证各分块、分块连接后形成单元、分块拆除后剩余单元整体稳固性措施，确保各分块以及各单元结构的受力安全。

混凝土结构用于整体钢平台模架装备支撑装置的承力部位承载力满足要求，是模架施工安全的重要前提。承力部位混凝土结构如果出现承载力不足，不仅会使混凝土结构局部破坏，而且可能造成整体钢平台模架装备失去可靠支撑点，甚至失去平衡引发事故，严重威胁施工安全，所以需在施工过程给予足够的重视。在实际工程应用中，承力部位混凝土结构实体抗压强度也可根据工程实际通过试验确定。在一般情况下，承力部位混凝土结构实体抗压强度控制如下：

1）钢柱爬升系统，结构实体抗压强度不得小于 10MPa；

2）筒架支撑系统、钢梁爬升系统，结构实体抗压强度不得小于 20MPa。

3.3 整体钢平台模架装备的构成系统

整体钢平台模架装备由钢平台系统、吊脚手架系统、支撑系统、爬升系统、模板系统五大系统构成。

3.3.1 钢平台系统

钢平台系统位于整体钢平台模架装备顶部，由钢平台框架、盖板、格栅盖板、围挡、安全栏杆、竖向支撑装置等部件通过安装组成，是用于实现高空施工作业的钢结构平台系统。典型工程上海中心大厦工程钢平台系统见图3-1。

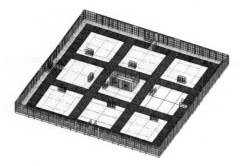

图 3-1 钢平台系统示意图

钢平台系统作为施工人员的操作平台及钢筋和设备堆放场所，采用大作业面设计，同时能提供超大承载面，以满足钢筋和施工设备的高效堆放和人员操作的需要。钢平台系统通常位于已完成的混凝土结构以及施工层的上方，方便塔式起重机装卸材料及设施。钢平台系统的大承载力优点能保证承载面堆放半层钢筋量，甚至整层钢筋量，可以极大地提高建造工效。辅助施工设施，如混凝土布料机、人货两用电梯、塔式起重机等可附着在钢平台系统上，形成一体化运行模式，进一步提高施工效率。

3.3.2 吊脚手架系统

吊脚手架系统由脚手吊架、走道板、围挡板、楼梯、抗风杆件、防坠挡板、滑移装置通过安装组成，悬挂在钢平台框架上，是用于实现施工作业的脚手架。典型工程的吊脚手架见图3-2。

吊脚手架系统以螺栓固定于钢平台框架梁底部，一般在钢平台系统下方混凝土结构墙体三层高度范围内布设，随钢平台系统同步提升。吊脚手架系统是实现全封闭作业的关键，其侧面围挡、底部走道板、防坠挡板与钢平台系统的

85

侧面围挡形成全封闭安全防护体系，可以防止粉尘污染、光污染等，使高空施工如同室内作业，真正实现绿色施工，充分体现人性化设计理念，消除超高空施工作业给人员带来的恐惧心理，从而有效提高结构的施工安全。由于混凝土墙体结构随着高度的增加一般都会采用收分的方法减少混凝土墙体结构厚度，吊脚手架往往通过滑移装置进行高空移位，以满足施工需要。

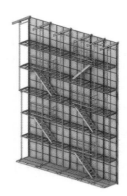

图 3-2　吊脚手架系统示意图

3.3.3　支撑系统

支撑系统分为筒架支撑系统、钢柱支撑系统两种类型。支撑系统用于支承钢平台系统，通过筒架支撑系统上设置的竖向支撑装置和水平限位装置、钢柱直接支撑于混凝土墙体结构将竖向和水平荷载传递给混凝土结构。

筒架支撑系统主要有两种类型，一种与钢柱爬升系统配套，另一种与钢梁爬升系统配套。钢柱爬升系统的典型工程上海白玉兰广场筒架支撑系统见图 3-3；钢梁爬升系统的典型工程上海中心大厦筒架支撑系统见图 3-4。

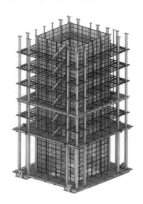

　　　　　　图 3-3　筒架支撑系统示意图　　图 3-4　筒架支撑系统示意图

钢柱支撑系统主要的也有两种类型，一种为临时钢柱支撑系统，另一种为劲性钢柱支撑系统。典型工程的钢柱支撑系统见图3-5。

（a）临时钢柱支撑系统　　　（b）劲性钢柱支撑系统

图 3-5　钢柱支撑系统示意图

整体钢平台模架装备搁置施工状态主要依靠支撑系统，支撑系统的功能是将整体钢平台模架装备荷载可靠地传递至混凝土结构。工程实践中可根据混凝土结构体型特点选择适宜的支撑系统类型。

3.3.4　爬升系统

爬升系统分为钢柱爬升系统、钢梁爬升系统两种类型。钢柱爬升系统包括临时钢柱爬升系统、劲性钢柱爬升系统、工具式钢柱爬升系统；钢梁爬升系统包括钢梁结合顶升油缸的爬升系统、钢梁钢柱结合提升机的爬升系统。临时钢柱爬升系统与临时钢柱支撑系统的钢柱是合二为一的构件，劲性钢柱爬升系统与劲性钢柱支撑系统的钢柱也是合二为一的构件。爬升系统由爬升构件、动力系统以及控制系统组成，爬升构件支撑在混凝土结构上，通过动力系统驱动，使整体钢平台模架装备沿混凝土结构墙面爬升。典型工程的钢柱爬升系统见图3-6；典型工程的钢梁爬升系统见图3-7。

爬升系统通过动力系统和控制系统的精确操控以及与支撑系统的交替受力完成整体钢平台模架装备的自动爬升作业，具有自动化程度高，爬升施工速度快的特点。动力系统根据施工工艺要求可采用蜗轮蜗杆提升机动力系统、长行程双作用液压油缸动力系统、短行程双作用液压油缸动力系统等类型。钢柱爬升系统采用支撑于混凝土墙体结构顶面的传力方式；钢梁爬升系统采用支撑于混凝土墙体结构侧面的传力方式。工程实践中可根据混凝土结构体型特点选择合适的系统类型。

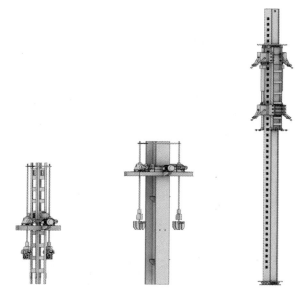

（a）临时钢柱爬升系统　（b）劲性钢柱爬升系统　（c）工具式钢柱爬升系统

图 3-6　钢柱爬升系统示意图

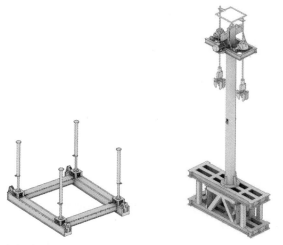

（a）钢梁结合顶升油缸的爬升系统　（b）钢梁钢柱结合提升机的爬升系统

图 3-7　钢梁爬升系统示意图

3.3.5　模板系统

　　模板系统由模板面板、模板背肋、模板围檩、模板对拉螺栓、模板吊环、模板伸缩式水平限位装置通过安装组成，是用于现浇混凝土成形，并承受浇筑混凝土过程传递过来荷载的模具系统。典型工程的模板系统见图 3-8。

图 3-8　模板系统示意图

模板系统是保证混凝土结构几何形状以及截面尺寸的关键设施,直接决定着混凝土结构的成形质量。在超高结构施工中,模板系统需要具有足够的耐用性以保证足够的周转次数,提升施工拆装的便利性,在解决特殊体型结构施工方面同样要具有很好的适应性。对于有些特定的工程,为了辅助控制筒架支撑系统的侧向稳定,往往会在模板系统上设置伸缩式水平限位装置。

3.4　钢平台系统的组成

钢平台系统由钢平台框架、盖板、格栅盖板、围挡、安全栏杆、竖向支撑装置等部件组成。

3.4.1　钢平台框架

钢平台框架由型钢梁或桁架梁根据不同混凝土结构形状、尺寸要求,通过焊接或螺栓连接形成整体,是用于施工作业需要的钢结构平台骨架。对于临时钢柱支撑系统和劲性钢柱支撑系统,钢平台框架通常通过竖向支撑装置搁置在钢柱上。典型工程上海白玉兰广场的钢平台框架见图 3-9。

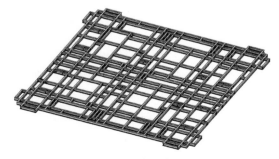

图 3-9　钢平台框架示意图

钢平台框架可采用型钢梁或桁架梁制成，框架根据竖向混凝土结构位置采用主梁和次梁相结合的方式。主梁通常与混凝土结构相平行的方向进行布置，并与墙体保持一定的安全操作距离，次梁根据构造要求进行设计。由于混凝土结构施工中会发生体型变化，钢平台系统应能高效调整适应施工需要，所以钢平台框架大都采用模块化设计，一般设计成可拆卸组装方式，以适应复杂结构体型施工需要。对于频繁遇到的混凝土劲性钢桁架层吊装施工，整体钢平台模架装备通常采用双层施工模式，将位于竖向混凝土结构上方区域的钢平台系统跨墙钢梁端设计为螺栓连接的可装拆方式，在安装劲性钢桁架构件时连梁可交替拆除与安装，实现在钢平台系统上方完成钢桁架构件的吊装，达到复杂结构层高效安全的施工。

3.4.2 钢平台盖板

钢平台盖板由型钢骨架与面板根据不同规格要求焊接连接形成，搁置在钢平台框架上，是用于放置材料、设备以及供施工人员作业的平台面板。典型工程的钢平台盖板见图 3-10。

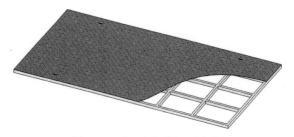

图 3-10 钢平台盖板示意图

钢平台盖板由不同大小规格盖板组成，根据钢平台框架形成的区隔进行分块设计。钢平台盖板型钢骨架可由方管焊接而成，钢平台盖板面板一般可采用花纹钢板材料制作。

3.4.3 钢平台格栅盖板

钢平台格栅盖板由扁钢或扭转圆钢根据间距要求纵横布置，并以不同规格要求焊接形成，搁置在未铺设钢平台盖板的钢平台框架上，是用于安全防护或施工人员作业的钢制网格平台面板。典型工程的钢平台格栅盖板见图 3-11。

钢平台格栅盖板通常用于跨混凝土结构墙体的上方，格栅空格可用于将钢筋从钢平台上方传递到吊脚手架系统位置操作层进行钢筋绑扎。在施工期间根据需要也可将该格栅盖板翻起，用于上下传递材料，满足施工需要。钢平台格栅盖板由不同大小规格格栅盖板组成，根据钢平台框架形成的区域特点进行分块设计。

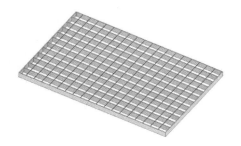

图 3-11 钢平台格栅盖板示意图

3.4.4 钢平台围挡

钢平台围挡由金属骨架与面板根据不同规格要求连接形成围挡板，通过与金属型材立柱焊接或螺栓连接组成挡墙，是用于钢平台系统临边安全防护的围挡板。典型工程的钢平台围挡见图 3-12。

图 3-12 钢平台围挡示意图

钢平台围挡按围挡板和立柱分别设计然后连接组成，一般在工厂即已拼装完成，在施工现场以整体形式出现。面板一般采用钢制材料，也可以采用其他材料，如胶合板等。当围挡板与金属型钢立柱采用钢材时，可采用螺栓或焊接的方式进行连接；当围挡板与金属型钢立柱采用铝材时，可采用螺栓、焊接或铆接的方式进行连接；当围挡板面板采用胶合板时，其与金属骨架的连接一般采用螺栓连接。

3.4.5　钢平台安全栏杆

钢平台安全栏杆由型钢根据不同规格要求制作，是用于洞口临边安全的防护栏杆。钢平台安全栏杆可通过焊接连接或螺栓连接固定在钢平台框架上。典型工程的钢平台安全栏杆见图 3-13。

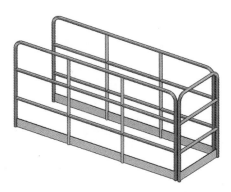

图 3-13　钢平台安全栏杆示意图

3.4.6　竖向支撑装置

钢平台系统通过竖向支撑系统将竖向荷载和水平荷载传递给混凝土墙体结构。对于钢柱支撑系统，钢平台系统通过竖向支撑装置将荷载传递给钢柱支撑。竖向支撑装置通常有梁式承重销、转动式承力销等方式，具体见第 3.9 节。

3.4.7　钢平台模板吊点梁

模板系统主要利用钢平台框架作为吊点，通常作业方式是采用捯链悬挂在钢平台模板吊点梁上，钢平台模板吊点梁再支撑于钢平台框架。模板系统施工作业主要通过悬挂连接实施。模板吊点梁上设置用于搬运的手拉环以及用于模板系统作业的吊环，见图 3-14。

图 3-14　钢平台模板吊点梁示意图

3.5 吊脚手架系统的组成

吊脚手架系统由脚手吊架、走道板、围挡板、防坠挡板、楼梯、滑移装置、抗风杆件等部件组成。

3.5.1 脚手吊架

脚手吊架由竖向和横向金属杆件根据脚手架宽度、步距、总高度要求焊接或螺栓连接形成，悬挂在钢平台框架上，是用于脚手架走道板、围挡板连接的脚手架竖向片架。典型脚手吊架见图3-15。

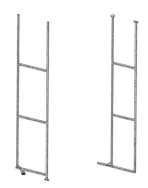

图 3-15 脚手吊架示意图

脚手吊架竖向杆件分为前立杆和后立杆。前立杆一般采用钢管，在施工过程中根据需求一般采用扣件形式与结构体或其他部件进行连接。后立杆一般采用槽钢，沿两肢长度方向打孔，方便与侧向围挡板连接。横向金属杆件一般采用热轧槽钢，两肢打孔，实现与走道板相连。

3.5.2 脚手走道板

脚手走道板由金属骨架与面板根据脚手吊架尺寸、间距要求连接形成，用螺栓或焊接固定在脚手吊架横向金属杆件上，是用于放置材料、设备以及供施工人员作业的脚手面板。典型工程的脚手走道板见图3-16。

脚手走道板根据需要可采用钢材或铝合金材料。非底层的走道板一般采用钢板网或铝合金板网，而底层走道板为防止坠物通常采用花纹钢板或铝合金板，同时在底部走道板靠墙一侧需要设置防坠挡板，防止侧向坠物。当采用钢材时，脚手走道板的连接以焊接为主；当采用铝合金材料时，脚手走道板的连接以焊接、铆接、螺栓为主。

（a）钢板网面层走道板　　　　　　（b）花纹钢板面层走道板

图 3-16　脚手走道板示意图

3.5.3　脚手围挡板

脚手围挡板由金属骨架与面板根据脚手吊架尺寸、间距要求连接形成，用螺栓或焊接固定在脚手吊架竖向金属杆件上，是用于脚手架外围安全的防护围挡板。典型工程的脚手围挡板见图 3-17。

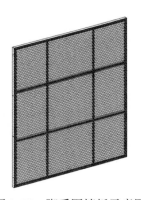

图 3-17　脚手围挡板示意图

脚手围挡板与钢平台围挡板类同，脚手围挡板一般采用钢制材料制作，但也可以采用铝合金等其他材料制作。当脚手围挡板采用钢材时，可采用螺栓或焊接的方式进行连接；当脚手围挡板采用铝合金材料时，可采用螺栓、焊接或铆接的方式进行连接。

3.5.4　脚手防坠挡板

脚手防坠挡板由金属薄板制作形成，安装在脚手架底层走道板，封闭与结构墙体之间的空隙，是用于施工作业过程中防止物体坠落的防护面板。典型工程的脚手防坠挡板见图 3-18。

防坠挡板通常有两种类型，一种是移动式挡板，另一种是转动式挡板。前者通过金属薄板水平式移动后顶紧混凝土结构墙体实现间隙封闭，后者通过金属薄板转动后依靠在混凝土结构墙体上实现间隙封闭。采用移动式挡板形式时，间隙封闭效果更好，而且操作方便。

图 3-18　脚手防坠挡板示意图

3.5.5　脚手楼梯

脚手楼梯由两侧平行斜板与踏步板连接而成，上端通过螺栓或焊接形式固定于钢平台框架梁或脚手吊架上，下端通过螺栓或焊接形式固定于脚手吊架横向杆件上，供施工人员上下通行的楼梯段。典型工程的脚手楼梯见图 3-19。

图 3-19　脚手楼梯示意图

3.5.6　脚手滑移装置

吊脚手架系统与钢平台系统有不同的连接方法，对于混凝土墙体结构没有收分或收分量很小的工程，吊脚手架顶部仅需采用固定的连接方式。为适应混凝土墙体结构较大收分施工要求，吊脚手架系统向墙面移动可采用在每榀脚手吊架顶部设置滑移装置的方法，通过滑移导轨为整体吊脚手架的移位创造条件。

脚手吊架采用滑移式连接方式时，脚手吊架通过法兰板与脚手滑移装置连接，滑移装置的滑移轨道与钢平台框架连接。典型工程的脚手滑移装置见图3-20。

图 3-20　脚手滑移装置示意图

3.5.7　脚手抗风杆件

脚手抗风杆件由金属杆件制作形成，一端连接于脚手吊架内侧竖向金属杆件，另一端连接或支撑于混凝土结构，是用于抵抗风荷载的杆式装置。典型工程的脚手抗风杆件见图 3-21。

图 3-21　受压型脚手抗风杆件示意图

脚手抗风杆件分为两类，一类为只受压不受拉杆件，另一类为拉压杆件。前者是用于作业阶段防止吊脚手架系统在风压力作用下发生过大变形的措施，后者是用于非作业阶段将吊脚手架系统与混凝土结构连接形成整体的措施。

3.6　支撑系统的组成

整体钢平台模架装备支撑系统常用的为筒架支撑、临时钢柱支撑和劲性钢柱支撑三种类型，各种支撑系统与相应的爬升系统共同实现交替支撑的爬升作用。

3.6.1　筒架支撑

筒架支撑由筒架承力构件、筒架吊脚手架、竖向支撑装置、水平限位装置

等组成。筒架承力构件由竖向、横向型钢杆件、走道板等根据宽度、长度、总
高度要求制作形成。筒架吊脚手架由脚手吊架、脚手走道板、脚手围挡、防坠
挡板、楼梯等组成，具体见第 3.5 节。筒架承力构件的竖向型钢杆件顶端连接
在钢平台框架上用于支承钢平台框架，筒架吊脚手架实现混凝土结构施工作业。
筒架支撑上设置的竖向支撑装置和水平限位装置将竖向荷载和水平荷载传递给
混凝土结构，具体见第 3.9 节和第 3.10 节。典型工程上海白玉兰广场的筒架支
撑见图 3-22。典型工程上海中心大厦的筒架支撑见图 3-23。

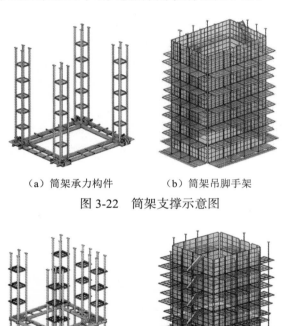

（a）筒架承力构件　　　　（b）筒架吊脚手架

图 3-22　筒架支撑示意图

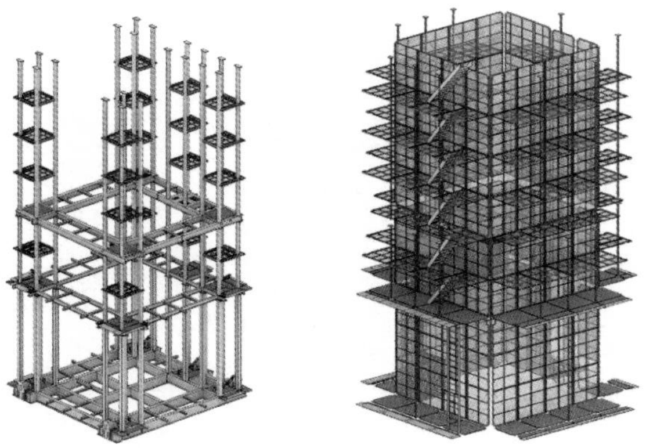

（a）筒架承力构件　　　　（b）筒架吊脚手架

图 3-23　筒架支撑示意图

筒架支撑用于在施工阶段支撑整体钢平台模架装备，通过其上设置的竖向
支撑装置将竖向荷载传递给混凝土结构；通过其上设置的水平限位装置将水平
荷载传递给混凝土结构，并约束整体钢平台模架装备的侧向变形。筒架支撑协
同实现脚手架功能，通过设置走道板以及围挡实现混凝土结构施工作业，底部
走道板面板一般采用花纹钢板制作，其余走道板面板一般采用钢板网制作。底

部走道板通常设置防坠挡板，封闭与结构墙体之间的空隙，用于在作业过程中防止物体坠落。由于筒架支撑兼作脚手架的系统，所以需要设置供施工人员上下通行的楼梯或爬梯构件。

筒架支撑由布置于混凝土核心筒结构内部区域的数个筒架支撑结构组成，通过与钢平台框架连接形成整体。每个筒架支撑结构通常设置在核心筒的筒格中，通过其上的竖向支撑装置支撑在混凝土结构凹槽上。根据混凝土核心筒结构特点，筒架支撑结构通常会设置在核心筒结构角部，也可根据结构实际设置在核心筒其他筒格部位。在满足荷载要求的情况下，筒架支撑结构上部通常做成标准段，以适应脚手架人员作业需要；筒架支撑结构下部可以根据需要做成爬升段，以适应爬升系统的嵌入，形成安全适用的空间环境。

3.6.2　临时钢柱支撑

临时钢柱通常采用角钢、缀板焊接制作而成。临时钢柱支撑设置于混凝土结构中，将竖向荷载传递至混凝土结构，用于支承整体钢平台模架装备。典型工程的临时钢柱支撑见图3-24。

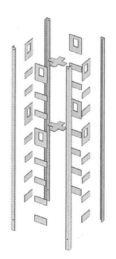

图 3-24　临时钢柱支撑示意图

临时钢柱是为混凝土结构施工而专门设置的临时钢结构，临时钢柱埋入混凝土结构一般无法拆除，但可作为钢筋的替代材料进行置换，以节约工程造价。临时钢柱通常采用格构式钢柱的形式，使用过程钢平台系统一般通过竖向支撑装置承重销搁置在临时钢柱上；也可在钢平台框架上设置正向通过反向搁置的竖向支撑装置，使临时钢柱成为整体钢平台模架装备的支承钢立柱。

3.6.3 劲性钢柱支撑

劲性钢柱由劲性钢柱、钢牛腿支承装置组成。劲性钢柱支撑是设置于混凝土结构中，并将竖向荷载传递至混凝土结构，用于支承整体钢平台模架装备。典型工程的劲性钢柱支撑见图 3-25。

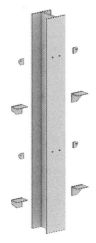

图 3-25　劲性钢柱支撑示意图

劲性钢柱通常利用混凝土结构中设计的永久钢柱设置，以永久钢柱结构代替临时钢柱结构，以节约工程造价。劲性钢柱一般采用型钢柱的形式，施工过程一般通过钢平台框架的竖向支撑装置承力销搁置于劲性钢柱的钢牛腿支承装置上，使劲性钢柱成为整体钢平台模架装备的支撑钢立柱。

3.7　爬升系统的组成

整体钢平台模架装备爬升系统常用的为临时钢柱爬升系统、劲性钢柱爬升系统、钢梁爬升系统、工具式钢柱爬升系统四种类型。

3.7.1 临时钢柱爬升系统

临时钢柱爬升系统由临时钢柱支撑、蜗轮蜗杆提升机动力系统、螺杆连接件、竖向支撑装置承重销等组成。临时钢柱爬升系统是由设置于混凝土结构的临时钢柱作为爬升钢柱，通过在钢柱上设置爬升孔，采用临时钢柱上设置的蜗轮蜗杆提升机动力系统提升，实现整体钢平台模架装备爬升。典型工程的临时钢柱爬升系统见图 3-26。

（a）临时钢柱支撑　　　　　　（b）提升机及螺杆连接件　　　　（c）竖向支撑装置承重销

图 3-26　临时钢柱爬升系统示意图

采用临时钢柱时，支撑系统与爬升系统是合二为一的构件，临时钢柱预埋在混凝土结构中不重复周转使用，采用不断加节的方式满足各楼层整体钢平台模架装备支撑的需要。临时钢柱可作为钢筋的替代材料进行置换，以节约工程造价。

蜗轮蜗杆提升机动力系统通过竖向支撑装置承重销搁置在爬升钢柱上，为整体钢平台模架装备的爬升提供动力。竖向支撑装置承重销具体见第 3.9 节。

3.7.2　劲性钢柱爬升系统

劲性钢柱爬升系统由劲性钢柱支撑、蜗轮蜗杆提升机动力系统、螺杆连接件、竖向支撑装置承力件等组成。劲性钢柱爬升系统是由混凝土结构中固有的劲性钢柱作为爬升钢柱，通过在爬升钢柱上设置钢牛腿支承装置形成劲性钢柱支撑。在劲性钢柱支撑上设置竖向支撑装置承力件，将蜗轮蜗杆提升机动力系统搁置在承力件上，通过蜗轮蜗杆提升机动力系统提升，实现整体钢平台模架装备爬升。典型工程的劲性钢柱爬升系统见图 3-27。

采用劲性钢柱时，整体钢平台模架装备的支撑系统与爬升系统是合二为一的构件。当混凝土结构中布置有劲性钢柱时，可在施工过程利用劲性钢柱作为整体钢平台模架装备的爬升立柱，形成劲性钢柱爬升系统。爬升阶段劲性钢柱结合其上设置的蜗轮蜗杆动力系统为整体钢平台模架装备提供爬升动力。

蜗轮蜗杆提升机动力系统通过竖向支撑装置承力件搁置在劲性钢柱支撑上，为整体钢平台模架装备的爬升提供动力。

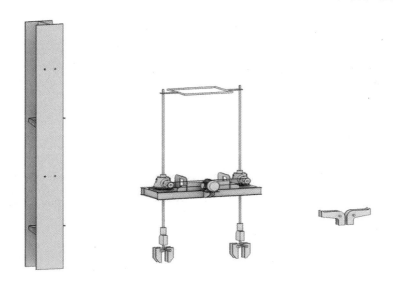

（a）劲性钢柱支撑 　　（b）提升机及螺杆连接件 　（c）竖向支撑装置承力件

图 3-27 劲性钢柱爬升系统示意图

3.7.3 钢梁钢框爬升系统

钢梁结合顶升油缸爬升系统由爬升钢梁或爬升钢框、竖向支撑装置承力销、钢梁限位装置、双作用液压油缸动力系统、活塞杆连接件组成，典型工程见图 3-28；钢梁钢柱结合提升机爬升系统由爬升钢梁或爬升钢框、爬升钢柱、竖向支撑装置承力销、蜗轮蜗杆提升机动力系统、螺杆连接件、竖向支撑装置承重销组成，典型工程见图 3-29。钢梁爬升系统是由钢型材制作形成钢梁式或平面钢框式结构，通过其上设置的竖向支撑装置承力销支撑于混凝土结构支承凹槽，采用其上设置的双作用液压油缸动力系统顶升或钢柱结合蜗轮蜗杆动力系统提升，实现整体钢平台模架装备爬升。

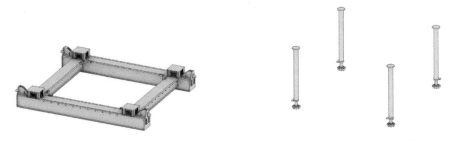

（a）爬升钢框及承力销和钢梁限位装置 　　　　（b）液压油缸及活塞杆连接件

图 3-28 钢梁结合顶升油缸爬升系统

（a）爬升钢框及承力销　　　　（b）爬升钢柱　　（c）提升机及螺杆连接件和承重销

图 3-29　钢梁钢柱结合提升机爬升系统

　　钢梁爬升系统用于在爬升阶段支撑整体钢平台模架装备，通过其上设置的竖向支撑装置承力销将荷载传递给混凝土结构支承凹槽，并通过双作用液压缸动力系统或蜗轮蜗杆动力系统为装备提供爬升动力。当钢梁爬升系统底部位于筒架支撑系统下方时，需要在爬升钢梁式或平面钢框式结构底部设置封闭系统，通常沿着混凝土结构墙体设置防坠挡板以封闭钢梁爬升系统与混凝土结构墙体之间的空隙，防止施工过程物体坠落。

3.7.4　工具钢柱爬升系统

　　工具式钢柱爬升系统由工具式钢柱支撑、爬升靴组件装置、双作用液压油缸动力系统等组成。工具式钢柱爬升系统由具有爬升孔的钢板组合焊接形成定长可重复周转使用的箱型钢柱，箱型钢柱下端固定在混凝土结构上，通过其上设置的双作用液压缸动力系统驱动附着在箱型钢柱上的爬升靴组件装置向上爬升，实现整体钢平台模架装备爬升的系统。典型工程的工具式钢柱爬升系统见图 3-30。

　　工具式钢柱爬升系统用于在爬升阶段支撑整体钢平台模架装备，并通过其上设置的双作用液压油缸动力系统为装备提供爬升动力。

　　爬升钢柱是开有等间距爬升孔的箱型截面构件，爬升阶段下端与混凝土结构采用便于装拆的锚固方式，通常利用混凝土结构钢筋直螺纹接头固定。爬升完成进入施工作业时，拆除爬升钢柱底部钢筋直螺纹固定接头，并在双作用液压油缸反向驱动下带动爬升钢柱提升整层楼高，爬升钢柱无需预埋在混凝土结构中，故这种爬升钢柱是可实现重复周转使用的工具式钢柱。

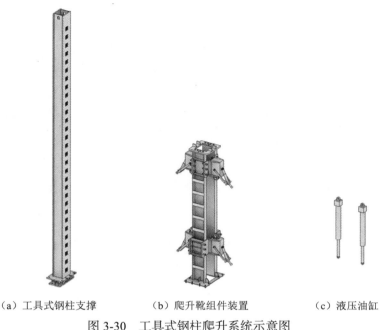

（a）工具式钢柱支撑　　　　　（b）爬升靴组件装置　　　　　（c）液压油缸

图 3-30　工具式钢柱爬升系统示意图

爬升靴组件装置是由成对设置的上、下爬升靴附着在具有爬升孔的钢柱上，通过双作用液压油缸动力系统驱动上、下爬升靴交替支撑与爬升，实现整体钢平台模架装备爬升的装置。爬升靴组件装置由 2 只上爬升靴、2 只下爬升靴、2 根提升构件组成。

爬升靴是由钢箱体与定轴转动的爬升爪组成，是用于附着在具有爬升孔的钢柱上负重爬升的装置。爬升靴主要包括爬升靴箱体、换向限位块装置、换向控制手柄和弹簧装置等组件，通过换向控制手柄控制驱动方向，可以实现不同方向的支撑限位作用。提升构件用于连接爬升靴与钢平台框架钢梁，通常采用双拼槽钢方式。

爬升靴组件装置的工作机理：提升构件与相对布置的 2 只上爬升靴在顶端连接并抱箍在具有爬升孔的钢柱外侧，提升构件下端固定在钢平台框架钢梁顶面，2 只下爬升靴相对布置抱箍在提升构件两侧，上、下爬升靴之间设置双作用液压油缸，通过双作用液压油缸动力驱动上、下爬升靴在具有爬升孔的钢柱上形成交替式爬升运动，带动整体钢平台模架装备实现提升。

3.8　模板系统的组成

模板系统由模板面板、模板背肋、模板围檩、模板对拉螺栓、模板吊环、模板伸缩式水平限位装置组成。

3.8.1　模板面板

模板面板用于新浇筑混凝土成型，是直接承受混凝土浇筑荷载的模具面板，模板面板见图 3-31。

模板面板对混凝土浇筑质量起到至关重要的作用，是保证混凝土结构侧面平整度并控制结构墙体垂直度的重要构件。根据结构特点及施工需求，模板面板可选择钢板、胶合板、塑料板、铝合金板等材料。

图 3-31　模板面板示意图

3.8.2　模板背肋

模板背肋直接支撑于模板面板背面，是用于承受模板面板传递过来荷载的梁式构件。模板背肋见图 3-32。

图 3-32　模板背肋示意图

模板背肋是保证模板面板刚度并使模板面板发挥正常使用功能的重要构件。通过设置模板背肋，可将模板面板简化为多跨连续板，并将模板面板所承受的混凝土浇筑荷载传递给模板围檩。模板背肋一般竖向配置，其存在使模板面板

具备抵抗竖直方向变形的能力,其合理的间距能够防止模板面板的水平向挠度
过大。

3.8.3 模板围檩

模板围檩直接支撑于模板背肋一侧,是用于承受模板背肋传递过来荷载的
梁式构件。模板围檩见图 3-33。

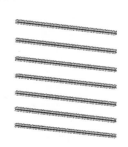

图 3-33 模板围檩示意图

模板围檩是保证模板背肋刚度并使其发挥正常使用功能的构件。通过设置
模板围檩,可将模板背肋简化为多跨连续梁,并将混凝土结构墙体两侧模板背
肋传递来的荷载通过对拉螺栓相互抵消。模板围檩一般与模板背肋正交配置,
通常为双榀水平布置。

3.8.4 模板对拉螺栓

模板对拉螺栓直接支撑于模板围檩,是用于承受模板围檩传递过来荷载的
杆式螺栓构件。典型工程的三节对拉螺栓见图 3-34。

模板对拉螺栓根据混凝土墙体长度、高度、混凝土浇筑参数确定其水平方
向和竖向布置间距。根据功能要求,模板对拉螺栓可分为防水式对拉螺栓和不
防水对拉螺栓。根据工程实际需求,可分为单根对拉螺栓、双节对拉螺栓和三
节对拉螺栓等方式。

图 3-34 模板对拉螺栓示意图

3.8.5 模板吊环

模板吊环主要用于吊运模板,可采用钢板或圆钢制作,模板吊环数量根据　105

模板分块大小确定，宽度较窄的模板可设置 2 个吊环，宽度较大的可设置 3 个吊环，确保其中某个吊环失效仍能安全使用。典型工程的模板吊环见图 3-35。

图 3-35　模板吊环

3.8.6　模板伸缩式水平限位装置

为了辅助控制筒架支撑系统的侧向稳定，往往会在模板系统上设置伸缩式水平限位装置，用于限制筒架支撑系统变位，并将水平荷载传递给混凝土结构。

模板伸缩式水平限位装置是一种安装在模板系统上的附墙导轮，利用未拆模阶段的附墙导轮作用，支撑于筒架支撑系统的竖向型钢杆件。需要注意的是，不是所有的工程都需要设置模板伸缩式水平限位装置。模板伸缩式水平限位装置具体见第 3.10 节。

3.9　竖向支撑装置

竖向支撑装置是整体钢平台模架装备关键的传递荷载装置，也是系统相互连接的装置。竖向支撑装置通常设置在钢平台系统、筒架支撑系统、临时钢柱爬升系统、劲性钢柱爬升系统、钢梁爬升系统。竖向支撑装置种类繁多，可根据工程实际需要进行设计。典型工程的竖向支撑装置见图 3-36。

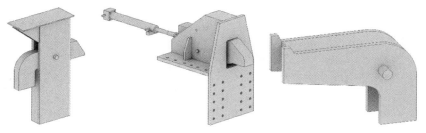

（a）用于筒架支撑　　（b）用于筒架及爬升钢梁支撑　　　　（c）用于提升机支撑

图 3-36　竖向支撑装置示意图（一）

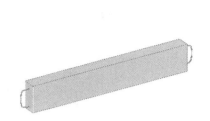

（d）用于钢平台支撑　　　　（e）用于钢平台及提升机支撑　　　（f）用于筒架支撑

图 3-36　竖向支撑装置示意图（二）

竖向支撑装置的支撑部件常用为承力销、承重销、承力件三种方式，承力销一般采用伸缩式和转动式两种方式，承力件通常采用转动式方式，承力销往往根据使用位置的不同采用不同的形式。承力销、承重销、承力件搁置在相应的支承面或支承点上传递荷载，这种接触式传递荷载方式具有高效、快捷的施工特点。

承力销伸缩式竖向支撑装置主要采用双作用液压油缸驱动。承力销转动式竖向支撑装置一般利用自重复位的驱动方式。对于承力销、承力件转动式竖向支撑装置，承力销支撑在搁置孔，爬升过程承力销触碰上端，在力的作用下旋转伸出搁置孔，承力销继续爬升到达上一个搁置孔位，承力销在自重作用下旋转复位伸入到搁置孔中，从而实现承力销的转换搁置功能；承力件转动式竖向支撑装置与承力销转动式竖向支撑装置具有相类似的工作原理。值得注意的是，临时钢柱支撑系统最常用的是通过竖向支撑装置承重销为钢平台系统提供支承连接；临时钢柱爬升系统最常用的也是竖向支撑装置承重销为蜗轮蜗杆提升机提供支承连接。

3.10　水平限位装置

水平限位装置用于将水平荷载传递给混凝土结构，并限制整体钢平台模架装备侧向位移。水平限位支撑装置通常设置在筒架支撑系统、模板系统。水平限位装置种类繁多，可根据工程实际需要进行设计，典型工程的水平限位装置见图 3-37。

水平限位装置用于整体钢平台模架装备施工过程中将风荷载作用形成的水平荷载传递给混凝土结构，起到控制整体钢平台模架侧向形变的作用。水平限位装置根据安装部位不同，通常分为两种方式，一种为安装在筒架支撑系统上　107

的附墙导轮，直接支撑于混凝土结构；另一种为安装在模板系统上的附墙导轮，利用未拆模模板阶段的附墙导轮作用，支撑于筒架支撑系统的竖向型钢杆件。需要注意的是，钢梁爬升系统的爬升钢梁与筒架支撑系统之间通常也设置导轮用以控制爬升过程中筒架支撑系统与钢梁爬升系统的相对位移，此类约束限位装置仅用于构件之间的相互约束，而不作为水平风荷载的传递装置。

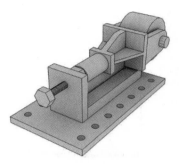

（a）安装于筒架支撑及爬升钢梁　　　　　（b）安装于模板围檩

图 3-37　模板伸缩式水平限位装置示意图

3.11　动力系统

动力系统设置于爬升系统中，是用于提供整体钢平台模架装备驱动力的系统，动力系统主要分为蜗轮蜗杆提升机动力系统和双作用液压油缸动力系统两种类型。

3.11.1　蜗轮蜗杆提升机动力系统

蜗轮蜗杆提升机动力系统由电动机经链轮传动变速箱的蜗杆，驱动蜗轮中心螺母带动螺杆上升和下降运动，是用于控制整体钢平台模架装备爬升的动力系统。蜗轮蜗杆提升机主要由蜗轮蜗杆箱体、提升机支架、电动机、电气控制箱、提升螺杆等组成。典型工程的蜗轮蜗杆提升机动力系统见图 3-38、图 3-39。

蜗轮蜗杆提升机通常是两个一组共同工作，螺杆与钢平台系统连接，在机械驱动下实现整体钢平台模架装备爬升。对于不同爬升系统，蜗轮蜗杆动力系统的安装位置有所不同。

钢梁爬升系统的蜗轮蜗杆提升机安装在钢柱顶端，钢柱底端支撑在爬升钢梁上，通过承重销将提升机连接支撑在钢柱顶端，由于受提升机螺杆长度限制，通常采用螺杆加接长杆的方式分两阶段提升整体钢平台模架装备；第一阶段通过螺杆加接长杆的方式将整体钢平台模架装备提升约半个层高的高度，在钢柱上临时搁置整体钢平台模架装备，拆除接长杆，提升机反向驱动下降螺杆并连接于钢平台系统；第二阶段通过螺杆方式将整体钢平台模架装备再提升约半个层高，到达整层的层高位置，并通过竖向支撑装置将整体钢平台模架装备搁置在混凝土结构，完成一个楼层的提升。

（a）蜗轮蜗杆提升机　　　　　　　　（b）提升机支架

图 3-38　用于临时钢柱和爬升钢柱的蜗轮蜗杆提升机示意图

 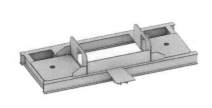

（a）蜗轮蜗杆提升机　　　　　　　　（b）提升机支架

图 3-39　用于劲性钢柱的蜗轮蜗杆提升机示意图

临时钢柱爬升系统和劲性钢柱爬升系统的蜗轮蜗杆提升机一般不采用加接长杆的方式，通常采用两阶段提升整体钢平台模架装备的方法；第一阶段根据螺杆的长度，将提升机连接支撑在钢柱低位，正向驱动提升机螺杆并带动整体钢平台模架装备上升约半个层高，使整体钢平台模架装备通过竖向支撑装置搁置在钢柱上；第二阶段反向驱动提升机沿螺杆爬升，将提升机连接支撑在钢柱高位，再正向驱动提升机螺杆并带动整体钢平台模架装备上升约半个层高，并通过竖向支撑装置将整体钢平台模架装备搁置在钢柱，完成一个楼层的提升。

3.11.2　双作用液压油缸动力系统

双作用液压油缸动力系统由液压控制泵站向液压油缸活塞两侧输入压力油，形成液体压力驱动活塞杆往复运动，是用于控制整体钢平台模架装备爬升和功能部件移位的动力系统。双作用液压油缸动力系统主要由双作用液压缸、供油管路、液压泵站、PLC 控制系统等组成。典型工程的双作用液压油缸见图 3-40。

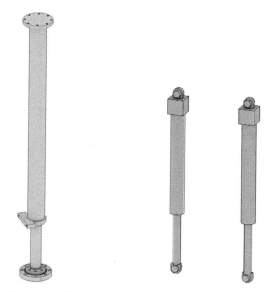

（a）长行程双作用液压油缸　　　（b）短行程双作用液压油缸

图 3-40　用于爬升钢梁及爬升钢柱的双作用液压油缸示意图

双作用液压油缸动力系统具备提供顶推和回缩双重驱动力功能。在钢梁爬升系统、工具式钢柱爬升系统中为整体钢平台模架装备爬升提供动力，并可在非爬升阶段通过活塞杆的回缩运动实现爬升钢梁、爬升钢柱的回提就位。双作用液压油缸的顶推功能能够实现整体钢平台模架装备功能部件的移位，如在吊脚手架系统中实现脚手吊架的水平滑移满足混凝土墙体收分施工要求，又如在竖向支撑装置中实现承力销的伸缩满足受力转换的施工要求。

3.12　混凝土结构支承凹槽

混凝土结构支承凹槽由设置在现浇混凝土结构中的成型模具，通过混凝土浇筑形成，是用于支承竖向支撑装置承力销的钢筋混凝土平台。典型工程的混凝土结构支承凹槽见图 3-41。

图 3-41　混凝土结构支撑凹槽示意图

混凝土结构支承凹槽用于进行竖向支撑装置承力销的搁置，支撑部位的混凝土强度等级要满足要求。凹槽尺寸与位置通常根据工程实际设计，预留使用后混凝土结构一般无需特别修复。

3.13　钢牛腿支承装置

钢牛腿支承装置由钢板焊接制作，连接于混凝土结构、劲性钢柱支撑或临时钢柱支撑，是用于支承竖向支撑装置承力销的钢结构组件。典型工程的钢牛腿支承装置见图 3-42。

（a）连接于混凝土结构　　　　（b）连接于劲性钢柱支撑　　（c）连接于临时钢柱支撑

图 3-42　钢牛腿支承装置示意图

钢牛腿支承装置连接于混凝土结构时，需在混凝土结构中设置预埋件，且支撑部位混凝土强度需满足要求。钢牛腿支承装置连接于临时钢柱支撑或劲性钢柱支撑时，需与临时钢柱或劲性钢柱进行可靠的焊接连接。

第 4 章

整体钢平台模架
装备结构分析

4.1 概述

整体钢平台模架装备作为支撑于主体混凝土结构的装备，在施工服役期间内为复杂的多变结构体系。整体钢平台模架装备结构体系在作业阶段、爬升阶段及非作业阶段受力工况及载荷状态有显著的区别，混凝土结构支承部位在作业阶段和爬升阶段不断转换；随着复杂混凝土结构体型的变化，整体钢平台模架装备结构体系局部增加、拆除及移位等成为常态。所以，整体钢平台模架装备施工过程受力动态变化频繁，承受的荷载状态极其复杂。对整体钢平台模架装备进行结构分析，核心内容在于确定施工全过程的荷载及作用、建立合理的结构模型，并对整体模架结构、结构构件以及节点进行内力与变形的精确分析。

整体钢平台模架装备在作业阶段、爬升阶段及非作业阶段施工过程所承受的荷载类型、荷载传递路径及边界条件各有不同。整体钢平台模架装备依据不同阶段的特点，选取正确的荷载和边界条件，确定最不利的荷载组合是进行结构分析的关键。作业阶段，整体钢平台模架装备通过支撑系统的钢筒架、钢柱将恒荷载、作业活荷载、风荷载、模板荷载传递于混凝土结构。爬升阶段，整体钢平台模架装备通过爬升系统中的钢梁、钢柱等构件将恒荷载、爬升活荷载、风荷载传递于混凝土结构。非作业阶段，不进行结构分析计算，仅通过构造措施来满足整体钢平台模架装备的安全性能要求。

本章主要介绍整体钢平台模架装备结构荷载与作用的计算取值，并从整体结构分析和简化结构分析两方面介绍整体钢平台模架装备的模型分析方法，同时简要介绍针对整体钢平台模架装备结构进行的气弹模型风洞试验及其主要结论。

4.2 荷载与作用

整体钢平台模架装备架体结构所承受荷载与作用主要包括恒荷载、施工活荷载、风荷载、雪荷载、温度作用等。模板系统所承受荷载主要为自重荷载、新浇筑混凝土对模板产生的侧压力以及施工产生的水平荷载。

整体钢平台模架装备在雪天通常处于停工状态，雪荷载与施工活荷载一般不同时组合，基于对整体钢平台模架装备应用地域范围以及国内雪荷载分布情况的综合分析，得出整体钢平台模架装备的施工活荷载效应大于雪荷载效应，故在设计时不考虑雪荷载。此外，由于整体钢平台模架装备体型尺度不会太大，所受约束相对较弱，故温度作用效应不明显，在设计时一般可忽略。

因此，在进行整体钢平台模架装备结构分析时，参与计算的荷载主要包括恒荷载、施工活荷载、风荷载、模板侧压力。本节依次阐述以上四类荷载与作用的计算取值方法以及荷载及作用效应的组合。

4.2.1 恒荷载

整体钢平台模架装备结构的恒荷载主要源自各组成系统的自重，主要包括钢平台系统、吊脚手架系统、筒架支撑系统、临时钢柱爬升系统、劲性钢柱爬升系统、钢梁爬升系统、工具式钢柱爬升系统、模板系统的自重。各组成系统的自重荷载取值可以按构件的材料与尺寸通过计算确定。

整体钢平台模架装备需要根据各类型整体钢平台模架装备的实际选用系统进行合理组合来确定恒荷载取值。例如，钢梁与筒架交替支撑式整体钢平台模架装备的恒荷载，包括钢平台系统、吊脚手架系统、筒架支撑系统、钢梁爬升系统和模板系统的自重荷载。

各组成系统的自重是否在恒荷载中计入，还需要根据整体钢平台模架装备所处施工阶段采取的实际施工方式确定。例如，整体钢平台模架装备在爬升阶段采用带模板系统共同爬升的施工方式时，爬升阶段整体钢平台模架装备的恒荷载就需计入模板系统的自重荷载。

当整体钢平台模架装备与各类机械设备设施一体化设置时，恒荷载中需考虑各类机械设备设施一体化设置后其自重荷载对整体钢平台模架装备的影响。例如，当整体钢平台模架装备与布料机一体化设置时，整体钢平台模架装备在各施工阶段的恒荷载需叠加布料机的自重荷载。

4.2.2 活荷载

整体钢平台模架装备的施工活荷载主要分布在钢平台系统、吊脚手架系统、兼作脚手架的筒架支撑系统上，主要来源于施工人员荷载、材料堆载、施工机械设备、施工专用设施产生的活荷载。除施工机械设备和施工专用设施产生的活荷载外，施工人员荷载和材料堆载一般均按均布荷载考虑。

在作业阶段，整体钢平台模架装备钢平台系统上一般堆放有用于施工半层甚至一层混凝土结构所用的钢筋材料，经过实际施工现场的统计分析计算，钢 115

平台系统堆载区施工活荷载标准值一般可取 5.0kN/m²。值得注意的是，钢平台系统的施工活荷载主要分布在其堆载区，格栅盖板等不进行堆载的区域一般不施加施工活荷载。由于吊脚手架系统为悬挂结构，为增强安全起见，施工活荷载取值应适当增加。吊脚手架系统及兼作脚手架的筒架支撑系统操作层是指进行混凝土施工的作业层区域，通过对操作层施工活荷载进行统计分析，并简化为均布荷载处理，操作层施工活荷载标准值可取 3.0kN/m²。此外，吊脚手架系统及兼作脚手架的筒架支撑系统会出现多层同时操作的情况，但受混凝土施工作业面的限制，每个操作层的施工活荷载并不会同时达到最不利情况，所以吊脚手架系统及兼作脚手架的筒架支撑系统投影面积上总的施工活荷载标准值可按不超过 5.0kN/m² 考虑。

在爬升阶段，钢平台系统、吊脚手架系统及兼作脚手架的筒架支撑系统上的施工人员已经撤离，仅有负责爬升阶段作业的操作人员，同时考虑到吊脚手架系统及兼作脚手架的筒架支撑系统上会存有剩余施工材料及施工废弃物，经综合分析钢平台系统、吊脚手架系统及兼作脚手架的筒架支撑系统操作层的活荷载可取 1.0kN/m²、投影面积上总的施工活荷载标准值可按不超过 2.0kN/m² 考虑。

上述施工活荷载取值汇总见表 4-1。对于吊脚手架系统及兼作脚手架的筒架支撑系统而言，操作层施工活荷载主要用于设计走道板及其与竖向型钢杆件的连接节点，总施工活荷载主要用于设计竖向型钢杆件及其与钢平台系统的连接节点。

施工活荷载标准值取值（kN/m²）　　　　　　表 4-1

工况类型	钢平台系统	吊脚手架系统、筒架支撑系统	
	堆载区施工活荷载标准值	操作层施工活荷载标准值	总施工活荷载
作业阶段	5.0	3.0	5.0
爬升阶段	1.0	1.0	2.0

由于施工活荷载按均布化考虑，所以施工过程必须严格控制活荷载的分布，防止施工材料等集中堆放于某个区域，更要防止重量超过设计荷载的结构构件将钢平台系统作为临时堆放场地。在复杂结构楼层施工时，如伸臂桁架楼层、钢板剪力墙楼层等，由于钢平台系统的部分跨墙连梁被临时拆卸，钢平台系统的刚度与承载力会有明显减小，钢平台框架可能处于超长悬臂状态，此时更要

严格控制施工材料堆载，特别在钢平台框架悬臂端要严禁堆载，避免产生不可恢复的过大变形，造成跨墙连梁复位安装的困难。

当具有足够的实践经验时，上述施工活荷载的取值可根据施工控制措施进行适当的调整。在施工过程中如果能够根据实际情况，准确估算并限制施工材料堆载以及施工人员数量，可适当减小施工活荷载取值。在施工过程中如果受到复杂结构层特殊施工影响而产生超过施工活荷载设计取值时，应对整体钢平台模架装备进行加固，以满足设计荷载控制要求。

整体钢平台模架装备上如果设置有塔式起重机、人货两用电梯、混凝土布料机、垂直起重施工机械设备以及施工专用设施时，需根据工程实际确定所产生的水平施工活荷载和竖向施工活荷载以及相互作用的位置。在设计计算时，施工机械设备所产生的水平施工活荷载以及竖向施工活荷载还需考虑动力效应的影响。

4.2.3 风荷载

整体钢平台模架装备在施工过程大部分时间处于高空位置，直接承受风荷载的作用，风荷载对其安全状态影响极大。因此确定合理的风荷载取值，对于同时兼顾整体钢平台模架装备的安全性与经济性至关重要。

现行国家标准《建筑结构荷载规范》GB 50009 基本是在确定特定建筑结构和地域地点条件下对工程风荷载进行计算，这种方法主要是针对永久建筑结构作为对象，而对于临时结构通常以风级控制的施工行业显得不太适合。因为每个风级对应的是一个风速范围，如果只确定风级而尚未确定工程地点则仍然得不到相应风速值，也就无法确定计算的风荷载。整体钢平台模架装备作为临时结构，解决设计计算问题可以根据风级控制要求制定相应的设计计算风速取值以及施工过程风速限值，按不同施工阶段的设计计算风速取值进行装备产品的生产制造，并在装备产品使用说明书中明确相应的施工过程风速限值作为要求；装备产品使用过程如预期可能超过施工过程风速限值时，通常可将装备产品与混凝土结构进行可靠连接，通过加强结构构造措施的方法加以控制；采用这种风荷载设计计算与施工过程控制的方法体现了工业化建造理念，适应了周转使用装备产品的发展需要。整体钢平台模架装备施工过程将会在钢平台系统顶部安装自动风速记录仪，自动记录的风速可作为施工控制的依据，通常根据天气预报数据并结合风速记录仪监测数据综合确定风速值，以控制装备产品不同阶段结构受力状态，确保安全施工。在施工阶段进行整体钢平台模架装备安

117

装与拆除、爬升、作业时，严格按照施工过程风速限值加以控制，相应阶段高空实际风速值不得超出施工过程风速限值要求；在超出风速限值范围的非作业阶段时，通常采用增加结构连杆加固的方法抵御风荷载，既做到装备产品制造的经济性，也确保了装备产品结构的安全。

整体钢平台模架装备在爬升阶段、作业阶段以及安装与拆除过程的风荷载标准值按下列公式计算：

$$w_k = b_z m_s w_1 \tag{4-1}$$

$$w_1 = \frac{1}{2} r v_1^2 \tag{4-2}$$

其中 w_k 为风荷载标准值（kN/m²）。β_z 为高度 z 处的风振系数，风振系数在通常情况下可取 $1.0 \sim 1.3$，在有实际经验依据的情况下可取 1.0。μ_s 为风荷载体型系数，按现行国家标准《建筑结构荷载规范》GB 50009 的规定取值[16]，计算时根据整体钢平台模架装备的封闭情况计入挡风系数的影响。w_1 为计算风压（kN/m²），按式 (4-2) 计算。v_1 为计算风速（m/s）。ρ 为施工期间当地空气密度（t/m³），可按现行国家标准《建筑结构荷载规范》GB 50009—2012 第 E.2.4条第 3 款计算。由于计算风速直接根据整体钢平台模架装备高度位置的自动风速仪监测数据获得，所以上述公式中风压高度变化系数可不予考虑。

根据理论研究与工程实践制定设计计算风速（v_1）取值如下：

1）安装与拆除过程: 14.0m/s；

2）爬升阶段: 20.0m/s；

3）作业阶段: 36.0m/s。

根据理论研究与工程实践制定施工过程 10min 平均风速限值如下：

1）风速大于或等于 12m/s 时，不得进行安装与拆除施工；

2）风速大于或等于 18m/s 时，不得进行爬升施工；

3）风速大于或等于 32m/s 时，处于非作业阶段，严禁施工并撤离人员。

在超出施工过程风速限值的非作业阶段，整体钢平台模架装备通过增设与混凝土结构之间的抗风连接来增强整体稳固性，依靠混凝土结构共同抵抗风荷载。所以，非作业阶段主要通过增加抗风连杆的构造措施来对整体钢平台模架装备进行抗风验算，验算不满足要求时可以继续增加抗风连杆，直至满足验算要求。这种施工控制方法既保证了整体钢平台模架装备使用的安全性，又体现了装备产品的经济性。

4.2.4 模板侧压力

整体钢平台模架装备的模板系统与其他构成系统相比受力相对独立，模板系统主要指的是混凝土结构墙体模板。模板设计的荷载主要包括由新浇筑混凝土产生的侧压力以及由于混凝土下料施工产生的水平荷载，前者为恒荷载，后者为活荷载。

现行国家标准《混凝土结构施工规范》GB 50666—2011 中关于新浇筑混凝土对模板产生的侧压力计算方法存在很大的局限性。目前由于工程中广泛使用的高流态混凝土及自密实混凝土，其混凝土坍落度普遍大于 180mm，该规范推荐的侧压力计算公式是将混凝土拌合物视为完全流体，按混凝土的重力密度（γ_c）乘以混凝土浇筑高度（H）确定，这时浇筑时间、浇筑速度、混凝土特性以及一次浇筑高度等都成为弱影响因素，导致计算得到的模板侧压力过大，按这模板侧压力设计的模板系统会非常不经济，造成不合理的材料浪费。

工程实践经验表明，当墙模板系统设计所用侧压力的标准值超过 50kN/m²、柱模板系统设计所用侧压力的标准值超过 65kN/m² 时，会导致模板系统用材过多，经济性较差，所以一般可以在混凝土浇筑过程通过控制浇筑速度、限制一次连续浇筑高度等措施对混凝土侧压力加以控制，这种方法已经被工程实践证明是非常有效的。墙、柱模板系统设计侧压力标准值确定的准则如下：

1）墙模板设计的侧压力标准值控制在不大于 50kN/m²，对应浇筑速度严格限制在不大于 1.2m/h；

2）柱模板设计的侧压力标准值控制在不大于 65kN/m²，对应浇筑速度严格限制在不大于 2.0m/h；

3）柱模板混凝土浇筑速度大于 2.0m/h 时，柱可分多次浇筑，一次浇筑高度不大于 3.0m，间隔时间严格控制在混凝土初凝范围以内。

混凝土下料时对模板系统产生的水平活荷载标准值，根据输送方法的不同按表 4-2 采用。

混凝土下料时产生的水平活荷载标准值（kN/m²）　　　表 4-2

输送方法	水平荷载标准值
溜槽、串筒、导管或泵管下料	2.0
吊车配备斗容器下料	4.0

4.2.5　荷载的组合

整体钢平台模架装备的设计采用以概率理论为基础的极限状态设计法。计算整体钢平台模架装备结构、构件与节点的承载力时，采用荷载基本组合的效应设计值；计算结构或构件的变形时，采用荷载标准组合的效应设计值。

荷载基本组合的效应设计值，从以下各种效应设计值中取用最不利的情况：

1）由可变荷载起控制作用的效应设计值，按下式计算：

$$S_d = \sum_{j=1}^{m} \gamma_{G_j} S_{G_j k} + \gamma_{Q_1} S_{Q_1 k} + \sum_{i=2}^{n} \gamma_{Q_i} \psi_{c_i} S_{Q_i k} \tag{4-3}$$

式中：γ_{Gj} 为第 j 个永久荷载的分项系数；γ_{Qi} 为第 i 个可变荷载的分项系数，其中 γ_{Q1} 为主导可变荷载 Q_1 的分项系数；S_{Gjk} 为按第 j 个永久荷载标准值 G_{jk} 计算的荷载效应值；S_{Qik} 为按第 i 个可变荷载标准值 Q_{ik} 计算的荷载效应值，其中 S_{Q1k} 为诸可变荷载效应中起控制作用者；ψ_{ci} 为第 i 个可变荷载 Q_i 的组合值系数；m 为参与组合的永久荷载数；n 为参与组合的可变荷载数。

2）由永久荷载起控制作用的效应设计值，按下式计算：

$$S_d = \sum_{j=1}^{m} \gamma_{G_j} S_{G_j k} + \sum_{i=1}^{n} \gamma_{Q_i} \psi_{c_i} S_{Q_i k} \tag{4-4}$$

荷载标准组合的效应设计值，按下式计算：

$$S_d = \sum_{j=1}^{m} S_{G_j k} + S_{Q_1 k} + \sum_{i=2}^{n} \psi_{c_i} S_{Q_i k} \tag{4-5}$$

各项荷载的分项系数按表 4-3 取值。

荷载的分项系数　　　　　　　　　　表 4-3

项次	荷载标准值类型	荷载分项系数	组合系数
1	整体钢平台模架装备自重	1）对由可变荷载效应控制的组合，取 1.2；对由永久荷载效应控制的组合，取 1.35。 2）当其效应对结构有利时取 1.0，进行倾覆、滑移验算时取 0.9	—
2	新浇筑混凝土对模板的侧压力		
3	整体钢平台模架装备施工活荷载	1.4	0.7
4	混凝土下料时对模板的水平荷载	1.4	—
5	风荷载	1.4	0.6

4.3 结构分析模型

整体钢平台模架装备结构的内力与变形按一阶弹性分析计算，在获得各构件及节点的内力及变形后，再按照后续章节的具体设计计算方法进行设计验算。设计工况和计算模型是进行整体钢平台模架装备结构分析的关键，设计工况的确定需要合理考量施工全过程可能会经历的各种受力状态，计算模型的选取直接关系到内力及变形计算结果的准确性。目前整体钢平台模架装备的结构分析方法主要采用相关结构分析软件或通用有限元软件，装备的构成系统及系统的组成部分分析可以建立简化模型方法进行快速分析。

4.3.1 设计工况分析

整体钢平台模架装备结构的整个施工过程由爬升阶段、作业阶段、非作业阶段交替组成，加之施工前的安装过程和施工结束后的拆除过程，整体钢平台模架装备结构体系始终处于动态可变的状态，受力情况非常复杂。因此，针对各个阶段所对应的不同工况分别进行计算分析，确定最不利的荷载及作用组合，是开展结构分析之前必须完成的首要工作。

以下首先介绍各类整体钢平台模架装备在施工过程各阶段的荷载传递情况，再介绍开展结构分析时考虑的各类荷载项。

1. 整体钢平台模架装备施工各阶段荷载传递情况

整体钢平台模架装备在施工过程受自重荷载、施工活荷载作用及风荷载产生的弯矩作用形成竖向荷载，受风荷载作用形成水平荷载，这些荷载通过整体模架装备各系统承力及传递，最终传递给混凝土结构。需要指出的是，以下阐述均依据整体钢平台模架装备不带模板系统共同爬升的施工方式。

内筒外架支撑式整体钢平台模架装备在作业阶段，作为外架的筒架支撑系统搁置在混凝土结构上，作为内筒的钢柱及钢梁底座爬升系统以筒架支撑系统为支撑进行受力转换，所以整体钢平台模架装备的竖向荷载通过筒架支撑系统传递给混凝土结构；吊脚手架系统的水平荷载一部分传递给混凝土结构，另一部分传递给钢平台系统；钢平台系统的水平荷载传递给筒架支撑系统，再由筒架支撑系统传递给混凝土结构。在爬升阶段，爬升系统搁置在混凝土结构上，筒架支撑系统与混凝土结构脱离形成受力转换，所以整体钢平台模架装备的竖向荷载传递给蜗轮蜗杆提升机，再传递给爬升系统的钢柱及钢梁底座，进而传递给混凝土结构；吊脚手架系统与钢平台系统所受的水平荷载通过筒架支撑系统传递给混凝土结构。

　　临时钢柱支撑式整体钢平台模架装备以及劲性钢柱支撑式整体钢平台模架装备荷载传递方式相同。在作业阶段，整体钢平台模架装备的竖向荷载通过竖向支撑装置传递至临时钢柱支撑或劲性钢柱支撑，进而传递至混凝土墙体结构；吊脚手架系统的水平荷载一部分传递给混凝土结构，另一部分传递给钢平台系统；钢平台系统的水平荷载通过竖向支撑装置或水平限位装置传递给临时钢柱支撑或劲性钢柱支撑，再由钢柱支撑系统传递给混凝土结构。在爬升阶段，蜗轮蜗杆提升机放置在钢平台系统之上的临时钢柱支撑或劲性钢柱支撑上，驱动钢平台系统提升，所以钢平台系统与吊脚手架系统的竖向荷载传递至蜗轮蜗杆提升机，再通过蜗轮蜗杆提升机传递至临时钢柱支撑或劲性钢柱支撑，最后传递至混凝土墙体结构；吊脚手架系统与钢平台系统所受的水平荷载通过临时钢柱支撑或劲性钢柱支撑传递给混凝土结构。

　　钢梁与筒架交替支撑式整体钢平台模架装备在作业阶段，筒架支撑系统通过竖向支撑装置搁置在混凝土结构上，爬升钢梁依靠筒架支撑系统为支撑进行受力转换，所以整体钢平台模架装备的竖向荷载通过筒架支撑系统传递至混凝土结构；吊脚手架系统的水平荷载一部分传递给混凝土结构，另一部分传递给钢平台系统；钢平台系统的水平荷载通过筒架支撑系统的竖向支撑装置和水平限位装置传递给混凝土结构。在爬升阶段，筒架支撑系统与钢梁爬升系统进行受力转换，爬升钢梁通过竖向支撑装置搁置在混凝土结构上，所以整体钢平台模架装备竖向荷载通过筒架支撑系统传递至双作用液压油缸，再传递至爬升钢梁，最后传递至混凝土结构；吊脚手架系统的水平荷载传递给钢平台系统，钢平台系统的水平荷载通过筒架支撑系统的水平限位装置传递给混凝土结构。

　　钢柱与筒架交替支撑式整体钢平台模架装备在作业阶段，筒架支撑系统通过竖向支撑装置搁置在混凝土结构上，钢柱爬升系统依靠钢平台系统为支撑进行受力转换，所以整体钢平台模架装备的竖向荷载通过筒架支撑系统传递至混凝土结构；吊脚手架系统的水平荷载一部分传递给混凝土结构，另一部分传递给钢平台系统；钢平台系统的水平荷载通过筒架支撑系统的竖向支撑装置和水平限位装置传递给混凝土结构。在爬升阶段，钢柱爬升系统与筒架支撑系统进行受力转换，整体钢平台模架装备的竖向荷载通过爬升靴组件及双作用液压油缸传递给爬升钢柱，然后再传递给混凝土结构；吊脚手架系统的水平荷载传递给钢平台系统，钢平台系统的水平荷载通过筒架支撑系统的水平限位装置传递给混凝土结构[17]。

　　各类整体钢平台模架装备在作业阶段及爬升阶段的竖向荷载与水平荷载传递具体方式汇总见表 4-4。

荷载传递方式

表 4-4

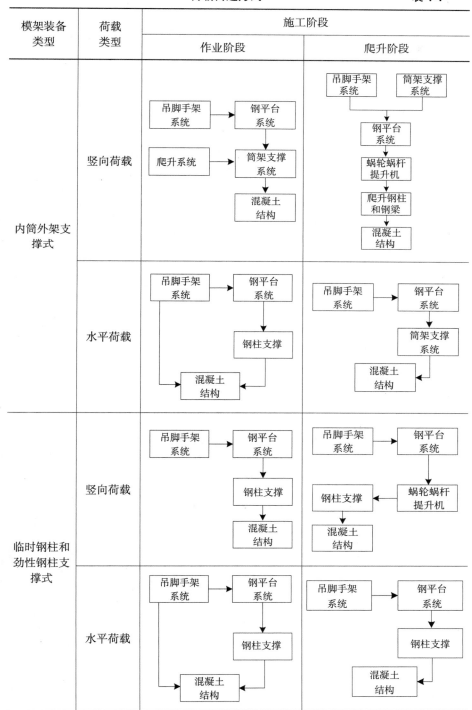

模架装备类型	荷载类型	施工阶段	
		作业阶段	爬升阶段

续表

模架装备类型	荷载类型	施工阶段	
		作业阶段	爬升阶段

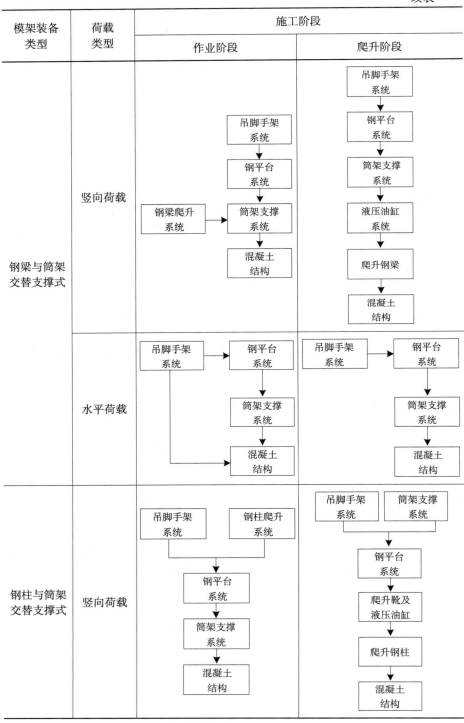

续表

模架装备 类型	荷载 类型	施工阶段	
		作业阶段	爬升阶段
钢柱与筒架 交替支撑式	水平荷载	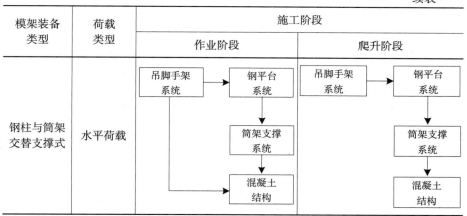	

2. 结构分析参与效应组合的荷载项

基于上述荷载传递途径的分析，可以得到整体模架装备在爬升阶段与作业阶段需进行分析的对象及参与效应组合的各项荷载，汇总见表 4-5。为了方便表述，表 4-5 中各项荷载以符号表示，各符号的含义为：

1）整体钢平台模架装备恒荷载：

G_{1k}——钢平台系统自重荷载；

G_{2k}——吊脚手架系统自重荷载；

G_{3k}——筒架支撑系统自重；

G_{4k}——临时钢柱爬升系统 / 临时钢柱支撑系统自重；

G_{5k}——劲性钢柱爬升系统 / 劲性钢柱支撑系统自重；

G_{6k}——钢梁爬升系统（钢梁与液压油缸组合；钢梁钢柱与提升机组合）自重；

G_{7k}——工具式钢柱爬升系统自重；

G_{8k}——模板系统自重。

2）整体钢平台模架装备施工活荷载：

Q_{1k}——钢平台系统施工活荷载；

Q_{2k}——吊脚手架系统施工活荷载；

Q_{3k}——筒架支撑系统（兼吊脚手架功能）施工活荷载。

3）整体钢平台模架装备风荷载：

w_k——风荷载。

整体钢平台模架装备在作业阶段及爬升阶段整体结构受力状态会发生明显

的转变，故需对两个阶段分别进行分析。作业阶段钢平台系统、吊脚手架系统、临时钢柱支撑系统、劲性钢柱支撑系统、筒架支撑系统是主要的受力系统，爬升阶段临时钢柱爬升系统、劲性钢柱爬升系统、钢梁爬升系统、工具式钢柱爬升系统是主要的受力系统，所以上述系统应在最不利工况和荷载下进行分析。

需要指出的是表 4-5 中的爬升阶段，参与效应组合的荷载项是基于整体钢平台模架装备不带模板系统共同爬升的施工方式；当采用整体钢平台模架装备带模板系统共同爬升的施工方式时，需在爬升阶段计入模板系统自重荷载 G_{8k}。

结构分析参与效应组合的荷载项　　　　　　　　表 4-5

类型	工况	分析对象	荷载组合
内筒外架支撑式	作业阶段	整体模架装备结构	$G_{1k}+G_{2k}+G_{3k}+G_{6k}+G_{8k}+Q_{1k}+Q_{2k}+Q_{3k}+w_k$
		钢平台系统	$G_{1k}+G_{2k}+G_{8k}+Q_{1k}+Q_{2k}+w_k$
		吊脚手架系统	$G_{2k}+Q_{2k}+w_k$
		筒架支撑系统	$G_{1k}+G_{2k}+G_{3k}+G_{6k}+G_{8k}+Q_{1k}+Q_{2k}+Q_{3k}+w_k$
	爬升阶段	整体模架装备结构	$G_{1k}+G_{2k}+G_{3k}+G_{6k}+Q_{1k}+Q_{2k}+Q_{3k}+w_k$
		钢梁爬升系统	$G_{1k}+G_{2k}+G_{3k}+G_{6k}+Q_{1k}+Q_{2k}+Q_{3k}$
临时钢柱支撑式	作业阶段	整体模架装备结构	$G_{1k}+G_{2k}+G_{4k}+G_{8k}+Q_{1k}+Q_{2k}+w_k$
		钢平台系统	$G_{1k}+G_{2k}+G_{8k}+Q_{1k}+Q_{2k}+w_k$
		吊脚手架系统	$G_{2k}+Q_{2k}+w_k$
		临时钢柱支撑系统	$G_{1k}+G_{2k}+G_{4k}+G_{8k}+Q_{1k}+Q_{2k}+w_k$
	爬升阶段	整体模架装备结构	$G_{1k}+G_{2k}+G_{4k}+Q_{1k}+Q_{2k}+w_k$
		临时钢柱爬升系统	$G_{1k}+G_{2k}+G_{4k}+Q_{1k}+Q_{2k}+w_k$
劲性钢柱支撑式	作业阶段	整体模架装备结构	$G_{1k}+G_{2k}+G_{5k}+G_{8k}+Q_{1k}+Q_{2k}+w_k$

续表

类型	工况	分析对象	荷载组合
劲性钢柱支撑式	作业阶段	钢平台系统	$G_{1k}+G_{2k}+G_{8k}+Q_{1k}+Q_{2k}+w_k$
		吊脚手架系统	$G_{2k}+Q_{2k}+w_k$
		劲性钢柱支撑系统	$G_{1k}+G_{2k}+G_{5k}+G_{8k}+Q_{1k}+Q_{2k}+w_k$
	爬升阶段	整体模架装备结构	$G_{1k}+G_{2k}+G_{5k}+Q_{1k}+Q_{2k}+w_k$
		劲性钢柱爬升系统	$G_{1k}+G_{2k}+G_{5k}+Q_{1k}+Q_{2k}+w_k$
钢梁与筒架交替支撑式	作业阶段	整体模架装备结构	$G_{1k}+G_{2k}+G_{3k}+G_{6k}+G_{8k}+Q_{1k}+Q_{2k}+Q_{3k}+w_k$
		钢平台系统	$G_{1k}+G_{2k}+G_{8k}+Q_{1k}+Q_{2k}+w_k$
		吊脚手架系统	$G_{2k}+Q_{2k}+w_k$
		筒架支撑系统	$G_{1k}+G_{2k}+G_{3k}+G_{6k}+G_{8k}+Q_{1k}+Q_{2k}+Q_{3k}+w_k$
	爬升阶段	整体模架装备结构	$G_{1k}+G_{2k}+G_{3k}+G_{6k}+Q_{1k}+Q_{2k}+Q_{3k}+w_k$
		钢梁爬升系统	$G_{1k}+G_{2k}+G_{3k}+G_{6k}+Q_{1k}+Q_{2k}+Q_{3k}$
钢柱与筒架交替支撑式	作业阶段	整体模架装备结构	$G_{1k}+G_{2k}+G_{3k}+G_{7k}+G_{8k}+Q_{1k}+Q_{2k}+Q_{3k}+w_k$
		钢平台系统	$G_{1k}+G_{2k}+G_{8k}+Q_{1k}+Q_{2k}+w_k$
		吊脚手架系统	$G_{2k}+Q_{2k}+w_k$
		筒架支撑系统	$G_{1k}+G_{2k}+G_{3k}+G_{7k}+G_{8k}+Q_{1k}+Q_{2k}+Q_{3k}+w_k$
	爬升阶段	整体模架装备结构	$G_{1k}+G_{2k}+G_{3k}+G_{7k}+Q_{1k}+Q_{2k}+Q_{3k}+w_k$
		工具式钢柱爬升系统	$G_{1k}+G_{2k}+G_{3k}+G_{7k}+Q_{1k}+Q_{2k}+Q_{3k}$

4.3.2 整体结构分析

整体钢平台模架装备进行整体受力分析，能够准确反映各构成系统的受力   127

状态以及各系统组成相互之间连接节点、整体钢平台模架装备与混凝土结构支撑连接节点的受力状态。整体结构分析的关键在于建立能够反映真实受力状态的整体结构模型，并在相应部位准确施加荷载及作用。

1. 整体分析模型建立

整体钢平台模架装备整体分析模型中应该包含各构成系统，准确反映各构成系统相互之间的连接关系、整体钢平台模架装备与混凝土结构的连接关系。由于模板系统相对独立，在整体分析模型中模板系统可按恒荷载的形式出现，而模板系统可通过单独建立模型进行分析。

考虑计算软件的分析运算能力及计算速度，整体分析模型无需精确反映整体钢平台模架装备的所有细节，一些对计算结果不会产生过大影响的细节可以简化，各组成系统中各构件的连接节点、各组成系统的连接节点及整体钢平台模架装备支撑在混凝土结构上的连接节点可在具有足够依据的情况下进行简化。

在整体钢平台模架装备中，各构成系统之间主要连接节点简化处理方式阐述如下：

1）钢平台系统与吊脚手架系统的连接节点根据连接方式选择铰接或刚接形式。当采用焊接连接时选择刚接节点；当采用螺栓连接时，受连接板尺寸影响节点刚度一般难以达到刚接条件，此时简化处理选择铰接节点。

2）钢平台系统与筒架支撑系统竖向型钢杆件连接一般采用高强度螺栓连接，整体计算模型中节点推荐采用刚接形式。

3）钢平台系统作业阶段搁置在临时钢柱、劲性钢柱上，二者之间的连接节点一般简化处理为铰接形式。

在整体钢平台模架装备中，各系统组成相互之间主要连接节点的简化处理方式阐述如下：

1）在钢平台系统中，钢平台框架的钢梁与钢梁的连接根据实际受力情况选择刚接、铰接或半刚接。钢平台围挡立柱底与钢平台框架梁的连接节点选择刚接形式。钢平台围挡板与立柱的连接节点采用简支形式。钢平台盖板、钢平台格栅盖板搁置在钢平台框架梁上的支座采用简支形式。

2）在吊脚手架系统中，脚手吊架横杆与立杆为焊接连接，故计算模型中该节点采用刚接形式；脚手走道板、脚手围挡板与脚手吊架采用单排螺栓进行连接，故连接节点采用简支形式。

3）在筒架支撑系统中，竖向型钢杆件与横向型钢杆件的连接节点采用刚接

形式。

4）在临时钢柱和劲性钢柱爬升系统中，蜗轮蜗杆提升机搁置在临时钢柱和劲性钢柱上，连接节点采用铰接形式。

5）在钢梁爬升系统中，钢梁与长行程双作用液压油缸组合应用时，为保证爬升过程的稳定性，长行程双作用液压缸一般采用倒置方式，活塞杆端部与爬升钢梁连接节点一般采用球铰节点，在计算模型中该节点采用铰接形式；钢梁、钢柱与蜗轮蜗杆提升机组合应用时，蜗轮蜗杆提升机与钢柱的连接节点采用铰接形式。

6）在工具式钢柱爬升系统中，爬升靴组件装置与工具式钢柱的连接节点采用铰接形式。

7）在模板系统中，模板面板与模板背肋的连接节点采用简支形式；模板背肋与模板围檩的连接节点采用铰接形式。

整体钢平台模架装备与混凝土结构的支撑主要连接节点简化处理方式阐述如下：

1）筒架支撑系统、钢梁爬升系统搁置在混凝土结构支承凹槽或钢牛腿支承装置，此连接节点可以承受竖向荷载作用，并通过摩擦力抵抗水平荷载作用，因此搁置位置推荐简化采用铰接形式。

2）工具式钢柱搁置在混凝土主体结构上的支座采用刚性或半刚性节点形式。当工具式钢柱与混凝土结构采用完全抱箍的连接方式时，采用刚性节点形式；当工具式钢柱通过混凝土结构预埋钢筋或结构钢筋锚固连接时，建议采用半刚性节点形式，如有必要可通过实测或数值分析方法确定节点刚度；当通过实测确定时，建议进行 1：1 足尺试验。

3）筒架支撑系统与混凝土结构之间的水平限位装置设有弹簧元件时，因具有一定的弹性，所以在计算模型中可以采用弹簧支座形式，精确考虑弹簧支座变形导致的水平反力的变化。弹簧支座刚度如有必要可以通过实测或数值分析方法确定。当通过实测确定时，建议进行 1：1 足尺试验。

4）吊脚手架系统底部与混凝土结构之间为单向式接触连接。当吊脚手架系统承受风压力作用时，吊脚手架系统底部与混凝土结构发生接触；当吊脚手架系统承受风吸力作用时，吊脚手架系统底部与混凝土结构发生脱离。在作业阶段吊脚手架系统承受风荷载作用时，脚手抗风杆件可作为吊脚手架系统在混凝土结构墙体上的连接或支撑点。

以上给出的是偏于安全的整体分析模型简化处理方法。为了提高设计的经济性，当有足够经验或者有充分的试验数据支撑时，整体钢平台模架装备结构各构成系统之间、各系统组成之间的连接及边界约束条件的简化方式，也可根据实践经验及试验数据进行合理调整，以使得计算模型更加符合实际情况。

2. 荷载及作用的施加

整体分析模型中，各系统组成中的构件及部件的恒荷载以自重荷载的形式分布施加。

施工活荷载施加在钢平台系统、吊脚手架系统与筒架支撑系统上。其中，钢平台系统格栅盖板区域为非堆载区，可不施加施工活荷载。当整体分析模型中包含钢平台盖板单元时，施工活荷载均匀施加于钢平台盖板上；如整体分析模型中未包含钢平台盖板单元，施工活荷载需要通过计算以线荷载的形式施加在钢平台框架钢梁上。吊脚手架系统的施工活荷载施加在操作层走道板和底层走道板上。筒架支撑系统兼作脚手架功能，故同样需要施加施工活荷载。

风荷载施加在钢平台系统、吊脚手架系统上。钢平台系统直接承受风荷载的为钢平台围挡，吊脚手架系统直接承受风荷载的是侧面围挡板，因此风荷载需分别施加在钢平台围挡和吊脚手架系统侧面围挡板上。

3. 整体结构模型受力分析

整体结构分析可根据不同的施工阶段、边界约束条件、各构成系统的连接方式等进行受力状态分析，以获得在最不利荷载及作用效应组合下的与实际结构相符合的整体结构分析模型。

整体结构分析模型应与实际受力结构相符合，反映实际结构的边界约束条件。

例如，在钢梁与筒架交替支撑式整体钢平台模架装备进行作业阶段结构分析时，整体分析模型在筒架支撑系统竖向支撑装置处与混凝土墙体结构铰接连接，钢梁爬升系统则悬挂于筒架支撑系统下方并与混凝土墙体结构脱开；而在进行爬升阶段结构分析时，整体分析模型在爬升钢梁结构竖向支撑装置处与混凝土墙体结构铰接连接，筒架支撑系统则由钢梁爬升系统支承并与混凝土墙体结构脱开，筒架支撑系统与钢梁爬升系统的长行程双作用液压缸采用刚性连接。

4. 整体结构分析案例

下面以上海中心大厦混凝土核心筒工程施工采用的整体钢平台模架装备为例，详细介绍整体钢平台模架装备整体结构分析方法[18]。

上海中心大厦位于上海陆家嘴金融贸易区，主楼地下5层，地上127层，总高度632m，是一栋超高层建筑，结构平面布置在高度方向有三次收分。上海中心大厦混凝土核心筒工程采用钢梁与筒架交替支撑式整体钢平台模架装备进行施工，装备结构根据混凝土核心筒墙体结构收分情况进行体形变化设计与施工。

（1）设计工况分析

本工程整体钢平台模架装备根据结构体形、荷载分布和边界约束等，分为四种结构体形以及作业和爬升两个阶段分别进行整体结构计算分析。

整体钢平台模架装备结构施工过程共进行三次体形变化，每发生一次体形变化，模架结构的形态均发生明显的变化，所以共有四种典型结构体形。

作业阶段整体钢平台模架装备结构的受力需考虑模架结构自重荷载（包含模板系统自重荷载）、施工活荷载、风荷载。作业阶段风速限值为32.0m/s，当风速小于32.0m/s时正常进行施工，当风速预计大于或等于32.0m/s时，疏散作业人员并停止施工作业，而作业阶段则偏于安全的36.0m/s风速取值用于设计计算。

爬升阶段整体钢平台模架装备结构的受力同样需考虑模架结构自重荷载（不包含模板系统自重荷载）、施工活荷载、风荷载。爬升阶段对风荷载控制更加严格，施工风速限值为18.0m/s，当风速小于18.0m/s时整体钢平台模架装备可进行爬升，当风速大于或等于18.0m/s时禁止进行爬升，而爬升阶段则偏于安全的20.0m/s风速取值用于设计计算。爬升前应清理钢平台系统顶部以及吊脚手架系统各层的堆载，非爬升操作人员应从整体钢平台模架上撤离，此时施工活荷载相比作业阶段明显降低。

（2）整体结构分析模型建立

钢梁与筒架交替支撑式整体钢平台模架装备采用通用有限元分析软件建立整体分析模型进行受力状态分析。

有限元模型中，钢平台系统、吊脚手架系统、筒架支撑系统及钢梁爬升系统中各受力杆件均采用梁单元模拟，各类板材采用壳单元建立。梁单元与梁单元之间、梁单元与壳单元之间根据节点受力情况及前述简化处理原则采用刚接、铰接及半刚性连接。

由于需要按四种结构体形以及作业和爬升两个阶段分别进行整体结构计算分析，所以该整体钢平台模架装备实际用于计算的整体分析模型一共有8个。这8个模型在结构系统组成、荷载分布及边界约束上有着明显的区别。

具体而言，上述整体计算模型的边界约束条件具体设置方式如下：

1）作业阶段，整体钢平台模架装备通过筒架支撑系统底部竖向支撑装置支　　131

撑整体模架装备，传递荷载至混凝土墙体结构上，所以在整体结构模型中，整体钢平台模架装备筒架支撑系统底部梁单元在此处采用铰接边界约束形式。

2）爬升阶段，整体钢平台模架装备通过爬升系统钢梁上的竖向支撑装置搁置于混凝土墙体结构，爬升系统爬升钢梁的梁单元在此处采用铰接边界约束形式。

筒架支撑系统上设置具有内置强力弹簧的水平限位装置，并与混凝土墙体顶紧保证筒架支撑系统的稳定性。在整体有限元分析模型中，此处采用弹簧单元模拟，实际弹簧刚度取值通过足尺模型试验确定。试验结果表明，当水平限位装置发生 2cm 的变形时，对应的弹簧力为 70kN，所以实际弹簧刚度为 $k=70/0.02=3500$kN/m。但考虑到土建施工存在一定的误差，弹簧顶紧距离受限，会影响到弹簧刚度，所以在有限元整体分析模型中弹簧刚度取为 $k=2500$kN/m。

（3）荷载取值及施加

本工程整体钢平台模架装备的恒荷载、施工活荷载及风荷载的具体取值情况见表 4-6。

上海中心大厦整体钢平台模架装备荷载取值概述　　　　表 4-6

荷载类型		作业阶段	爬升阶段
恒荷载	钢平台系统	1）钢平台框架自重按实际取值； 2）钢平台围挡自重按实际取值； 3）盖板、格栅盖板自重取 0.6kN/m²； 4）布料机 110kN/ 台，共 2 台	同作业阶段
	吊脚手架系统	1）脚手吊架自重按实际取值； 2）铺设钢板网（4mm 厚）的底层以上脚手走道板取 0.2kN/m²； 3）铺设花纹钢板（4mm 厚）的底层脚手走道板取 0.4kN/m²； 4）筒体内侧脚手围挡板（钢丝网板）取 0.1kN/m²； 5）筒体外侧脚手围挡板（彩钢板）取 0.15kN/m²	同作业阶段
	筒架支撑系统	1）竖向型钢杆件和横向型钢杆件自重按实际取值； 2）铺设钢板网（4mm 厚）的底层以上筒架走道板取 0.2kN/m²； 3）铺设花纹钢板（4mm 厚）的底层筒架走道板取 0.4kN/m²； 4）筒架围挡板取 0.1kN/m²； 5）筒架竖向支撑装置 5kN/个，共设置 32 个； 6）电气控制及安全控制室 15kN/个，共 1 个	同作业阶段

续表

荷载类型		作业阶段	爬升阶段
恒荷载	钢梁爬升系统	1）爬升钢梁结构自重按实际取值； 2）长行程双作用液压油缸自重 15kN/ 台，共 36 台； 3）油压控制泵站 15kN/ 个，共 8 个； 4）爬升系统竖向支撑装置 5kN/ 个，共 32 个	同作业阶段
	模板系统	模板自重按实际取值，总重 2100kN	不考虑
施工活荷载	钢平台系统	堆载区取 5.0kN/m²	堆载区取 1.0kN/m²
	吊脚手架系统	操作层取 3.0kN/m²，总施工活荷载取 5.0kN/m²	操作层取 1.0kN/m²，总施工活荷载取 2.0kN/m²
	筒架支撑系统	操作层取 3.0kN/m²，总施工活荷载取 5.0kN/m²	操作层取 1.0kN/m²，总施工活荷载取 2.0kN/m²
风荷载		风速按 36.0m/s 考虑，计算风压取 0.81kPa	风速按 20.0m/s 考虑，计算风压取 0.25kPa

在整体分析模型中，各类结构件的自重由程序根据模型截面、尺寸、密度进行自动计算，未反映在结构模型中的构件以荷载的形式施加在计算模型上。根据荷载特点，按均布荷载、线荷载、节点荷载等方式，对整体分析模型进行加载。

（4）整体结构分析结果

1）第一种典型结构体系——整体钢平台模架装备体形变化前的结构：

整体钢平台模架装备变形前按作业和爬升两个阶段进行计算。作业阶段，共设 32 只竖向支撑装置搁置在混凝土核心筒墙体支承凹槽上，以承受模架的重量和施工荷载；爬升阶段，共设 32 只竖向支撑装置支撑在混凝土核心筒墙体支承凹槽上，由 36 只长行程双作用液压油缸顶升进行整体钢平台模架装备爬升。

作业阶段分析结果如下：

对整体结构进行有限元计算分析，应力比计算结果见图 4-1，结构杆件最大应力比为 0.79，位于钢平台系统角部，其余杆件应力比控制在 0.6 以内，满足设计要求。

整体钢平台模架装备竖向变形见图 4-2，最大竖向变形为 34.8mm，位于钢平台系统四个角点处。整体钢平台模架结构 X 向、Y 向水平位移反应见图 4-3、图 4-4，最大水平位移为 24.3mm，变形计算结果表明整体钢平台模架装备结构在作业阶段的整体性较好，结构侧向变形比较均匀。

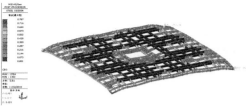

图 4-1　结构应力比云图　　　　图 4-2　竖向位移云图（单位：mm）

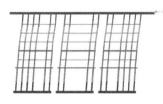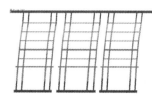

图 4-3　X 向位移云图（单位：mm）　　图 4-4　Y 向位移云图（单位：mm）

爬升阶段分析结果如下：

爬升阶段共使用 36 只长行程双作用液压油缸共同顶升，液压油缸的最大额定载荷为 450kN，总载荷能力为 16200kN，满足爬升过程中的顶升能力要求。

应力比计算结果见图 4-5，最大应力比为 0.65，位于最上层角部的柱子处，其余杆件应力比控制在 0.6 以内，满足设计要求。

整体钢平台模架结构竖向变形见图 4-6，最大竖向变形发生在悬挑较大的四个角点处，为 26.4mm。整体钢平台模架结构 X 向、Y 向水平位移反应分别见图 4-7、图 4-8，最大水平位移为 16.7mm。

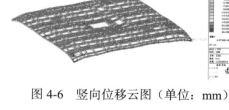

图 4-5　结构应力比云图　　　　图 4-6　竖向位移云图（单位：mm）

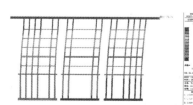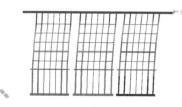

图 4-7　X 向位移云图（单位：mm）　　图 4-8　Y 向位移云图（单位：mm）

2）第二种典型结构体系——整体钢平台模架装备体形第一次变化后的结构：

混凝土核心筒墙体在 52 层高度进行第一次收分，结构切除四角，对相应部位的整体钢平台模架装备结构进行拆除。作业阶段，共设 32 只竖向支撑装置搁置在混凝土核心筒墙体支承凹槽上，以承受模架的重量和施工荷载；爬升阶段，共设 32 只竖向支撑装置支撑在混凝土核心筒墙体支承凹槽上，由 32 只长行程双作用液压油缸顶升进行整体钢平台模架装备爬升。根据整体钢平台模架装备结构实际体形变化情况，对有限元整体分析模型作相应调整，并施加荷载进行结构分析。

作业阶段分析结果如下：

应力比计算结果见图 4-9，最大应力比为 0.79，位于柱子之间的连接梁处，其余杆件应力比控制在 0.65 以内，满足设计要求。

结构竖向变形见图 4-10，最大竖向变形发生在悬挑角点处，为 19.4mm。X 向、Y 向水平位移反应分别见图 4-11、图 4-12，最大位移为 27.2mm。

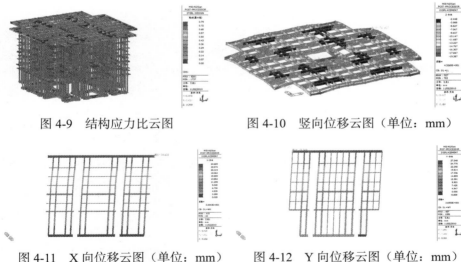

图 4-9　结构应力比云图　　　　图 4-10　竖向位移云图（单位：mm）

图 4-11　X 向位移云图（单位：mm）　　图 4-12　Y 向位移云图（单位：mm）

爬升阶段分析结果如下：

爬升阶段共使用 32 只长行程双作用液压油缸共同顶升，液压油缸的最大额定载荷为 450kN，总载荷能力为 14400kN，满足爬升过程中的顶升能力要求。

应力比计算结果见图 4-13，最大应力比为 0.62，位于钢平台系统角部，其余杆件应力比控制在 0.6 以内，满足设计要求。

整体钢平台模架装备竖向变形见图4-14，最大竖向变形发生在悬挑较大角点处，为15.6mm。X向、Y向水平位移反应分别见图4-15、图4-16，最大水平位移为18.6mm。

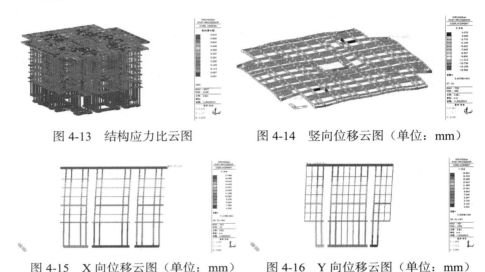

图 4-13　结构应力比云图　　　图 4-14　竖向位移云图（单位：mm）

图 4-15　X向位移云图（单位：mm）　　　图 4-16　Y向位移云图（单位：mm）

3）第三种典型结构体系——整体钢平台模架装备体形第二次变化后的结构：

混凝土核心筒墙体在68层高度进行第二次收分，核心筒墙体结构四角继续内收，相应部位整体钢平台模架装备结构进行拆除。作业阶段，共设28只竖向支撑装置；爬升阶段，共设28只竖向支撑装置，由28只长行程双作用液压油缸顶升进行整体钢平台模架装备爬升。根据整体钢平台模架装备结构实际体形变化情况，对有限元整体分析模型作相应调整，并施加荷载进行结构分析。

作业阶段分析结果如下：

应力比计算结果见图4-17，最大应力比为0.78，位于筒架支撑系统第六层柱之间的连接梁处，其余杆件应力比控制在0.65以内，结构设计满足要求。

整体钢平台模架装备竖向变形见图4-18，最大竖向变形发生在钢平台系统两个悬挑角点处，为37.5mm，钢平台系统其他悬挑角点的竖向位移约为23.0mm。整体钢平台模架结构X向、Y向水平位移反应分别见图4-19、图4-20，最大水平位移为27.7mm。

爬升阶段分析结果如下：

爬升阶段共使用28只长行程双作用液压油缸共同顶升，液压油缸的最大额定载荷为 450kN，总载荷能力为 12600kN，满足爬升过程中的顶升能力要求。

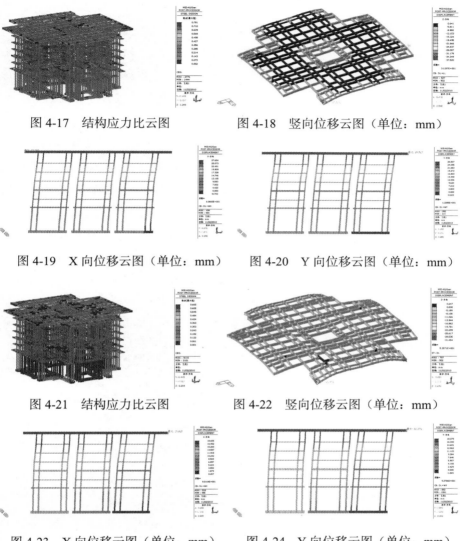

图 4-17　结构应力比云图　　　　图 4-18　竖向位移云图（单位：mm）

图 4-19　X 向位移云图（单位：mm）　　图 4-20　Y 向位移云图（单位：mm）

图 4-21　结构应力比云图　　　　图 4-22　竖向位移云图（单位：mm）

图 4-23　X 向位移云图（单位：mm）　　图 4-24　Y 向位移云图（单位：mm）

应力比计算结果见图 4-21，最大应力比为 0.67，位于钢平台系统角部，其余杆件应力比控制在 0.6 以内，满足设计要求。

整体钢平台模架装备竖向变形见图 4-22，结构最大竖向变形发生在钢平台系统两个悬挑角点处，为 31.45mm，钢平台系统其他悬挑角点的竖向位移约为 20.0mm。整体钢平台模架结构 X 向、Y 向水平位移反应分别见图 4-23、图 4-24，最大水平位移为 18.6mm。

4）第四种典型结构体系——整体钢平台模架装备体形第三次变化后的结构：

混凝土核心筒墙体在84层高度进行第三次收分，核心筒墙体结构四角继续内收，相应部位整体钢平台模架装备结构进行拆除。作业阶段，共设16只竖向支撑装置；爬升阶段，共设16只竖向支撑装置，由24只长行程双作用液压油缸顶升进行整体钢平台模架装备爬升。根据整体钢平台模架装备结构实际体形变化情况，对有限元整体分析模型作相应调整，并施加荷载进行结构分析。

作业阶段分析结果说明如下：

应力比计算结果见图4-25，柱子最大应力比为0.77，位于最上层角部的柱子处，其余杆件应力比控制在0.7以内。但在整体钢平台模架装备变形后，有少数柱子连接处的小梁应力比超过1.0，建议在连接柱子的小梁处进行加固，再投入使用。

整体钢平台模架结构竖向变形见图4-26，最大竖向变形发生在钢平台系统两个悬挑角点处，为35.1mm，钢平台系统其他悬挑角点的竖向位移约为27.6mm。整体钢平台模架X向、Y向水平位移反应分别见图4-27、图4-28，最大水平位移为31.7mm。

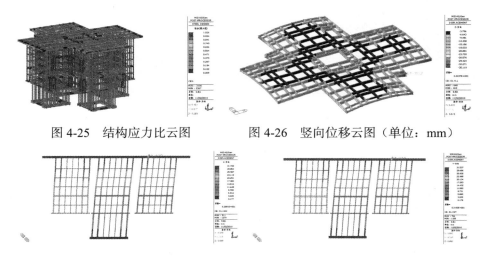

图4-25　结构应力比云图　　　　图4-26　竖向位移云图（单位：mm）

图4-27　X向位移云图（单位：mm）　　　　图4-28　Y向位移云图（单位：mm）

爬升阶段分析结果说明如下：

爬升阶段共使用24只长行程双作用液压油缸共同顶升，液压油缸的最大额定载荷为450kN，总载荷能力为10800kN，满足爬升过程中的顶升能力要求。

应力比计算结果见图4-29，最大应力比为0.65，其余杆件应力比控制在0.6以内，满足设计要求。

整体钢平台模架装备竖向变形见图 4-30，最大竖向变形发生在钢平台系统两个悬挑角点处，为 19.71mm。整体钢平台模架结构 X 向、Y 向水平位移反应分别见图 4-31、图 4-32，最大水平位移约为 20.8mm。

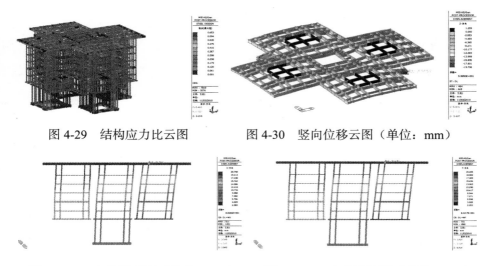

图 4-29 结构应力比云图 图 4-30 竖向位移云图（单位：mm）

图 4-31 X 向位移云图（单位：mm） 图 4-32 Y 向位移云图（单位：mm）

4.3.3 简化结构分析

简化结构分析是将整体结构进行离散化处理，将各构成系统、各系统组成中的部分单独取出，进行受力分析。各构成系统之间的相互作用关系、各系统组成中的相互作用关系，以外力作用或边界约束的情况出现。由于相互作用关系在简化计算模型中可能未得到精确的反映，所以简化结构分析一般适用于受力状态比较明确的整体钢平台模架装备结构或构件的内力及变形分析。

1. 简化分析模型建立

简化分析模型主要方便手算，在进行大量简化的情况下，简化计算模型应仍能保证足够的计算精度。

在钢平台系统中，主梁可按多跨连续梁进行内力分析；次梁可按两端简支梁进行内力分析。钢平台盖板、钢平台格栅盖板按四边简支板进行分析，也可按两边简支板进行。钢平台围挡立柱按悬臂柱进行分析。

在吊脚手架系统中，脚手走道板、脚手围挡板可作为两对边简支板进行分析，也可作为四边简支板进行分析。

在临时钢柱爬升系统及劲性钢柱爬升系统中，临时钢柱和劲性钢柱可单独取出作为悬臂柱进行分析，一般考虑到埋入点处的混凝土养护时间不足，强度偏弱，可适当增大临时钢柱和劲性钢柱的计算长度。

钢平台系统搁置在临时钢柱或劲性钢柱上所采用的承重销，可作为承受集成力作用的简支梁进行分析。

在工具式钢柱爬升系统中，工具式钢柱可单独取出进行分析，钢柱两端支撑节点的约束刚度按实际约束情况取值。

在模板系统中，模板面板按多跨连续板验算，模板背肋、模板围檩按多跨连续梁验算。

2. 简化结构分析案例

以上海环球金融中心工程核心筒施工模架为例，详细说明整体钢平台模架装备简化结构分析方法[19, 20]。

上海环球金融中心主楼核心筒结构平面在 1 ～ 57 层为八边形，从 58 层开始进行体形转换，到 61 层开始变化为梭形，核心筒结构及钢平台结构平面见图 4-33。9 ～ 79 层核心筒结构采用临时钢柱支撑式整体钢平台模架装备进行施工，9 ～ 57 层设置 18 根临时钢柱，58 ～ 61 层设置 14 根临时钢柱，62 ～ 79 层设置 18 根临时钢柱。由于临时钢柱支撑式整体钢平台模架装备结构受力明确，传力路径清晰，故可采用简化的模架结构进行内力分析，再进行各受力构件的设计计算。

（1）设计工况分析

在作业阶段根据施工工艺流程，钢筋堆载和钢大模荷载不会同时作用于整体钢平台模架装备。在整体钢平台模架装备进行计算时，钢筋堆载可按整体钢平台模架装备初始使用阶段的第 9 层核心筒的钢筋用量考虑，此楼层相对于以上楼层钢筋用量最多，且重量大于钢大模荷载。由于整体钢平台模架装备在整个作业阶段的设计风速取值一致，所以整体钢平台模架装备作业阶段受力状态主要由模架装备自重、钢筋堆载以及临时钢柱数量的自重控制，而不随模架装备高度的变化改变。综合所述，整体钢平台模架装备作业阶段的计算工况取 9 ～ 57 层的施工阶段。

在爬升阶段整体钢平台模架装备根据体形的变化，临时钢柱的设置数量会相应变化。由于整体钢平台模架装备在整个施工过程的爬升阶段设计风速取值一致，所以爬升阶段的受力状态主要由模架装备自重以及临时钢柱数量的自重控制，而不随模架装备高度的变化改变。综合所述，整体钢平台模架装备爬升阶段的计算工况取 57 ～ 60 层的施工阶段。

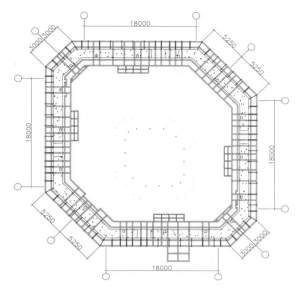

（a）9~57 层核心筒结构及钢平台结构

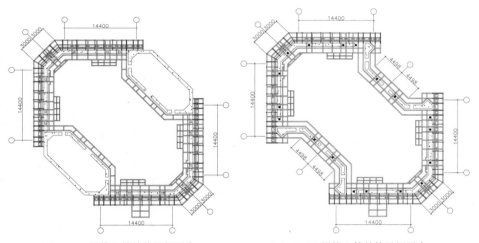

（b）58~61 层核心筒结构及钢平台　　　　　（c）62~79 层核心筒结构及钢平台

图 4-33　核心筒结构体形变化

（2）简化结构分析模型建立

1）临时钢柱简化结构模型：

作业阶段，临时钢柱与钢平台系统通过竖向支撑装置承重销进行连接，计算见图 4-34。

爬升阶段，临时钢柱与蜗轮蜗杆提升机通过竖向支撑装置承重销进行连接，计算见图 4-35。

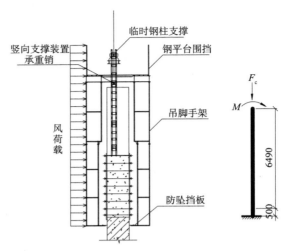

图 4-34　作业阶段计算简图

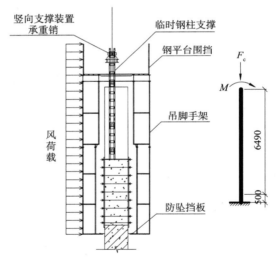

图 4-35　爬升阶段计算简图

2）钢平台系统简化结构模型：

钢平台框架梁计算可简化为连续梁进行，计算简图见图 4-36，图中 P 为脚手吊架作用于钢梁的荷载，q 为钢平台系统所承受的恒荷载及活荷载共同形成的竖向综合荷载。

3）竖向支撑装置承重销简化结构模型：

作业阶段在临时钢柱上用于搁置钢平台系统以及爬升阶段在临时钢柱上用于搁置蜗轮蜗杆提升机的竖向支撑装置承重销可作为连续梁。以搁置钢平台框架的竖向支撑装置承重销为例，其计算简图见图 4-37。

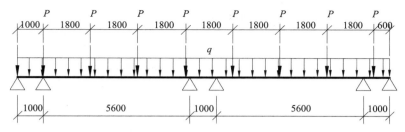

图 4-36 钢平台框架梁计算简图

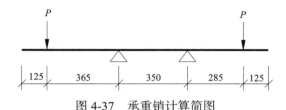

图 4-37 承重销计算简图

（3）荷载取值及施加

本工程整体钢平台模架装备结构分析施加的荷载按照实际情况取值。

1）作业阶段恒荷载及施工活荷载取值：

钢平台系统：钢平台框架和盖板等自重按实际取用，总重为 750kN。

吊脚手架系统：脚手吊架、走道板和围挡板按实际取用，总重为 870kN。

临时钢柱支撑系统：临时钢柱总重 39.27kN；承重销每只 0.33kN，共 36 只。

爬升系统：涡轮蜗杆提升机每套 1.8kN，共 18 套；控制室自重，15kN。

施工活荷载：电焊机每只 1.5kN，共 10 只；钢筋堆载，1000kN；施工人员荷载，每人 0.75kN，共 150 人。

2）爬升阶段恒荷载及施工活荷载取值：

钢平台系统：钢平台框架和盖板等自重按实际取用，总重为 707kN。

吊脚手架系统：脚手吊架、走道板和围挡板按实际取用，总重为 1048kN。

临时钢柱支撑系统：临时钢柱总重 18kN；承重销每只 0.33kN，共 32 只。

爬升系统：涡轮蜗杆提升机每套 1.8kN，共 14 套；控制室自重，15kN。

施工活荷载：电焊机每只 1.5kN，共 10 只；施工人员荷载，每人 0.75kN，共 30 人。

3）风荷载取值

整体钢平台模架装备爬升阶段的设计风力取值 8 级，作业阶段的设计风力取值 12 级。施工过程根据天气预报预测和模架风速仪即时测定的方法进行预先控制;实际爬升阶段风速控制不超过 18.0m/s、作业阶段风速控制不超过 32.0m/s。

具此得到，作业阶段设计风压取 0.81kN/m²，爬升阶段设计风压取 0.25kN/m²。当施工过程风速超过 32.0/s 时，整体钢平台模架装备与核心筒结构进行可靠连接，通过增加抗风杆件依附连接于核心筒结构来共同抵抗风荷载。

恒荷载及施工活荷载按各构成系统及系统组成在简化模型中的位置以集中荷载、线荷载或均布荷载的形式施加在相应位置，风荷载施加在吊脚手架系统侧面的围挡板及钢平台系统侧面的围挡板位置。

（4）简化结构分析结果

基于简化结构分析获得构件的内力，可用于构件的设计计算。

1）临时钢柱计算：

临时钢柱底部预埋在混凝土核心筒墙体内，根据施工规程整体钢平台模架装备在楼层混凝土浇筑后即应进行爬升，考虑到新浇筑混凝土养护的时间问题，混凝土强度等级和约束效果受限，为安全起见临时钢柱稳定计算时其计算长度可进行修正，通常将临时钢柱底部固端位置向下延伸 500mm，即临时钢柱稳定计算的计算长度增加 500mm。

临时钢柱在作业阶段与爬升阶段分别进行相应的设计计算。设计计算的主要内容包括群柱稳定计算、单柱稳定计算、单肢稳定计算、缀板焊缝计算及整体刚度计算。

作业阶段临时钢柱设计计算具体如下。

群柱稳定计算：

群柱稳定性由等代悬臂柱偏心距增大系数验算确定，群柱稳定计算如下。

$$\eta = \frac{1}{1 - \dfrac{\gamma_F F_c I_0^2}{10\alpha_n \zeta E_c^b I_c^b}} = 1.22$$

η 为等代悬臂柱偏心距增大系数，当 $0 < \eta < 3$ 时，群柱整体稳定满足设计要求。

单柱稳定计算：

经过分析，迎风面间距最大的单柱受力最不利，选取此单柱进行验算，单柱稳定计算如下。

$$\frac{N}{\varphi_x A} + \frac{\beta_{mx} M_x}{W_{1x}\left(1 - \varphi_x \dfrac{N}{N_{Ex}}\right)} = 147.50 \text{N/mm}^2 < [f] = 215 \text{N/mm}^2$$

因此，单柱稳定满足设计规范要求。

单肢稳定计算：

$$\frac{N}{\varphi_x A} + \frac{\beta_{mx} M_x}{\gamma_x W_{1x} \left(1-0.8\dfrac{N}{N_{Ex}}\right)} = 187.89 \text{N/mm}^2 < [f] = 215 \text{N/mm}^2$$

因此，单肢稳定满足设计规范要求。

缀板焊缝计算：

$$\sqrt{\left(\frac{\sigma_f}{\beta_f}\right)^2 + \tau_f^2} = 63.44 \text{N/mm}^2 < [f] = 160 \text{N/mm}^2$$

因此，缀板焊缝强度满足设计规范要求。

临时钢柱长细比计算：

$$\lambda_{max} = \sqrt{\lambda_x^2 + \lambda_1^2} = 68.64 < [\lambda] = 150$$

因此，临时钢柱长细比满足设计规范要求。

爬升阶段临时钢柱设计计算具体如下。

群柱稳定计算：

$$\eta = \frac{1}{1-\dfrac{\gamma_F F_c I_0^2}{10\alpha_n \zeta E_c^b I_c^b}} = 1.39$$

η 为等代悬臂柱偏心距增大系数，当 $0 < \eta < 3$ 时，群柱整体稳定满足设计要求。

单柱稳定计算：

$$\frac{N}{\varphi_x A} + \frac{\beta_{mx} M_x}{W_{1x} \left(1-\varphi_x \dfrac{N}{N_{Ex}}\right)} = 138.47 \text{N/mm}^2 < [f] = 215 \text{N/mm}^2$$

因此，单柱稳定满足设计规范要求。

单肢稳定计算：

$$\frac{N}{\varphi_x A} + \frac{\beta_{mx} M_x}{\gamma_x W_{1x} \left(1-0.8\dfrac{N}{N_{Ex}}\right)} = 152.45 \text{N/mm}^2 < [f] = 215 \text{N/mm}^2$$

因此，单肢稳定满足设计规范要求。

缀板焊缝：

$$\sqrt{\left(\frac{\sigma_\mathrm{f}}{\beta_\mathrm{f}}\right)^2 + \tau_\mathrm{f}^2} = 111.22\mathrm{N/mm^2} < [f] = 215\mathrm{N/mm^2}$$

因此，缀板焊缝强度满足设计规范要求。

临时钢柱长细比计算：

$$\lambda_\mathrm{max} = \sqrt{\lambda_\mathrm{x}^2 + \lambda_1^2} = 94.23 < [\lambda] = 150$$

因此，临时钢柱长细比满足设计规范要求。

2）钢梁强度计算：

钢平台框架梁根据跨度、荷载，选取受力最大的钢梁进行验算，抗弯强度计算如下。

$$\sigma + \frac{M}{W} = 17.79\mathrm{N/mm^2} < [f] = 215\mathrm{N/mm^2}$$

因此，框架钢梁强度满足设计规范要求。

经计算，钢梁最大挠度为 0.68mm，满足设计规范要求。

3）竖向支撑装置承重销计算：

承重销主要进行抗弯强度验算，抗弯强度计算如下。

$$\sigma + \frac{M}{W} = 199.58\mathrm{N/mm^2} < [f] = 215\mathrm{N/mm^2}$$

因此，承重销强度满足设计规范要求。

经计算，承重销最大挠度为 0.29mm，满足设计规范要求。

4）吊脚手架系统计算：

吊脚手架系统主要进行脚手吊架竖向型钢杆件强度计算、竖向型钢杆件与钢平台系统连接节点计算、脚手围挡板连接节点计算、脚手走道板连接节点计算。经过计算，吊架立杆所受荷载最大为 8.88kN，其抗拉强度计算如下。

$$\sigma + \frac{P}{A} = 18.16\mathrm{N/mm^2} < [f] = 205\mathrm{N/mm^2}$$

因此，吊架立杆抗拉强度满足设计规范要求。

吊脚手架系统竖向型钢杆件采用螺栓固定于钢梁底部，竖向型钢杆件与连接板采用焊接连接，焊缝抗拉强度计算如下：

$$\sigma + \frac{P}{h_\mathrm{r} l_\mathrm{w}} = 34.10\mathrm{N/mm^2} < [f] = 160\mathrm{N/mm^2}$$

因此，焊缝抗拉强度满足设计规范要求。

吊脚手架系统荷载通过连接螺栓作用于钢平台框架底部，每个节点通常采用 $2×M16$ 普通螺栓。每 2 只普通螺栓总承载力为 53.2kN，而吊脚手架系统的竖向型钢杆件最大内力为 8.88kN，所以螺栓强度满足设计要求。

脚手围挡板与竖向型钢杆件连接节点的最大冲击荷载取值为 20kN，脚手围挡板与型钢单侧连接通常采用 $4×M10$ 普通螺栓，每个普通螺栓的抗剪承载力为 7.85kN，8 个普通螺栓抗冲击总承载为 62.84kN，总抗冲击荷载大于冲击荷载，连接螺栓满足设计规范要求。

脚手走道板与竖向型钢杆件连接节点的最大冲击荷载取值为 30kN，走道板与型钢单侧连接通常采用 $3×M10$ 普通螺栓，每个普通螺栓的抗剪承载力为 7.85kN，6 个普通螺栓抗冲击总承载为 47.10kN，总抗冲击荷载大于冲击荷载，走道板连接螺栓满足设计规范要求。

4.4 气弹模型风洞试验

为保证整体钢平台模架装备的抗风安全性和有效性，通过风洞试验测试整体钢平台模架在风荷载作用下的动力响应，分析风致动力响应的影响因素，为整体钢平台模架装备的风荷载设计取值及实际使用条件提供参考依据。

整体钢平台模架装备的风洞试验在同济大学 TJ-3 号风洞进行[21]。试验中采用上海中心大厦核心筒施工用的钢梁与筒架交替支撑式整体钢平台模架装备作为试验原型[22]，见图 4-38。根据风洞试验相似理论计算相似参数，设计并制作风洞试验气弹模型。模型几何缩尺比为 1：25。

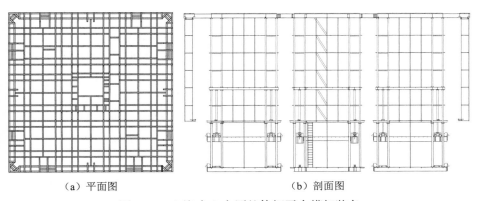

（a）平面图　　　　　　　（b）剖面图

图 4-38　上海中心大厦整体钢平台模架装备

试验模型组装充分考虑风洞壁面效应影响，阻塞率和透风率均满足试验要求，见图 4-39。试验模型上共布置 6 个位移测点和 4 个加速度测点。

图 4-39　整体钢平台模架与核心筒模型组装现场

试验在均匀流场和均匀紊流场中进行，分别测试了整体钢平台模架装备爬升前后两种工况下，多级风和多风向角条件下重要部位的位移和加速度响应，见图 4-40。均匀流场中，风速在 2 ～ 5.5m/s 的范围内变化，按照风速相似比的原则进行换算后的实际风速取值为 10 ～ 27.5m/s。

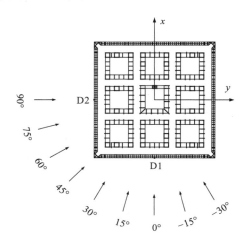

图 4-40　测点布置平面图及风向角示意图

在均匀紊流场中，随着风速增大，模型出现了明显的整体振动现象，振动形式表现为扭转振动。在扭转振动过程中，整体钢平台模架装备附墙装置沿核心筒模型表面发生了相对运动，使得核心筒模型外表面产生了明显的划痕，见图 4-41。

图 4-42（a）、（b）给出了整体钢平台模架装备爬升后工况吊脚手架系统测点 D1、D2 在均匀流场和均匀紊流场中风向角对位移均方根响应的影响。图 4-42（c）、（d）为均匀紊流场中整体钢平台模架装备爬升后工况下吊脚手架系统测点

D1、D2 在风向角 0°和 90°时的位移功率谱响应比较。可以看出,整体钢平台模架装备的顺风向位移响应远大于横风向位移响应。

图 4-41　核心筒模型表面划痕

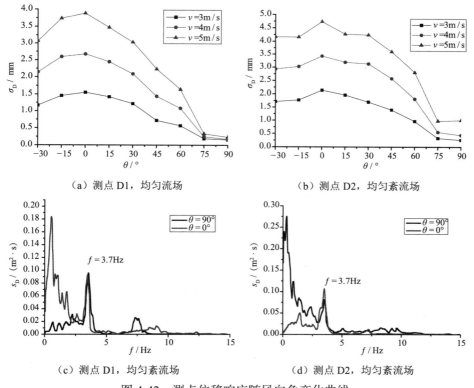

（a）测点 D1,均匀流场　　　　　　　　（b）测点 D2,均匀紊流场

（c）测点 D1,均匀紊流场　　　　　　　　（d）测点 D2,均匀紊流场

图 4-42　测点位移响应随风向角变化曲线

图 4-43 所示为均匀紊流场中,整体钢平台模架装备在提升前和提升后不同工况下的位移均方根响应。通过对比可见,爬升后工况的位移大于爬升前工况的位移。

试验主要有以下结论:

1）整体钢平台模架装备主振型为扭转振型,在均匀紊流场中整体钢平台模

149

架装备产生了明显的扭转效应。

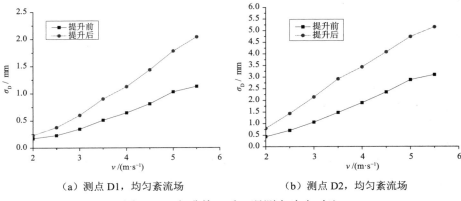

（a）测点 D1，均匀紊流场　　　　　　　　（b）测点 D2，均匀紊流场

图 4-43　爬升前、后工况测点响应对比

2）整体钢平台模架装备的顺风向响应远大于横风向响应，在进行设计计算时，可偏安全地以顺风向风荷载作为抗风设计荷载。

3）整体钢平台模架装备爬升后的风荷载响应大于爬升前的风荷载响应，在风荷载作用下进行设计时，可不考虑核心筒的影响，仅把整体钢平台模架装备作为分析对象。

第 5 章

整体钢平台模架装备设计

5.1　概述

整体钢平台模架装备的设计是一个复杂且循序渐进的过程。首先，根据混凝土结构特点、施工复杂程度、周边环境条件以及工期要求进行模架装备结构的选型；再依据混凝土结构体形、平面布置、竖向层高、施工机械、施工设备的型号及其相互间的空间位置和施工作业关系，运用概念设计的方法对整体钢平台模架装备结构体系进行平面和立面布置；结构体系布置后，根据工程经验对整体钢平台模架装备的主要受力构件进行截面假定，并确定连接节点的类型；再根据对整体钢平台模架装备施工过程的分析，确定合理的荷载及作用取值，并确定最不利的工况组合；最后，选取合适的计算模型，施加荷载，设置合理的边界约束，分析确定整体钢平台模架装备的受力状态。如果受力状态不合理，则修改整体钢平台模架装备的空间布置、截面尺寸等参数，调整计算模型后重新进行分析；如果受力状态合理，则依据计算结果进行后续施工图的绘制等工作。

整体钢平台模架装备采用结构分析软件进行整体结构分析时，如果采用二阶分析方法，考虑整体结构层面上的 $P\text{-}\Delta$ 效应和杆件层面上的 $P\text{-}\delta$ 效应，结构分析软件可以直接输出杆件应力比、构件变形、结构变形等计算结果，对整体钢平台模架的受力状态直接作合理性判断。但受到分析手段和分析理论的限制，整体钢平台模架装备目前主要采用一阶弹性分析方法，一阶弹性计算得到的内力需要按照考虑二阶效应的设计计算公式进行稳定性验算，再根据验算结果对整体钢平台模架装备的受力状态合理性进行判断。因此，根据构件边界约束情况及结构侧向敏感情况，在整体钢平台模架结构设计计算公式中采用计算长度的概念对构件的稳定性进行判定。

本章根据整体钢平台模架装备的构成，依次介绍在一阶弹性内力分析基础上，各构成系统的构件、构件与构件连接节点、系统与系统连接节点以及整体钢平台模架装备支撑连接节点的设计计算方法。

5.2　整体结构设计

整体钢平台模架的设计采用以概率理论为基础的极限状态设计法，主要进行结构及构件的承载力与变形、连接节点承载力的设计验算。

5.2.1 整体结构设计计算原则

整体钢平台模架结构及构件的承载力按下式验算：

$$\gamma_0 S_d \leq R_d \qquad (5\text{-}1)$$

式中，γ_0 为结构的重要性系数，取值不应小于 0.9；S_d 为作用组合的效应设计值，按基本组合确定；R_d 为结构或构件承载力设计值。

整体钢平台模架结构及构件的变形按下式验算：

$$S_d \leq C \qquad (5\text{-}2)$$

式中，S_d 为作用组合的效应设计值，按标准组合确定；C 为结构或构件变形限值。

5.2.2 整体侧向变形控制准则

临时钢柱和劲性钢柱支撑式整体钢平台模架仅在作业阶段进行变形验算，这是因为在作业阶段钢平台系统与吊脚手架系统的施工活荷载及施工控制风荷载远大于爬升阶段。整体钢平台模架结构通过控制临时钢柱和劲性钢柱的侧向变形来控制整体侧向变形。在作业阶段，整体钢平台模架结构侧向变形应符合下列规定：

1）临时钢柱在竖向支撑装置承重销处的侧向变形不应大于承重销支撑点至钢柱埋入处距离的 1/150；

2）劲性钢柱在竖向支撑装置承力销处的侧向变形不应大于竖向支撑装置承力销支撑点至钢柱埋入处距离的 1/300。

钢梁与筒架交替支撑式整体钢平台模架在爬升阶段与作业阶段分别验算整体侧向变形，通过控制钢平台框架顶面的侧向变形来控制整体侧向变形。整体钢平台模架侧向变形应符合下列规定：

1）在爬升阶段，钢平台框架顶面的侧向变形不应大于钢平台框架顶面至双作用液压油缸支点距离的 1/300；

2）在作业阶段，钢平台框架顶部的侧向变形不应大于钢平台框架顶部至筒架支撑系统竖向支撑装置承力销支撑处距离的 1/400。

钢柱与筒架交替支撑式整体钢平台模架在爬升阶段与作业阶段分别进行整体变形验算。在爬升阶段，整体钢平台模架结构通过控制工具式钢柱的侧向变形来控制整体侧向变形。在作业阶段，整体钢平台模架结构通过控制钢平台框架顶部的侧向变形来控制整体侧向变形。整体钢平台模架侧向变形应符合下列规定：

1）在爬升阶段，工具式钢柱在上爬升靴承力销支撑处的侧向变形不得超过上爬升靴承力销支撑点至钢柱支撑处或埋入处距离的 1/400；

2）在作业阶段，整体钢平台模架钢平台框架顶部的侧向变形不得超过钢平台框架顶部至简架支撑系统竖向支撑装置承力销支撑处距离的 1/300。

吊脚手架系统在风荷载作用下，会发生向内、外两个方向的变形。在风吸力作用下，吊脚手架系统向外变形时，容易在防坠挡板与混凝土墙体结构之间形成缝隙，对其变形要加以限制。因此规定，作业阶段整体结构中的吊脚手架系统在风荷载作用下的最大侧向变形不应大于吊脚手架系统总高度的 1/250。

5.2.3　构件连接节点设计原则

整体钢平台模架装备的节点通常采用螺栓、焊接或搁置连接的方式。螺栓连接需要对螺栓强度进行设计计算，焊接连接需要对焊缝强度进行设计计算，搁置连接需要对搁置部位局部承压强度进行设计计算。有些连接部位会采用定制加工的结构件，当结构件构造较为简单时，可通过分析获得结构件的受力状态，基于分析结果对承载力与变形进行设计计算；当结构件较为复杂时，一般采用精细有限元分析的方法进行。

1. 焊接连接承载力计算

对接焊缝的正应力和剪应力按下列公式计算：

$$\sigma_1 \leqslant f_t^w \text{或} f_c^w \tag{5-3}$$

$$\sqrt{3}\tau \leqslant f_t^w \text{或} f_c^w \tag{5-4}$$

$$\sqrt{\sigma^2 + 3\tau^2} \leqslant 1.1 f_t^w \tag{5-5}$$

直角角焊缝的强度按下式计算：

$$\sqrt{\left(\frac{\sigma}{\beta_f}\right)^2 + \tau^2} \leqslant f_f^w \tag{5-6}$$

式中，σ 为对接焊缝的正应力，或直角角焊缝垂直于直角角焊缝长度方向的应力（按直角角焊缝有效截面计算，N/mm^2）；τ 为对接焊缝的剪应力，或直角角焊缝沿直角角焊缝长度方向的应力（按直角角焊缝有效截面计算，N/mm^2）；f_t^w、f_c^w 分别为对接焊缝的受拉、受压强度设计值（N/mm^2）；f_f^w 为角焊缝的强度设计值（N/mm^2）。

2. 螺栓连接承载力计算

单个普通螺栓的承载力按下列公式计算：

$$\sqrt{\left(\frac{N_t}{N_t^b}\right)^2 + \left(\frac{N_v}{N_v^b}\right)^2} \leq 1 \qquad (5\text{-}7)$$

$$N_v \leq N_c^b \qquad (5\text{-}8)$$

单个摩擦型高强度螺栓的承载力按下式计算:

$$\frac{N_t}{N_t^b} + \frac{N_v}{N_v^b} \leq 1 \qquad (5\text{-}9)$$

单个承压型高强度螺栓的承载力按下式计算:

$$N_v \leq N_c^b / 1.2 \qquad (5\text{-}10)$$

式中,N_t、N_v 分别为单个普通螺栓或高强度螺栓所受的拉力和剪力设计值(N);N_t^b、N_v^b、N_c^b 分别为一个普通螺栓或高强度螺栓的受拉、受剪、承压承载力设计值(N)。

3. 复杂连接节点有限元分析

整体钢平台模架结构中也有很多受力状态极为复杂的连接节点,包括构造较为复杂的竖向支撑装置、水平限位装置等。复杂连接一般采用实体单元模型进行线弹性有限元分析。建立复杂连接节点的实体单元有限元模型时,一般将复杂连接节点单独取出作为隔离体,其与周边构件或其他结构的相关关系以边界约束或荷载的形式代替,所以需要准确考虑其边界约束条件,并正确施加荷载。复杂连接节点在设计荷载作用下,其强度的控制准则用下列公式表示:

$$\sigma_{zs} \leq \beta_1 f \qquad (5\text{-}11)$$

$$\sigma_{zs} = \sqrt{\frac{1}{2}\left[(\sigma_1 - \sigma_2)^2 + (\sigma_2 - \sigma_3)^2 + (\sigma_3 - \sigma_1)^2\right]} \qquad (5\text{-}12)$$

式中,σ_{zs} 为折算应力;σ_1、σ_2、σ_3 分别为计算点处的第一、第二、第三主应力;β_1 为计算折算应力的强度值增大系数,当计算点各主应力全部为压应力时,$\beta_1 = 1.2$;当计算点各主应力全部为拉应力时,$\beta_1 = 1.0$,且最大主应力要满足 $\sigma_1 \leq 1.1f$;其他情况时,$\beta_1 = 1.1$;f 为材料抗拉强度设计值。

5.3　钢平台系统结构设计

钢平台系统作为顶部施工及物料堆放平台,承受竖向荷载与水平荷载的共同作用,需要具备足够的承载能力。钢平台系统按其组成分别对钢平台框架、钢平台围挡、钢平台盖板及钢平台格栅盖板进行设计。

5.3.1　钢平台框架

钢平台框架的主次梁承受竖向均布荷载及集中荷载作用，在截面上形成弯矩和剪力，所以需对主次梁进行强度、稳定性验算以及局部承压强度设计，并对主次梁的变形进行验算。

1. 实腹式钢梁

具体而言，针对实腹式梁，其强度验算按下式进行：

$$\frac{M_x}{\gamma_x W_{nx}} + \frac{M_y}{\gamma_y W_{ny}} \leqslant f \tag{5-13}$$

式中，M_x、M_y 分别为构件绕 x 轴、y 轴所受最大弯矩设计值（N·mm），对工字形截面，x 轴为强轴，y 轴为弱轴；γ_x、γ_y 为塑性发展系数，由于整体钢平台模架装备需要在不同工程中重复周转使用，故对钢平台框架梁钢梁采用弹性设计，不考虑塑性发展，γ_x、γ_y 均取 1.0；W_{nx}、W_{ny} 为绕 x 轴、y 轴的净截面模量（mm³）；f 为钢材的抗弯强度设计值（N/mm²）。

整体稳定性验算按下式进行：

$$\frac{M_x}{\varphi_b W_x} + \frac{M_y}{\gamma_y W_{ny}} \leqslant f \tag{5-14}$$

式中，W_x、W_y 分别为按受压纤维确定的对 x 轴、y 轴的毛截面模量（mm³）；φ_b 为梁的整体稳定系数，按现行国家标准《钢结构设计标准》GB 50017 的有关规定确定[23]。

抗剪强度验算按下式进行：

$$\frac{VS}{It_w} \leqslant f_v \tag{5-15}$$

式中，V 为计算截面处沿腹板作用的剪力设计值（N）；S 为计算剪应力处以上毛截面对中和轴的面积矩（mm³）；I 为毛截面惯性矩（mm⁴）；t_w 为腹板厚度（mm）；f_v 为钢材的抗剪强度设计值（N/mm²）。

钢平台框架梁可作为模板系统提升、吊脚手架系统水平滑移的支点，故会承受集中荷载作用。当梁上翼缘受到集中荷载作用且此处又未设置加劲肋时，腹板计算高度上边缘处的局部承压强度按下列公式计算：

$$\sigma_c = \frac{F_c}{t_w l_z} \leqslant f \tag{5-16}$$

$$l_z = a + 5h_0 \tag{5-17}$$

式中，σ_c 为局部压应力（N/mm²）；F_c 为集中荷载设计值（N），对动力荷载作用要考虑荷载动力系数；l_z 为集中荷载在腹板计算高度上边缘的假定分布长度（mm），按式（5-17）计算；a 为集中荷载沿梁跨度方向的支承长度（mm）；h_0 为自梁顶面至腹板计算高度上边缘的高度（mm）；f 为钢材的抗压强度设计值（N/mm²）。

在梁的支座处，当梁腹板不设置加劲肋时，也可按式（5-16）计算腹板计算高度下边缘的局部压应力。支座集中反力在梁腹板计算高度下边缘的假定分布长度，根据支座具体尺寸按式（5-17）计算。

在实腹式梁的腹板计算高度边缘处，若同时受有较大的正应力、剪应力和局部压应力，或同时受有较大的正应力和剪应力，其折算应力满足下式要求：

$$\sqrt{\sigma^2 + \sigma_c^2 - \sigma\sigma_c + 3\tau^2} \leqslant \beta_1 f \qquad (5-18)$$

式中，σ、σ_c、τ 分别为腹板计算高度边缘同一点上同时产生的正应力、局部压应力和剪应力；β_1 为计算折算应力的强度值增大系数，σ 与 σ_c 异号时取 1.2，σ 与 σ_c 同号或 σ_c 为 0 时取 1.1。

2. 桁架梁

针对桁架梁，其抗弯强度转化为桁架拉杆及压杆的承载力验算。

桁架拉杆按下式计算：

$$\frac{N}{A_n} \leqslant f \qquad (5-19)$$

式中，N 为杆件的拉力或压力设计值（N）；A_n 为杆件的净截面面积（mm²）。对桁架压杆，除按式（5-19）进行抗压强度验算外，还要按下式进行抗压稳定承载力验算：

$$\frac{N}{\varphi A} \leqslant f \qquad (5-20)$$

式中，A 为受压杆件的截面面积（mm²）；f 为钢材的抗拉或抗压强度设计值（N/mm²）；φ 为轴心受压杆件的稳定系数。

3. 变形验算

为了保证钢平台系统的工作性能，需对主次梁的挠度进行严格的控制。无论采用实腹式钢梁形式还是桁架梁形式，钢平台框架梁的最大弯曲变形不得大于梁计算跨度的 1/300，悬臂梁端部的最大变形不得超过悬臂段长度的 1/150。

5.3.2 钢平台围挡

钢平台围挡主要承受风荷载作用。侧向荷载作用在钢平台围挡上时，直接作用在钢平台围挡组合面板上, 再传递给型钢立柱, 最后通过型钢立柱柱脚节点传递给钢平台框架。所以, 钢平台围挡的设计需要分别对型钢立柱、组合面板进行验算。此外, 在作业阶段出现紧急情况时, 钢平台围挡需要具有足够的抗冲击承载能力以有效保护施工人员的人身安全, 故在进行型钢立柱设计时考虑在其顶部施加水平荷载的工况, 所以钢平台围挡型钢立柱的设计需要考虑风荷载与附加水平荷载的两种组合方式。

1. 组合面板

钢平台围挡板组合面板需进行抗弯承载力及变形验算, 在进行设计验算时仅考虑风荷载作用。

钢平台围挡板组合面板的抗弯强度需按下列公式计算:

$$\frac{M_p}{W_{n1}} \leqslant f \tag{5-21}$$

$$M_p = 0.125 f_d l_1^2 \tag{5-22}$$

式中, M_p 为单位宽度板件的最大弯矩设计值 (N), 可按式 (5-22) 计算; W_{n1} 为单位宽度板件的净截面模量, 按型钢骨架与面板形成的组合截面进行折算确定 (mm^2); f 为板件的抗弯强度设计值, 按型钢骨架与面板的材料确定 (N/mm^2)。f_d 为板件所受均布荷载的基本组合值 (N/mm^2), 可取按式 (4-1) 计算得到的风荷载标准值的 1.4 倍; l_1 为型钢立柱间距 (m)。

钢平台围挡板组合面板相对于型钢柱的变形按式 (5-23) 计算, 计算得到的变形不超过跨度的 1/150。

$$v_{fp} = \frac{5 f_k h_1 l_1^4}{384 B_{fp}} \tag{5-23}$$

式中, v_{fp} 为组合面板相对于型钢柱的最大侧向变形; f_k 为板件所受均布荷载的标准组合值 (N/mm^2), 取组合面板的风荷载标准值; B_{fp} 为组合面板的抗弯刚度。

2. 型钢立柱

钢平台围挡型钢立柱的抗弯承载力与抗剪承载力分别按式 (5-13) 与式 (5-15) 计算, 其中型钢立柱底部最大弯矩 M_x 取式 (5-24) 与式 (5-25) 中的较大者, 型钢立柱底部最大剪力 V 取式 (5-26) 与式 (5-27) 中的较大者。

$$M_x = (1.4 Q_{3k} + 0.42 w_k h_1) l_1 h_1 \tag{5-24}$$

$$M_x = (0.7 w_k h_1 + 0.42 Q_{3k}) l_1 h_1 \tag{5-25}$$

$$V = (1.4 Q_{3k} + 0.84 w_k h_1) l_1 \tag{5-26}$$

$$V=(1.4w_\mathrm{k}h_1+0.98Q_\mathrm{3k})\,l_1 \tag{5-27}$$

式中，w_k 为钢平台围挡所受风荷载标准值（$\mathrm{kN/m^2}$）；Q_3k 为钢平台围挡顶部的附加水平荷载（$\mathrm{kN/m}$），在作业阶段取 $0.5\mathrm{kN/m}$，在爬升阶段与非作业阶段取 0；h_1 为型钢立柱高度（m）。

钢平台围挡板型钢柱在风荷载作用下的变形按式（5-28）计算，计算得到的变形不得超过型钢柱高度的 $1/150$。

$$v_\mathrm{fc}=\frac{w_\mathrm{k}l_1h_1^4}{8EI_\mathrm{fc}} \tag{5-28}$$

式中，v_fc 为型钢柱顶部的最大侧向变形；E 为钢材的弹性模量；I_fc 为型钢柱的惯性矩。

5.3.3 钢平台盖板

钢平台盖板承受竖向荷载作用，在自重荷载和施工活荷载共同作用下，钢平台盖板内产生弯矩作用。钢平台盖板的抗弯强度按式（5-21）计算。其中，M_p 按钢平台盖板承受自重荷载及施工活荷载确定；W_n1 按型钢骨架与面板形成的组合截面折算确定；f 按钢平台盖板的材料确定。

为保证钢平台系统工作性能，确保施工人员进行施工操作的舒适性，需要对钢平台盖板的挠曲变形加以控制，控制准则为最大竖向弯曲变形不超过板跨的 $1/250$。

5.3.4 钢平台格栅盖板

钢平台格栅盖板的抗弯强度按式（5-21）计算。其中，M_p 按钢平台格栅盖板承受自重荷载及施工活荷载确定；W_n1 按格栅板盖板的截面形式折算确定；f 按钢平台格栅盖板的材料确定。

5.3.5 竖向支撑装置

钢平台系统的竖向支撑装置分为承重销及转动式承力销两种类型。

采用承重销时，可按承受集中荷载的连续梁进行承载力计算，见图 5-1，抗弯、抗剪承载力验算可分别按式（5-13）、式（5-15）进行。

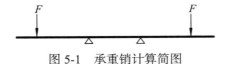

图 5-1 承重销计算简图

采用转动式承力销时，由于节点构造较为复杂，建议按实体有限元方法计算，计算方法见第 5.2.3 节。

5.3.6　钢平台模板吊点梁

模板吊点梁搁置于钢平台框架上，可按两端简支梁进行承载力计算，分别按式（5-13）、式（5-14）及式（5-15）进行抗弯强度、稳定性及抗剪强度计算。

5.3.7　设计案例

下面给出钢平台系统中钢平台框架、钢平台围挡、钢平台盖板及钢平台格栅盖板的设计案例。需要指出的是，本章所有涉及承载力计算的设计案例，结构重要性系数取值为 $\gamma_0 = 1.0$。

1. 钢平台框架

以采用实腹式型钢钢梁的钢平台为例，介绍计算方法。

钢平台框架实腹式钢梁可简化为连续梁进行计算，计算简图见图 5-2，图中 P 为脚手吊架和模板吊点传递至钢梁的集中荷载，q 为钢平台实腹式钢梁所承受的竖向分布荷载。取受力最大截面进行强度和稳定性验算。

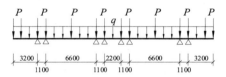

图 5-2　实腹式钢梁计算简图

计算参数：

H 型钢截面：$h=400\text{mm}$，$b=200\text{mm}$，$t_w=8\text{mm}$，$t_f=13\text{mm}$，$a=184\text{mm}$，$h_0=26\text{mm}$，$l_z=a+5h_0=314\text{mm}$，$\varphi_b=1.0$，$\gamma_x=\gamma_y=1.0$，$I_x=2.2775\times10^8\text{mm}^4$，$S_x=6.4298\times10^5\text{mm}^3$，$W_x=W_{nx}=1.1387\times10^6\text{mm}^3$，$F_c=0.6\times10^6\text{N}$

经计算，受力最大截面内力为：

$V=7.7313\times10^4\text{N}$，$M_x=1.5857\times10^8\text{N}\cdot\text{mm}$，$M_y=0$

弯曲强度验算：

$$\frac{M_x}{\gamma_x W_{nx}}+\frac{M_y}{\gamma_y W_{ny}}=139.26\text{N}/\text{mm}^2 < f=305\text{N}/\text{mm}^2$$

整体稳定验算：

$$\frac{M_x}{\varphi_b W_{nx}}+\frac{M_y}{\gamma_y W_{ny}}=139.26\text{N}/\text{mm}^2 < f=305\text{N}/\text{mm}^2$$

剪切强度验算:

$$\frac{VS_x}{I_x t_w} = 27.28 \text{N} / \text{mm}^2 < f_v = 175 \text{N} / \text{mm}^2$$

局部承压强度验算:

$$\sigma_c = \frac{F_c}{t_w l_z} = 238.85 \text{N} / \text{mm}^2 < f = 305 \text{N} / \text{mm}^2$$

2. 钢平台围挡

（1）组合面板

组合面板由∟40mm×4mm角钢、∟30mm×4mm角钢和0.4mm厚冲孔板组成，按照两端简支梁板进行计算，计算简图见图5-3。图中，q为钢平台围挡承受的水平分布荷载，根据验算内容取风荷载的标准值或设计值。

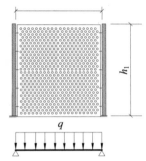

图 5-3　组合面板计算简图

计算参数:

$h_1 = 2000\text{mm}$，$l_1 = 1800\text{mm}$，$W_{n1} = 9.3034\text{mm}^2$，$B_{fp} = 3.41 \times 10^{10}\text{N} \cdot \text{mm}^2$，$f_k = w_k = 0.5 \times 10^{-3}\text{N/mm}^2$，$f_d = 1.4w_k = 0.7 \times 10^{-3}\text{N/mm}^2$，$M_p = 0.125 f_d l_1^2 = 283.5\text{N}$

抗弯强度验算:

$$\sigma = \frac{M_p}{W_{n1}} = 30.48 \text{N} / \text{mm}^2 < f = 215 \text{N} / \text{mm}^2$$

变形验算:

$$v_{fp} = \frac{5 f_k h_1 l_1^4}{384 B_{fp}} = 4\text{mm} < \frac{l_1}{150} = 12\text{mm}$$

（2）型钢立柱

型钢立柱采用8号槽钢，绕弱轴（y轴）受力，设计计算起控制的是作业阶段。

计算参数:

8 号槽钢:

$I_{fc}=I_y=16.6×10^4 mm^4$, $S_y=5.68×10^3 mm^3$, $t_f=8mm$, $W_{ny}=5.79×10^3 mm^3$, $\gamma_y=1.0$

$M_y=(1.4Q_{3k}+0.42w_kh_1)l_1h_1=4.03kN·m$

$M_y=(0.7w_kh_1+0.98Q_{3k})l_1h_1=4.28kN·m$

$V=(1.4Q_{3k}+0.84w_kh_1)l_1=2.77kN$

$V=(1.4w_kh_1+0.98Q_{3k})l_1=3.40kN$

弯曲强度验算:

$$\frac{M_x}{\gamma_x W_{nx}}+\frac{M_y}{\gamma_y W_{ny}}=169.17N/mm^2 < f=215N/mm^2$$

剪切强度验算:

$$\frac{VS_y}{2I_y t_f}=7.28N/mm^2 < f_v=125N/mm^2$$

变形验算:

$$v_{fc}=\frac{w_k l_1 h_1^4}{8EI_{fc}}=52.64mm > \frac{h_1}{150}=13.3mm$$

变形验算不满足要求。

因此需在型钢立柱内侧增加支撑构件。当支撑构件支撑于型钢立柱顶部,并形成可靠侧向支撑点时,可按两端铰接构件计算变形,为:

$$v_{fc}=\frac{5w_k l_1 h_1^4}{384EI_{fc}}=5.48mm < \frac{h_1}{150}=13.3mm$$

3. 钢平台盖板

钢平台盖板按照四端简支梁板进行计算,计算简图见图 5-4。图中,q 为钢平台盖板承受的竖向分布荷载,根据验算内容取恒荷载和活荷载组合的标准值或设计值。

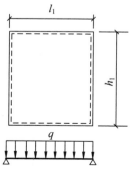

图 5-4　钢平台盖板计算简图

计算参数：

$l_1 = 2000\text{mm}$，$h_1 = 3000\text{mm}$，$W_{n1} = 31\text{mm}^2$，$B_{fp} = 3.84 \times 10^{11} \text{N} \cdot \text{mm}^2$

$f_k = 5.63 \times 10^{-3} \text{N/mm}^2$，$f_d = 7.76 \times 10^{-3} \text{N/mm}^2$

$M_p = 0.075 f_d l_1^2 = 2328\text{N}$

抗弯强度验算：

$$\sigma = \frac{M_p}{W_{n1}} = 75.10\text{N/mm}^2 < f = 215\text{N/mm}^2$$

变形验算：

$$v_{fp} = 0.00796 \frac{f_k h_1 l_1^4}{B_{fp}} = 5.60\text{mm} < \frac{l_1}{250} = 8\text{mm}$$

4. 钢平台格栅盖板

钢平台格栅盖板按照两端简支进行计算，计算简图见图5-5。图中，q 为钢平台格栅盖板承受的竖向分布荷载，由于钢平台盖板上不堆载，所以 q 根据验算内容取恒荷载的标准值或设计值。

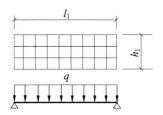

图5-5 钢平台格栅盖板计算简图

计算参数：

$l_1 = 2240\text{mm}$，$h_1 = 600\text{mm}$，$W_{n1} = 2.46 \times 10^4 \text{mm}^2$，$B_{fp} = 1.65 \times 10^{11} \text{N} \cdot \text{mm}^2$

$f_k = 0.5 \times 10^{-3} \text{N/mm}^2$，$f_d = 135 f_k = 0.68 \times 10^{-3} \text{N/mm}^2$，

$M_p = 0.125 f_d h_1 l_1^2 = 2.56 \times 10^5 \text{N} \cdot \text{mm}$

抗弯强度验算：

$$\sigma = \frac{M_p}{W_{n1}} = 10.40\text{N/mm}^2 < f = 215\text{N/mm}^2$$

变形验算：

$$v_{fp} = \frac{5 f_k h_1 l_1^4}{384 B_{fp}} = 0.6\text{mm} < \frac{l_1}{250} = 9\text{mm}$$

5. 竖向支撑装置

竖向支撑装置采用承重销，可简化为连续梁进行计算，计算简图见图5-6。

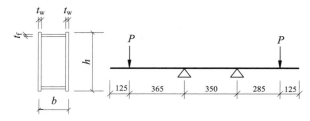

图 5-6 承重销计算简图

计算参数:

$b=80\text{mm}$,$h=160\text{mm}$,$t_w=14\text{mm}$,$t_f=10\text{mm}$,$A_n=A=5520\text{mm}^2$,

$\gamma_x=1.0$,$I_x=1.54\times10^7\text{mm}^4$,$S_x=1.29\times10^5\text{mm}^3$,

$W_x=W_{nx}=1.93\times10^5\text{mm}^3$

经计算,受力最大截面内力为:

$V=1.06\times10^5\text{N}$,$M_x=3.85\times10^7\text{N}\cdot\text{mm}$,$M_y=0$

弯曲强度验算:

$$\frac{M_x}{\gamma_x W_{nx}}+\frac{M_y}{\gamma_y W_{ny}}=199.48\text{N}/\text{mm}^2<f=215\text{N}/\text{mm}^2$$

剪切强度验算:

$$\frac{VS_x}{I_x t_w}=63.42\text{N}/\text{mm}^2<f_v=125\text{N}/\text{mm}^2$$

5.4 吊脚手架系统结构设计

吊脚手架系统悬挂于钢平台系统框架梁下方,承受竖向和水平荷载的共同作用。吊脚手架系统按其组成,分别对脚手吊架、脚手围挡板、脚手走道板进行设计。

5.4.1 脚手吊架

脚手吊架由竖向型钢杆件与横向型钢杆件组成。在竖向荷载与水平荷载作用下,竖向型钢杆件主要承受拉力与弯矩作用,横向型钢杆件主要承受弯矩作用。

1. 竖向型钢杆件

脚手吊架竖向型钢杆件为拉弯构件,选取受力较为不利的截面进行验算,主要包括净截面最小处截面、弯矩作用最大处截面及轴力作用最大处截面。由于吊脚手架系统吊架较长,竖向型钢杆件必然存在连接接头,还需要对接头处的连接强度进行验算。竖向型钢杆件的承载力按下式计算：

$$\frac{N}{A_n} + \frac{M_x}{\gamma_x W_{nx}} + \frac{M_y}{\gamma_y W_{ny}} \leq f \qquad (5\text{-}29)$$

式中，N 为验算截面处的拉力设计值（N）；A_n 为验算截面处的净截面面积（mm^2）；M_x、M_y 分别为验算截面处绕 x 轴、y 轴所受弯矩设计值（N·mm）；W_{nx}、W_{ny} 分别为验算截面处绕 x 轴、y 轴的净截面模量（mm^3）；f 为钢材的抗拉强度设计值（N/mm^2）。

另外，为保证竖向型钢杆件在运输、安装及施工过程不致发生过大的变形，对其长细比进行一定范围的限制，一般不得超过 300。

2. 水平向型钢杆件

脚手架横向型钢杆件需进行抗弯、抗剪承载力及变形验算。抗弯承载力按式（5-13）进行计算，抗剪承载力按式（5-15）进行计算。最大竖向弯曲变形的控制标准为不大于其计算跨度的 1/200。

5.4.2 脚手围挡板

脚手围挡板根据设计节点方式，可按两边或四边简支板进行简化计算，主要进行抗弯承载力及变形计算。脚手围挡板的抗弯承载力验算按式（5-21）计算；弯矩 M_p 可按式（5-22）计算，其中，f_d 取风荷载设计值；l_1 为脚手吊架的间距；脚手围挡板的最大弯曲变形按式（5-23）计算，其中，f_k 取风荷载标准值。脚手围挡板最大弯曲变形的控制准则为不超过脚手吊架间距的 1/250。

脚手围挡板与脚手吊架的连接采用普通螺栓，在水平荷载的作用下将承受剪力作用。该节点的螺栓连接应按式（5-7）和式（5-8）进行承载力验算，单个螺栓的剪力设计值 N_v 按下式计算：

$$N_v = \frac{f_d l_1 h_1}{2n_1} \qquad (5\text{-}30)$$

式中，h_1 为脚手架的步距（mm）；n_1 为脚手围挡板与吊架连接处单侧螺栓的数目。

5.4.3 脚手走道板

脚手走道板的设计计算与脚手围挡板类似，可按两边简支板进行简化计算，主要进行抗弯承载力及变形计算。

脚手走道板的抗弯承载力验算按式（5-21）计算；弯矩 M_p 按式（5-22）计

算，其中，f_d 取脚手走道板自重荷载与施工活荷载的基本组合值。

脚手走道板的最大弯曲变形按式（5-23）计算，其中，f_k 取脚手走道板自重荷载与施工活荷载的标准组合值。脚手走道板最大弯曲变形的控制准则为不超过脚手吊架间距的 1/250。

脚手走道板与脚手吊架的连接采用普通螺栓，在竖向荷载或水平荷载的作用下将承受剪力作用。该节点的螺栓连接应按式（5-7）和式（5-8）进行承载力验算，单个螺栓的剪力设计值 N_v 同样按式（5-30）计算，式中的 n_1 取脚手走道板与吊架连接处单侧螺栓的数目。

5.4.4　设计案例

1. 脚手吊架

脚手吊架竖向型钢杆件可简化为拉弯构件进行计算，水平型钢杆件可简化为受弯构件进行计算，计算简图见图 5-7。图中，q 为脚手走道板作用到脚手吊架操作层横向型钢杆件的竖向分布荷载，w 为脚手围挡板风荷载施加至脚手吊架竖向型钢杆件的水平分布荷载，计算内力时还需考虑脚手围挡板及脚手吊架自重产生的竖向分布荷载。

（1）竖向型钢杆件

竖向型钢杆件外侧采用 5 号槽钢，内侧采用 Φ48mm 钢管。

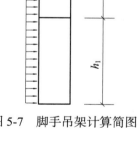

图 5-7　脚手吊架计算简图

计算参数：

5 号槽钢：$b=37$mm，$h=50$mm，$t=4.5$mm，$A_n=A=692$mm^2，$W_{ny}=3.55\times10^3$mm^3，$\gamma_y=1.0$

经计算，受力最大截面内力为：$N=6.5\times10^3$N，$M_x=0$，$M_y=1.19\times10^5$N·mm

Φ48mm 钢管：$D=48$mm，$t=3.5$mm，$W_n=5.08\times10^3$mm^3，$A_n=A=489$mm^2，$\gamma_m=1.15$

受力最大截面内力为：$N=4.8\times10^3$N，$M_x=1.82\times10^4$N·mm，$M_y=0$

槽钢拉弯强度验算:

$$\frac{N}{A_n} + \frac{M_x}{\gamma_x W_{nx}} + \frac{M_y}{\gamma_y W_{ny}} = 42.91 \text{N} / \text{mm}^2 < f = 215 \text{N} / \text{mm}^2$$

钢管拉弯强度验算:

$$\frac{N}{A_n} + \frac{M_x}{\gamma_m W_{nx}} = 12.93 / \text{mm}^2 < f = 215 \text{N} / \text{mm}^2$$

（2）水平型钢杆件

计算参数:

5 号槽钢: $b = 37\text{mm}$，$h = 50\text{mm}$，$t = 4.5\text{mm}$，$A_n = A = 692\text{mm}^2$，

$W_{ny} = 3.55 \times 10^3 \text{mm}^3$，$\gamma_y = 1.0$，$I_x = 8.3 \times 10^4 \text{mm}^4$，$S_x = 6.4 \times 10^3 \text{mm}^3$

经计算，受力最大截面内力为: $M_y = 3.06 \times 10^5 \text{N} \cdot \text{mm}$，$V = 6.28 \times 10^2 \text{N}$

弯曲强度验算:

$$\frac{M_y}{\gamma_y W_{ny}} = 86.20 \text{N} / \text{mm}^2 < f = 215 \text{N} / \text{mm}^2$$

剪切强度验算:

$$\frac{V S_x}{I_x t} = 10.76 \text{N} / \text{mm}^2 < f_v = 125 \text{N} / \text{mm}^2$$

2. 脚手围挡板

（1）脚手围挡板

脚手围挡板由∟40mm×4mm 角钢、∟30mm×4mm 角钢和 0.4mm 厚冲孔板组成，按四边简支板进行简化计算，计算简图见图 5-8。图中，q 为在风荷载施加至脚手围挡板的水平分布荷载。

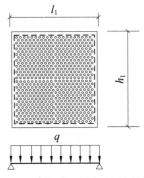

图 5-8　脚手围挡板计算简图

计算参数:

$h_1 = 1900\text{mm}$，$l_1 = 1800\text{mm}$，$W_{n1} = 7.57\text{mm}^2$，

$f_k = w_k = 0.5 \times 10^{-3}\text{N/mm}^2$，$f_d = 1.4w_k = 0.7 \times 10^{-3}\text{N/mm}^2$，

$M_p = 0.125f_d l_1^2 = 283.5\text{N}$

抗弯强度验算：

$$\sigma = \frac{M_p}{W_{n1}} = 37.45\text{N/mm}^2 < f = 215\text{N/mm}^2$$

变形验算：

$$v_{fp} = \frac{5f_k h_1 l_1^4}{384B_{fp}} = 4.64\text{mm} < \frac{l_1}{250} = 7.2\text{mm}$$

（2）螺栓抗剪强度验算

$$N_v = \frac{f_d h_1 l_1}{2n_1} = 299.25\text{N} < N_v^b = 10990\text{N}$$

3. 脚手走道板

脚手走道板由∟40mm×4mm 角钢和面板组成，按两边简支板进行简化计算，计算简图见图 5-9，图中 q 为脚手走道板竖向分布荷载。

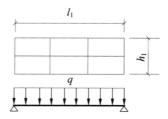

图 5-9　脚手走道板计算简图

计算参数：

$l_1 = 1800\text{mm}$，$h_1 = 900\text{mm}$，$W_{n1} = 13.56\text{mm}^2$，$B_{fp} = 3.16 \times 10^{10}\text{N·mm}^2$，

$f_x = 3.225 \times 10^{-3}\text{N/mm}^2$，$f_d = 4.47 \times 10^{-3}\text{N/mm}^2$，

$M_p = 0.125f_d l_1^2 = 1810\text{N}$

抗弯强度验算：

$$\sigma = \frac{M_p}{W_{n1}} = 133.48\text{N/mm}^2 < f = 215\text{N/mm}^2$$

变形验算：

$$v_{fp} = \frac{5f_k h_1 l_1^4}{384B_{fp}} = 12.6\text{mm}$$

基本满足变形限值（$l_1/150 = 12\text{mm}$）要求。

5.5 筒架支撑系统结构设计

筒架支撑系统包括竖向型钢杆件与水平型钢杆件，需分别进行设计验算。

5.5.1 竖向型钢杆件

竖向型钢杆件承受弯矩与压力的共同作用，需分别进行截面强度与整体稳定性验算[24]。

1. 截面强度验算

竖向型钢杆件的截面强度按下式计算：

$$\frac{N}{A_n} \pm \frac{M_x}{\gamma_x W_{nx}} \pm \frac{M_y}{\gamma_y W_{ny}} \leqslant f \tag{5-31}$$

式中，N 为竖向型钢杆件的压力设计值（N）；A_n 为净截面面积（mm²）。

2. 稳定性验算

竖向型钢杆件的稳定性承载力计算分别按照弯矩作用平面内及弯矩作用平面外两种情况进行验算[25]。

弯矩作用平面内的稳定性按下式计算：

$$\frac{N}{\varphi_x A} + \frac{\beta_{mx} M_x}{\gamma_x W_{1x} \left(1 - 0.8 \dfrac{N}{N'_{Ex}}\right)} \leqslant f \tag{5-32}$$

式中，N 为竖向型钢杆件的压力设计值（N）；N'_{Ex} 为参数，$N'_{Ex} = \pi^2 EA/(1.1\lambda_x^2)$，$\lambda_x$ 为长细比；A 为竖向型钢杆件的截面面积（mm²）；M_x 为竖向型钢杆件的最大弯矩（N·mm）；W_{1x} 为竖向型钢杆件在弯矩作用平面内对较大受压纤维的毛截面模量（mm³）；β_{mx} 为等效弯矩系数，取 1.0；γ_x 为截面塑性发展系数，取 1.0；φ_x 为弯矩作用平面内的轴心受压构件稳定系数。

弯矩作用平面外的稳定性按下式计算：

$$\frac{N}{\varphi_y A} + \eta \frac{\beta_{tx} M_x}{\varphi_b W_{1x}} \leqslant f \tag{5-33}$$

式中，φ_y 为弯矩作用平面外的轴心受压构件稳定系数；φ_b 为均匀弯曲的受弯构件整体稳定系数，按现行国家标准《钢结构设计标准》GB 50017 确定；η 为截面影响系数，闭口截面 $\eta = 0.7$，其他截面 $\eta = 1.0$；β_{tx} 为等效弯矩系数，按现行国家标准《钢结构设计标准》GB 50017 确定。

5.5.2 水平型钢杆件

水平型钢杆件以受弯为主，需要分别验算其抗弯与抗剪强度、抗弯稳定承载力及竖向挠曲变形，计算方法与钢平台框架梁相同。

水平型钢杆件按式（5-13）～式（5-15）分别进行抗弯强度、稳定性及抗剪强度计算。

水平型钢杆件最大弯曲变形的控制标准为不超过其跨度的 1/400。

5.5.3 竖向支撑装置

筒架支撑系统的竖向支撑装置分为伸缩式与转动式两种类型。两类竖向支撑装置的构造均较为复杂，建议采用实体有限元进行承载力分析，分析方法具体见第 5.2.3 节的有关描述。

当所有竖向支撑装置共同受力时，受竖向支撑装置支撑部位施工偏差的影响，各支撑点受力可能出现不均匀的情况，而竖向支撑装置作为关键节点，需要有足够的冗余度。故要求所有竖向支撑装置承载力之和要不小于所有竖向支撑装置按荷载标准组合计算的竖向荷载之和的 2 倍。

5.5.4 设计案例

1. 竖向型钢杆件

竖向型钢杆件按压弯构件进行计算，计算简图见图 5-10。图中，N 为竖向型钢杆件承受的轴力，M_1、M_2 为作用在竖向型钢杆件两端的弯矩。

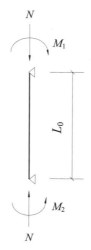

图 5-10 竖向型钢杆件计算简图

计算参数：

箱型截面：$b=150\text{mm}$，$h=150\text{mm}$，$t=8\text{mm}$，$A_\text{n}=A=4324\text{mm}^2$，

$L_0=1900\text{mm}$，$i_\text{x}=58.1\text{mm}$，

$W_\text{nx}=1.88\times10^5\text{mm}^3$，$\gamma_\text{x}=\gamma_\text{y}=1.0$，$\varphi_\text{x}=\varphi_\text{y}=0.898$，

$\beta_\text{mx}=0.505$，$N'_\text{Ex}=7.23\times10^6$，$\varphi_\text{b}=1.0$，$\eta=0.7$，$\beta_\text{tx}=0.587$

经计算，受力最大截面内力为：

$N=2.69\times10^5\text{N}$，$M_\text{x}=2.26\times10^6\text{N}\cdot\text{mm}$，$M_\text{y}=0$

压弯强度验算：

$$\frac{N}{A_\text{n}}+\frac{M_\text{x}}{\gamma_\text{x}W_\text{nx}}+\frac{M_\text{y}}{\gamma_\text{y}W_\text{ny}}=182.42\text{N}/\text{mm}^2<f=305\text{N}/\text{mm}^2$$

弯矩平面内稳定验算：

$$\frac{N}{\varphi_\text{x}A}+\frac{\beta_\text{mx}M_\text{x}}{\gamma_\text{x}W_\text{1x}\left(1-0.8\dfrac{N}{N'_\text{Ex}}\right)}=131.85\text{N}/\text{mm}^2<f=305\text{N}/\text{mm}^2$$

弯矩平面外稳定验算：

$$\frac{N}{\varphi_\text{y}A}+\eta\frac{\beta_\text{tx}M_\text{x}}{\varphi_\text{b}W_\text{1x}}=118.67\text{N}/\text{mm}^2<f=305\text{N}/\text{mm}^2$$

2. 水平型钢杆件

水平型钢杆件按受弯构件进行计算，计算简图见图 5-11。图中，q 为作用在水平型钢杆件上的竖向分布荷载，M_1 和 M_2 为作用在水平型钢杆件两端的弯矩。取受力最大截面进行强度和稳定验算。

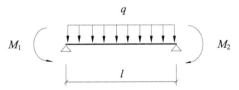

图 5-11 水平型钢杆件计算简图

计算参数：

H 型钢：$h=100\text{mm}$，$b=100\text{mm}$，$t_\text{w}=6\text{mm}$，$t_\text{f}=8\text{mm}$，

$A_\text{n}=A=2159\text{mm}^2$，$W_\text{nx}=7.72\times10^4\text{mm}^3$，

$l=1100\text{mm}$，$\varphi_\text{b}=1.0$，$\gamma_\text{x}=1.0$，

$I_\text{x}=3.86\times10^6\text{mm}^4$，$S_\text{x}=4.21\times10^4\text{mm}^3$

经计算，受力最大截面内力为：$V=1.12\times10^4\text{N}$，$M_\text{x}=6.27\times10^6\text{N}\cdot\text{mm}$

弯曲强度验算：

$$\frac{M_{\mathrm{x}}}{\gamma_{\mathrm{x}} W_{\mathrm{nx}}} = 81.22 \mathrm{N/mm^2} < f = 215 \mathrm{N/mm^2}$$

整体稳定验算：

$$\frac{M_{\mathrm{x}}}{\varphi_{\mathrm{b}} W_{\mathrm{x}}} = 81.22 \mathrm{N/mm^2} < f = 215 \mathrm{N/mm^2}$$

剪切强度验算：

$$\frac{V S_{\mathrm{x}}}{I_{\mathrm{x}} t_{\mathrm{w}}} = 20.36 \mathrm{N/mm^2} < f_{\mathrm{v}} = 125 \mathrm{N/mm^2}$$

5.6　临时钢柱爬升系统结构设计

临时钢柱爬升系统由临时钢柱及蜗轮蜗杆提升机动力系统组成。在爬升阶段，蜗轮蜗杆提升机动力系统搁置在临时钢柱上，提供提升动力；在工作阶段，钢平台系统搁置在临时钢柱上。所以，爬升阶段需要按照临时钢柱与蜗轮蜗杆提升机动力系统进行设计，工作阶段需要对临时钢柱进行设计。

5.6.1　临时钢柱

临时钢柱按爬升阶段和工作阶段分别进行设计，主要进行承载力计算、局部承压强度验算。

1. 承载力计算

临时钢柱为悬臂柱，其计算长度系数可取 2.0。虽然临时钢柱埋入混凝土中的钢柱底部可视作刚接，但考虑到新浇筑混凝土强度并不高，难以达到完全刚性的条件，故建议其支撑点取至埋入位置向下 500mm 处，所以在计算临时钢柱计算长度时，其几何长度按下式计算：

$$L = L_1 + 500 \tag{5-34}$$

式中，L 为钢柱的几何长度（mm）；L_1 为钢柱支撑点处至混凝土埋入处之间的距离（mm）。

临时钢柱一般采用格构式钢柱形式，其单柱稳定性计算按下列方法进行。

弯矩绕虚轴（x 轴）作用时，弯矩作用平面内的稳定性按式（5-35）计算。弯矩作用平面外的稳定性可不计算，但要计算分肢的稳定性，分肢的轴压力按桁架弦杆计算。对缀板柱的分肢考虑由剪力引起的局部弯矩。

$$\frac{N}{\varphi_x A} + \frac{\beta_{mx} M_x}{W_{1x}\left(1 - \varphi_x \dfrac{N}{N'_{Ex}}\right)} \leq f \tag{5-35}$$

式中：$W_{1x} = I_x/y_0$，其中 I_x 为对虚轴的毛截面惯性矩（mm^4），y_0 为由 x 轴到压力较大分肢的轴线距离或者压力较大分肢腹板外边缘的距离（mm），二者取较小值；φ_x、N'_{Ex} 由换算长细比确定。

弯矩绕实轴作用时，弯矩作用平面内和平面外的稳定性验算与实腹式构件相同。但在计算弯矩作用平面外的整体稳定性时，长细比取换算长细比，φ_b 取 1.0。

为了保证临时钢柱在运输、安装过程中因柔性过大发生变形，并保证在动力荷载作用下不发生振动，限制其长细比不超过 150。

2. 局部承压强度验算

临时钢柱的局部承压验算按下式进行：

$$\frac{N_1}{A_{ce}} \leq f_{ce} \tag{5-36}$$

式中，N_1 为钢柱板件的局部压力设计值（N），可取单个承重销所承重竖向荷载的一半；A_{ce} 为钢柱板件的局部受力面积（mm^2）；f_{ce} 为钢柱板件承压强度设计值（N/mm^2）。

5.6.2　蜗轮蜗杆提升机动力系统

临时钢柱爬升系统采用蜗轮蜗杆提升机动力系统，蜗轮蜗杆提升机动力系统的额定承载力及平面布置位置的确定方法见第 5.8.2 节。

5.6.3　螺杆连接件

蜗轮蜗杆提升机通过螺杆连接件连接于钢平台系统。螺杆连接件分为定型铸钢连接件、钢板焊接连接件等形式。由于螺杆连接件的构造较为复杂，建议采用实体有限元分析方法计算承载力，计算方法具体见第 5.2.3 节。

5.6.4　竖向支撑装置承重销

蜗轮蜗杆提升机通过竖向支撑装置搁置于临时钢柱，该节点一般采用承重销形式，承力销的计算方法见第 5.3.5 节所述。

5.6.5　设计案例

临时钢柱采用 4 根 ∟75mm×8mm 角钢和缀板组成的格构柱，按悬臂构件进行计算，计算简图见图 5-12。图中，N 为作用在临时钢柱上的竖向集中荷载，F 为由风荷载产生的作用在临时钢柱上的侧向荷载。取轴力与弯矩组合效应最大截面进行强度与稳定性验算。

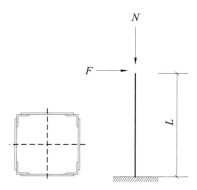

图 5-12　临时钢柱计算简图

计算参数：

∟75mm×8mm 角钢：$A_1=1150\text{mm}^2$，$I_{1x}=6.0\times10^5\text{mm}^4$，

$A_n=4600\text{mm}^2$，$i_1=14.7\text{mm}$，$l_{01}=300\text{mm}$，

$L=L_1+500=5160\text{mm}$，$\gamma_x=\gamma_y=1.0$，$u_x=u_y=2$，

$I_x=I_y=9.98\times10^7\text{mm}^4$，$i_x=i_y=147.3\text{mm}$，

$L_{0x}=L_{0y}=u_x L=10320\text{mm}$，$\lambda_y=70.06$，$\lambda_1=2041$，

$\lambda_{0x}=\lambda_{0y}=72.97$，b 类构件，查表得 $\varphi_x=0.732$，

$\beta_{mx}=1.0$，$W_{nx}=W_{ny}=I_y/0.5b=5.7\times10^5\text{mm}^3$，

$N'_{Ex}=\pi^2 EA/(1.1\lambda_x^2)=1.73\times10^6\text{N}$

经计算，受力最大截面内力为：$N=2.18\times10^5\text{N}$，$M_x=5.39\times10^7\text{N}\cdot\text{mm}$

强度计算：

$$\sigma=\frac{N}{A_n}+\frac{M_x}{\gamma_x W_{nx}}=141.95\text{N}/\text{mm}^2<f=215\text{N}/\text{mm}^2$$

稳定验算：

$$\sigma=\frac{N}{\varphi_x A}+\frac{\beta_{mx}M_x}{W_{1x}\left(1-\varphi_x\dfrac{N}{N'_{Ex}}\right)}=168.91\text{N}/\text{mm}^2<f=215\text{N}/\text{mm}^2$$

5.7 劲性钢柱爬升系统结构设计

劲性钢柱爬升系统结构设计方法与临时钢柱爬升系统结构设计方法类似，在爬升阶段按劲性钢柱和蜗轮蜗杆提升机动力系统进行设计，在作业阶段对劲性钢柱进行设计。

5.7.1 劲性钢柱

劲性钢柱作为悬臂柱进行承载力计算。劲性钢柱支撑爬升系统中，劲性钢柱计算长度系数可取 2.0，几何长度同样按照式（5-34）计算。钢柱爬升系统一般为实腹式钢柱，承载力按第 5.5.1 节的方法计算。

5.7.2 钢牛腿支承装置

作业阶段及非作业阶段，钢平台系统竖向支撑装置承力销搁置在劲性钢柱的钢牛腿支承装置上。所以，钢牛腿支承装置（见图 5-13）在使用中承受弯矩与剪力共同作用，分别进行抗弯承载力及抗剪承载力计算。

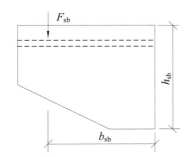

图 5-13 劲性钢柱钢牛腿支承装置

钢牛腿支承装置抗弯承载力计算按式（5-13）进行，M_x、W_n 分别按下列公式计算：

$$M_x = F_{sb}b_{sb} \qquad (5-37)$$

$$W_n = h_{sb}^2 t_{sb}/3 \qquad (5-38)$$

式中，F_{sb} 为钢平台系统作用在钢牛腿支承装置上的竖向力设计值（N）；b_{sb} 为竖向力 F_{sb} 作用位置与钢牛腿支承装置节点端面的最大距离（mm）；h_{sb}、t_{sb} 分别为钢牛腿支承装置中单个板件的端面高度、厚度（mm）。

钢牛腿支承装置抗剪承载力按式（5-15）进行验算，V 取竖向力设计值 F_{sb}，

175

各参数取竖向力 F_{sb} 作用位置处的截面尺寸。

5.7.3　蜗轮蜗杆提升机动力系统

劲性钢柱爬升系统采用蜗轮蜗杆提升机动力系统，蜗轮蜗杆提升机动力系统的额定承载力及平面布置位置的确定方法见第 5.8.2 节。

5.7.4　螺杆连接件

劲性钢柱爬升系统螺杆连接件与临时钢柱爬升系统螺杆连接件相同，计算方法见第 5.6.3 节。

5.7.5　竖向支撑装置

蜗轮蜗杆提升机动力系统提升机支架转动式承力件竖向支撑装置构造复杂，受力状态需要通过精细化分析方式确定，故一般采用有限元分析方法，分析方法见第 5.2.3 节。

用于连接转动式承力件竖向支撑装置的销轴按式（5-39）进行承压强度计算、按式（5-40）进行抗剪强度计算、按式（5-41）进行抗弯强度计算、按式（5-42）进行截面同时受弯受剪时组合强度计算。

$$\sigma_c = \frac{N}{dt} \leqslant f_c^b \tag{5-39}$$

$$\tau_b = \frac{N}{n_v \dfrac{\pi d^2}{4}} \leqslant f_v^b \tag{5-40}$$

$$\sigma_b = \frac{M}{1.5 \dfrac{\pi d^3}{32}} \leqslant f^b \tag{5-41}$$

$$\sqrt{\left(\frac{\sigma_b}{f^b}\right)^2 + \left(\frac{\tau_b}{f_v^b}\right)^2} \leqslant 1 \tag{5-42}$$

式中，N 为杆件轴向拉力设计值（N）；d 为销轴直径（mm）；t 为耳板厚度（mm）；f_c^b 为销轴连接中耳板的承压强度设计值（N/mm²）；n_v 为销轴受剪面数目；f_v^b 为销轴的抗剪强度设计值（N/mm²）；M 为销轴计算截面弯矩设计值（N·mm）；f^b 为销轴抗弯强度设计值（N/mm²）。

连接耳板（图 5-14）按式（5-43）进行耳板孔净截面处的抗拉强度计算、按式（5-45）进行耳板端部截面抗拉（劈开）强度计算、按式（5-46）进行耳板抗剪强度。

$$\sigma = \frac{N}{2tb_1} \leqslant f \qquad (5\text{-}43)$$

$$b_1 = \min\left(2t + 16, b_0 - \frac{d_1}{3}\right) \qquad (5\text{-}44)$$

$$\sigma = \frac{N}{2t\left(a_1 - \frac{2d_1}{3}\right)} \leqslant f \qquad (5\text{-}45)$$

$$\tau = \frac{N}{2tZ} \leqslant f_v \qquad (5\text{-}46)$$

$$Z = \sqrt{\left(a_1 + \frac{d_1}{2}\right)^2 - \left(\frac{d_1}{2}\right)^2} \qquad (5\text{-}47)$$

式中，b_1 为耳板计算宽度（mm），按式（5-44）计算；b_0 为耳板两侧边缘与销轴孔边缘净距（mm）；a_1 为顺受力方向，销轴孔边距板边缘最小距离（mm）；d_1 为销轴孔径（mm）；f 为耳板抗拉强度设计值（N/mm²）；Z 为耳板端部抗剪截面宽度（mm）；f_v 为耳板钢材抗剪强度设计值（N/mm²）。

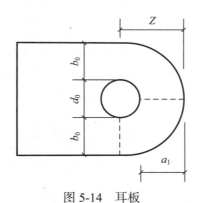

图 5-14　耳板

5.7.6　设计案例

1. 劲性钢柱

劲性钢柱可按悬臂构件进行计算，计算简图见图 5-15。图中，N 为作用在临时钢柱上的竖向集中荷载，F 为由风荷载产生的作用在临时钢柱上的侧向荷载。取轴力与弯矩组合效应最大截面进行强度与稳定性验算。

计算参数：

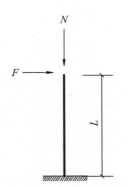

图 5-15　劲性钢柱计算简图　177

$A_n = A = 35500\text{mm}^2$，$W_{nx} = 7.37 \times 10^6 \text{mm}^3$，$W_{ny} = 1.06 \times 10^6 \text{mm}^3$，

$\gamma_x = \gamma_y = 1.0$，$\eta = 1.0$，$\varphi_x = 0.998$，$\varphi_y = 0.979$，

$\beta_{mx} = 1.0$，$N'_{Ex} = 4.32 \times 10^9$，$\varphi_b = 1.0$，$\beta_{tx} = 0.50$

经计算，受力最大截面内力为：

$N = 1.82 \times 10^5 \text{N}$，$M_x = 9.69 \times 10^6 \text{N} \cdot \text{mm}$，$M_y = 4.31 \times 10^6 \text{N} \cdot \text{mm}$

压弯强度验算：

$$\frac{N}{A_n} + \frac{M_x}{\gamma_x W_{nx}} + \frac{M_y}{\gamma_y W_{ny}} = 10.50 \text{N} / \text{mm}^2 < f = 305 \text{N} / \text{mm}^2$$

弯矩平面内稳定验算：

$$\frac{N}{\varphi_x A} + \frac{\beta_{mx} M_x}{\gamma_x W_{1x}\left(1 - 0.8\dfrac{N}{N'_{Ex}}\right)} = 6.45 \text{N} / \text{mm}^2 < f = 305 \text{N} / \text{mm}^2$$

弯矩平面外稳定验算：

$$\frac{N}{\varphi_y A} + \eta \frac{\beta_{tx} M_x}{\varphi_b W_{1x}} = 5.91 \text{N} / \text{mm}^2 < f = 305 \text{N} / \text{mm}^2$$

2. 钢牛腿支撑装置

钢平台系统与劲性钢柱爬升系统连接节点采用钢牛腿支承装置的形式，钢牛腿支承装置由板材焊接而成，焊接在劲性钢柱上，见图 5-16。

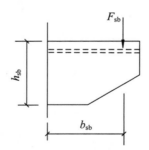

图 5-16　钢牛腿支承装置计算简图

计算参数：

$b_{sb} = 100\text{mm}$，$h_{sb} = 165\text{mm}$，$t_{sb} = 16\text{mm}$，$W_n = h_{sb}^2 t_{sb}/3 = 1.45 \times 10^5 \text{N} \cdot \text{mm}$，

$S_x = 3.28 \times 10^4 \text{mm}^3$，$I_x = 2.8 \times 10^6 \text{mm}^4$

$F_{sb} = 1.89 \times 10^5 \text{N}$

抗弯强度验算：

$$M_x = F_{sb} b_{sb} = 1.89 \times 10^7 \text{N} \cdot \text{mm}$$

$$\sigma = \frac{M_x}{W_n} = 130.34\text{N}/\text{mm}^2 < f = 305\text{N}/\text{mm}^2$$

抗剪强度验算：

$$V = F_{sb} = 1.89 \times 10^5\text{N}$$

$$\tau = \frac{VS_x}{I_x t_w} = 138.38\text{N}/\text{mm}^2 < f_v = 175\text{N}/\text{mm}^2$$

3. 竖向支撑装置

（1）转动式承力件竖向支撑装置销轴

转动式承力件竖向支撑装置销轴为实心圆钢，可简化为简支梁进行计算，计算简图见图 5-17。图中，N 为转动式承力件竖向支撑装置作用在销轴上的竖向荷载。

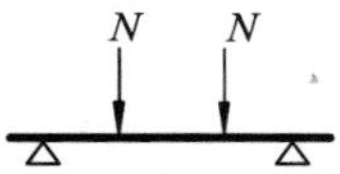

图 5-17　销轴计算简图

计算参数：

$d = 33\text{mm}$，$t = 16\text{mm}$，$n_v = 2$

受力最大截面内力为：$N = 3.2 \times 10^4\text{N}$，$M = 9.6 \times 10^5\text{N} \cdot \text{mm}$

承压强度验算：

$$\sigma_c = \frac{N}{dt} = 60.61\text{N}/\text{mm}^2 < f_c^b = 510\text{N}/\text{mm}^2$$

抗剪强度验算：

$$\tau_b = \frac{N}{n_v \frac{\pi d^2}{4}} = 18.71\text{N}/\text{mm}^2 < f_v^b = 320\text{N}/\text{mm}^2$$

抗弯强度验算：

$$\sigma_b = \frac{M}{1.5\frac{\pi d^3}{32}} = 181.40\text{N}/\text{mm}^2 < f^b = 295\text{N}/\text{mm}^2$$

受弯受剪组合强度验算：

$$\sqrt{\left(\frac{\sigma_b}{f^b}\right)^2 + \left(\frac{\tau_b}{f_v^b}\right)^2} = 0.62 < 1.0$$

（2）耳板

计算参数：

$t=16\text{mm}$，$b_0=32.5\text{mm}$，$d_1=35\text{mm}$，$a_1=32.5\text{mm}$

抗拉强度验算：

$$b_1=\min\left(2t+16,\ b_0-\frac{d_1}{3}\right)=20.83\text{mm}$$

$$\sigma=\frac{N}{2tb_1}=48\text{N}/\text{mm}^2<f=305\text{N}/\text{mm}^2$$

端部抗拉强度验算：

$$\sigma=\frac{N}{2t\left(a_1-\dfrac{2d_1}{3}\right)}=109.09\text{N}/\text{mm}^2<f=305\text{N}/\text{mm}^2$$

抗剪强度验算：

$$Z=\sqrt{\left(a_1+\frac{d_1}{2}\right)^2-\left(\frac{d_1}{2}\right)^2}=46.84\text{mm}$$

$$\tau_b=\frac{N}{2tZ}=21.35\text{N}/\text{mm}^2<f_v^b=175\text{N}/\text{mm}^2$$

5.8　钢梁爬升系统结构设计

钢梁爬升结构分为钢梁结合长行程双作用顶升油缸爬升系统与钢梁钢柱结合提升机爬升系统两种形式，下面分别介绍两种形式爬升系统结构的设计。

5.8.1　钢梁结合顶升油缸爬升系统结构设计

1. 爬升钢梁及爬升钢框

钢梁式或平面钢框式结构在长行程双作用顶升油缸产生的集中竖向荷载作用下进行承载力与变形计算。钢梁式或平面钢框式结构按第 5.3.1 节所述设计方法进行抗弯强度及整体稳定性、抗剪强度与变形计算。在爬升阶段，为了保证动力系统的受力均匀，减小顶升的不同步性，需对钢梁式或平面钢框式结构的最大竖向弯曲变形进行控制，为不大于其跨度的 1/400，且不大于 15mm。

2. 竖向支撑装置

钢梁结合顶升油缸爬升系统的竖向支撑装置与筒架支撑系统的竖向支撑装

置类同，计算方法见第 5.7.5 节。

3. 双作用液压油缸动力系统

长行程双作用顶升油缸设计的重要内容为确定油缸的额定承载力及平面布置位置。合理的平面布置位置需能够保证各顶升油缸在顶升过程中负载相当，受力状态能够尽量保持均匀。额定承载力需能够确保爬升过程不出现超载情况，且需保证顶升油缸具有足够的经济性。因此，顶升油缸的设计按三种工况考虑，分别是：单个顶升油缸独自承载、所有顶升油缸共同承载、单个顶升油缸退出工作。具体而言，采用以下三条准则共同确定顶升顶升油缸的额定承载力及布置位置：

1）按单个顶升油缸最不利受力状态进行设计：单个顶升油缸考虑爬升过程不同步的影响，按照标准组合计算获得其爬升过程承受的最大压力，单个顶升油缸的额定承载力取为不小于按标准组合计算最大值的 1.5 倍。

2）按所有顶升油缸共同受力的最不利受力状态进行设计：考虑到各个顶升油缸在顶升时的受力状态存在一定的差异，为了保证安全，所有顶升油缸额定承载力的总和不小于按标准组合计算总和的 1.8 倍。

3）按单个顶升油缸退出工作的失效工况进行设计：为了保证任意一个顶升油缸失效不至于引起整体失效，保证整个液压动力系统的安全性，按任一个顶升油缸退出工作的工况验算其余顶升油缸的承载力。

4. 各构件连接

钢梁式或平面钢框式结构中各构件相互之间的连接节点采用刚接形式，按照节点所采用的具体形式进行承载力计算。顶升油缸与钢梁式或平面钢框式结构的连接节点采用球形支座连接时，在爬升阶段应能够承受油缸的顶升力作用；在作业阶段，在油缸回提钢梁或平面钢框式结构时仅承受由钢梁爬升系统自重引起的拉力作用，由于拉力较小，一般可不进行验算。

5.8.2 钢梁钢柱结合提升机爬升系统结构设计

1. 爬升钢梁

钢梁在蜗轮蜗杆提升机产生的集中竖向荷载作用下进行承载力与变形计算。钢梁按第 5.3.1 节所述设计方法进行抗弯强度及整体稳定性、抗剪强度与变形计算。为了保证蜗轮蜗杆提升机受力均匀，减小提升的不同步性，对钢梁在钢柱支撑部位处的最大竖向弯曲变形进行控制，为不大于其跨度的 1/300，且不大于 15mm。

2. 爬升钢柱

钢柱在蜗轮蜗杆提升机产生的集中竖向荷载作用下进行承载力计算。钢柱承受轴压力荷载作用，其截面强度验算及稳定性验算按照第 5.5.1 节的方法进行，其中钢柱的计算长度可取无支撑段长度的最大值。

筒架支撑系统在爬升过程中会在爬升钢柱竖向支撑装置上进行临时搁置。爬升钢柱临时搁置竖向支撑装置由于构造较为复杂，建议通过实体有限元分析进行验算，计算方法见第 5.2.3 节。

3. 竖向支撑装置

钢梁钢柱结合提升机爬升系统的竖向支撑装置与筒架支撑系统的竖向支撑装置类同，计算方法见第 5.7.5 节。

4. 蜗轮蜗杆动力系统

蜗轮蜗杆提升机的设计思路与第 5.8.1 节所述的顶升油缸设计思路基本一致，通过设计确定蜗轮蜗杆提升机的额定承载力及平面布置位置。蜗轮蜗杆提升机的设计同样按三种工况考虑，分别是：单个提升机独自承载、所有提升机共同承载、单个提升机退出工作。具体而言，提升机的额定承载力及布置位置按下列三条准则共同确定：

1）按单个提升机最不利受力状态进行设计：单个提升机考虑爬升过程不同步的影响，按照标准组合计算获得其爬升过程承受的最大压力，单个提升机的额定承载力取为不小于按标准组合计算最大值的 1.5 倍。

2）按所有提升机共同受力的最不利受力状态进行设计：考虑到各个提升机在顶升时的受力状态存在一定的差异，为了保证安全，所有提升机额定承载力的总和不小于按标准组合计算总和的 1.8 倍。

3）按单个提升机退出工作的失效工况进行设计：为了保证任意一个提升机效不至于引起整体失效，保证整个提升动力系统的安全性，按任一个提升机退出工作的工况验算其余提升机的承载力。

5. 螺杆连接件

钢梁钢柱结合提升机爬升系统的螺杆连接件与临时钢柱爬升系统的螺栓连接件构造相同，计算方法见第 5.6.3 节。

6. 竖向支撑装置承重销

蜗轮蜗杆提升机通过竖向支撑装置承重销支撑于爬升钢柱顶部，竖向支撑装置承重销的设计计算方法见第 5.3.5 节。

7. 各构件连接

钢柱与钢梁结构中各构件相互之间的连接节点采用刚接形式，按照节点所采用的具体形式进行承载力计算。

5.8.3 设计案例

下面按照钢梁结合顶升油缸爬升系统及钢梁钢柱结合提升机爬升系统两种形式分别给出爬升系统结构的设计案例。

1. 钢梁结合顶升油缸爬升系统结构设计案例

钢梁或平面钢框式结构可简化为两端简支进行计算，计算简图见图 5-18，图中 F 为顶升油缸作用集中荷载。

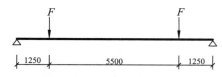

图 5-18　钢梁或平面钢框式结构计算简图

计算参数：

H 型钢截面：$h=600\text{mm}$，$b=200\text{mm}$，$t_w=11\text{mm}$，$t_f=17\text{mm}$，

$t_w=11\text{mm}$，$\gamma_x=\gamma_y=1.0$，$I_x=7.37\times10^8\text{mm}^4$，$S_x=1.43\times10^6\text{mm}^3$，

$\varphi_b=1.0$，$W_x=W_{nx}=2.46\times10^6\text{mm}^3$，$W_y=W_{ny}=2.27\times10^5\text{mm}^3$

经计算，受力最大截面内力为：$V=6.38\times10^3\text{N}$，$M_x=3.47\times10^7\text{N}\cdot\text{mm}$

弯曲强度验算：

$$\frac{M_x}{\gamma_x W_{nx}}+\frac{M_y}{\gamma_y W_{ny}}=14.11\text{N}/\text{mm}^2<f=305\text{N}/\text{mm}^2$$

整体稳定性验算：

$$\frac{M_x}{\varphi_b W_{nx}}+\frac{M_y}{\gamma_y W_{ny}}=14.11\text{N}/\text{mm}^2<f=305\text{N}/\text{mm}^2$$

剪切强度验算：

$$\frac{VS_x}{I_x t_w}=1.13\text{N}/\text{mm}^2<f_v=175\text{N}/\text{mm}^2$$

2. 钢梁钢柱结合提升机爬升系统结构设计案例

钢柱按受压构件计算，计算简图见图 5-19。图中，N 为钢柱承受的轴力，L_0 为钢柱的计算长度，取钢柱无支撑段长度的最大值。

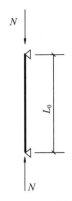

图 5-19　钢柱计算简图

计算参数：

圆管截面：$D=299\text{mm}$，$t=20\text{mm}$，$A_\text{n}=A=17530\text{mm}^2$，

　　　　　$L_0=3500\text{mm}$，$\varphi_\text{x}=0.886$

钢柱承受的轴力设计值为：$N=2.5\times10^5\text{N}$

轴压强度验算：

$$\frac{N}{A_\text{n}}=14.26\text{N}/\text{mm}^2<f=305\text{N}/\text{mm}^2$$

轴压稳定性验算：

$$\frac{N}{\varphi_\text{x}A}=16.10\text{N}/\text{mm}^2<f=305\text{N}/\text{mm}^2$$

5.9　工具式钢柱爬升系统结构设计

工具式钢柱爬升系统按其组成，分别进行工具式钢柱、爬升靴组件装置、短行程双作用液压油缸系统进行设计。

5.9.1　工具式钢柱

工具式钢柱的两端约束条件较为复杂，上端与爬升靴组件装置连接，下端与混凝土结构墙面顶面连接，而混凝土养护时间不长，其强度较弱。故进行工具式钢柱承载力计算的关键在于确定工具式钢柱的两端约束情况。此外，爬升靴搁置工具式钢柱爬升孔处，还要确保搁置处局部承压强度满足要求。

1. 承载力计算

工具式钢柱在爬升阶段承受整体钢平台模架装备的竖向荷载和水平荷载，

需要进行单柱稳定性验算。工具式钢柱的下端为半刚性节点，其上端与爬升靴组件装置连接，精确确定计算长度系数时需要确定下端半刚性节点的刚度。考虑到整体钢平台模架装备通过水平限位装置抵抗水平荷载作用，对工具式钢柱偏于安全进行简化计算时，可将其两端简化处理为铰接[26]。但是由于施工偏差，所有水平限位装置可能无法同时与混凝土结构墙面顶紧，实现理想的协同工作，偏于安全地将计算长度系统取为 1.8。

工具式钢柱承载力按照截面强度与压弯稳定承载力，依据第 5.6.1 节所述设计方法计算。

2. 局部承压强度计算

爬升靴支撑在爬升钢柱上支撑位置见图 5-20，需要对支撑部位的钢板进行局部承压承载力验算，按下式进行：

$$\frac{N_1}{A_{ce}} \le f_{ce} \qquad (5-48)$$

式中，N_1 为钢柱板件的局部压力设计值（N），可取单个承重销所承重竖向荷载的一半；A_{ce} 为钢柱板件的局部受力面积（mm²）；f_{ce} 为钢柱板件承压强度设计值（N/mm²）。

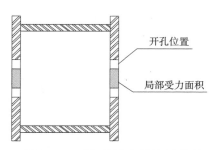

图 5-20　下爬升靴支撑位置示意

5.9.2　爬升靴组件装置

爬升靴中的各类复杂受力构件可采用简化方法计算，如爬升靴承力销可视作两点支承、开孔处承受集中荷载的板进行验算，设计计算的内容包括：孔洞螺栓处局部承压承载力、螺栓抗剪承载力、承力销抗弯承载力等。复杂的受力构件，如爬升靴的侧向承力销等，推荐采用实体模型进行有限元分析。

提升构件用于连接爬升靴与钢平台系统。爬升阶段，整体钢平台模架装备除工具式钢柱爬升系统以外的自重荷载均通过提升构件传递给爬升靴，进而传递给工具式钢柱，所以提升构件要进行抗拉强度验算。作业阶段，提升构件仅承受工具式钢柱爬升系统的自重，由于荷载较小，即使提升构件此时处于受压状态，也无需进行验算。

5.9.3　双作用液压油缸动力系统

短行程双作用液压油缸两个为一组，位于工具式钢柱两侧，以工具式钢柱为支撑为整个模架体系提供爬升动力。短行程双作用液压油缸动力系统设计的主要内容是确定额定承载力及平面位置，确定方法与前述第 5.8.2 节中长行程双作用液压油缸动力系统的设计方法基本类似，同样从单组短行程双作用液压油缸受力、所有短行程双作用液压油缸共同受力、单组短行程双作用液压油缸退出工作三种工况确定。

5.9.4　设计案例

1.工具式钢柱

工具式钢柱按受压构件计算，长度系数取 1.8，计算简图见图 5-21。图中，N 为钢平台系统传递至工具式钢柱的竖向荷载，L_0 为钢柱的计算长度。

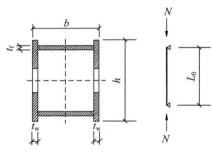

图 5-21　工具式钢柱计算简图

（1）承载力计算

计算参数：

$h=300$mm，$b=250$mm，$t_w=20$mm，$t_f=16$mm，

$L=7500$mm，$L_0=1.8L=13500$mm，

$i_x=91$mm，$A=15120$mm^2，$A_n=11520$mm^2，$\gamma_x=\gamma_y=1.0$，$\varphi_x=0.225$，

钢柱承受的轴压力设计值为：$N=4.0\times10^5$N

强度验算：

$$\frac{N}{A_n}=34.72\text{N}/\text{mm}^2 < f=295\text{N}/\text{mm}^2$$

稳定验算：

$$\frac{N}{\varphi_x A} = 117.58\text{N}/\text{mm}^2 < f = 295\text{N}/\text{mm}^2$$

（2）局部承压强度计算

爬升靴支撑在爬升钢柱上的位置按局部承压进行计算，计算简图见图 5-22。

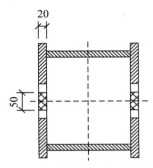

图 5-22　局部承压计算简图

计算参数：$A_{ce} = 1000\text{mm}^2$

局部压力位：$N_1 = 2.0 \times 10^5 \text{N}$

局部承压验算：

$$\frac{N_1}{A_{ce}} = 200.0\text{N}/\text{mm}^2 < f_{ce} = 400\text{N}/\text{mm}^2$$

2. 爬升靴组件

爬升靴承力销计算简图见图 5-23。爬升靴组件承受的竖向荷载 N_{max} 按 400.0kN 计算。

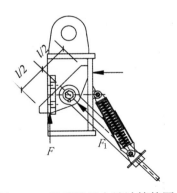

图 5-23　爬升靴承力销计算简图

由爬升工况可知：

$$F = 0.5 N_{max} = 200.0\text{kN}$$

孔洞螺栓所受剪力为：

$$F_1 = \sqrt{2}F = 282.8\text{kN}$$

螺栓处局部承压：

$$\sigma_1 = \frac{F_1}{dt} = 113.12\text{N}/\text{mm}^2 < f^b = 295\text{N}/\text{mm}^2$$

螺栓抗剪承载力：

$$\tau = \frac{F_1}{n_v \frac{\pi}{4} d^2} = 72.05\text{N}/\text{mm}^2 < f_v^b = 170\text{N}/\text{mm}^2$$

承力销最大弯矩：

$$M = \frac{\sqrt{2}}{2} F \frac{l}{2} = 17.675\text{kN·m}$$

承力销抗弯强度：

$$\sigma = \frac{My}{I} = 285.6\text{N}/\text{mm}^2 < f = 295\text{N}/\text{mm}^2$$

承力销抗剪强度：

$$\tau = \frac{QS}{It} = 106.08\text{N}/\text{mm}^2 < f_v = 170\text{N}/\text{mm}^2$$

5.10　模板系统结构设计

模板系统作为相对独立的组成系统，其设计主要考虑其自身的最不利受力状态，承受的荷载为新浇筑混凝土的侧压力与混凝土施工引起的侧向压力。按照模板系统的组成，分别对模板面板、模板背肋、模板围檩及模板对拉螺栓进行设计。由于受力体系明确、传递途径清晰，所以上述构件可以采用简化方法计算内力及变形。从受力安全角度看，上述构件需要具有足够的承载能力，故需要分别进行强度验算。从混凝土结构施工质量角度看，上述构件需要具有足够的刚度，保证混凝土成型后不出现鼓凸等质量问题。

5.10.1　模板面板

模板面板直接承受混凝土侧压力作用，可按承受均布荷载的多跨连续板进行内力与变形计算，模板背肋位置作为其支撑点。

模板面板的抗弯承载力按第 5.3.2 节中的式（5-21）计算，式中 M_p 取面板最大弯矩，f 按实际面板材料确定。

模板面板最大变形值的控制标准为不超过构件计算跨度的 1/250，且不大于 1.5mm。

5.10.2　模板背肋

模板背肋承受模板面板传递的均布荷载作用，可以按照多跨连续梁计算内力与变形，模板围檩位置作为其支撑点。

模板背肋需要进行抗弯承载力与抗剪承载力计算，可按第 5.3.1 节的方法进行计算。

模板背肋最大变形的控制标准为不大于背肋跨度的 1/400，且不大于 2.0mm。

5.10.3　模板围檩

模板围檩承受模板背肋的集中荷载作用，可按照多跨连续梁计算内力与变形，模板对拉螺栓位置作为其支撑点。

模板围檩需要进行抗弯承载力与抗剪承载力计算，可按第 5.3.1 节的方法进行计算。

模板围檩最大变形的控制标准为不大于相应跨度的 1/250，且不大于 5.0mm。

5.10.4　模板对拉螺栓

模板对拉螺栓作为受拉构件，需要验算其承载力与变形。

模板对拉螺栓的抗拉承载力按下式计算：

$$N \leqslant Af \tag{5-49}$$

式中，N 为模板对拉螺栓拉力设计值（N）；f 为模板对拉螺栓抗拉强度设计值（N/mm^2）；A 为模板对拉螺栓截面面积（mm^2）。

考虑到高耸混凝土结构墙体厚度较大，模板对拉螺栓的轴向变形限值设定为 3mm。

5.10.5　设计案例

1. 模板面板

模板面板可按承受均布荷载的多跨连续板进行内力和变形的计算，计算简 189

图见图 5-24。图中，q 为作用在模板面板上的分布荷载。取单位板带宽度进行计算。

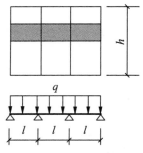

图 5-24　模板面板计算简图

计算参数：

h=4760mm，l=242mm，t=21mm，W_{n1}=7.35×10⁴mm³，
I=6.72×10⁵mm⁴，q=50.0N/mm，M_p=2.93×10⁵N·mm

抗弯强度验算：

$$\sigma = \frac{M_p}{W_{n1}} = 3.98\text{N}/\text{mm}^2 < f = 215\text{N}/\text{mm}^2$$

变形验算：

$$v = \frac{ql^4}{150EI} = 0.0083\text{mm} < \frac{l}{250} = 0.97\text{mm}$$

2. 模板背肋

模板背肋可以按照多跨连续梁计算内力与变形，计算简图见图 5-25。图中，q 为模板面板作用在模板背肋上的分布荷载。

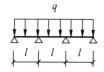

图 5-25　模板背肋计算简图

计算参数：

6.3 号槽钢：h=63mm，b=40mm，d=4.8mm，l=700mm，

W_{n1}=1.61×10⁴mm³，I=5.1×10⁵mm⁴，

q=12.1N/mm，M_p=5.93×10⁵N·mm

抗弯强度验算：

$$\sigma = \frac{M_\mathrm{p}}{W_\mathrm{n1}} = 36.83 \mathrm{N/mm^2} < f = 215 \mathrm{N/mm^2}$$

变形验算:

$$v = \frac{ql^4}{150EI} = 0.18 \mathrm{mm} < \frac{l}{400} = 1.75 \mathrm{mm} 且 < 2 \mathrm{mm}$$

3. 模板围檩

模板围檩承受模板背肋的集中荷载作用,可以按照多跨连续梁计算内力与变形,计算简图见图 5-26。图中,P 为模板背肋作用在模板围檩上的集中荷载。

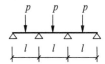

图 5-26 模板围檩计算简图

计算参数:

双拼 10 号槽钢: $h=100\mathrm{mm}$, $b=136\mathrm{mm}$, $d=5.3\mathrm{mm}$,

$l=1020\mathrm{mm}$, $W_\mathrm{n1}=7.94\times10^4\mathrm{mm^3}$, $I=3.96\times10^6\mathrm{mm^4}$,

$P=8.47\times10^3\mathrm{N}$, $M_\mathrm{p}=1.51\times10^6\mathrm{N\cdot mm}$

抗弯强度验算:

$$\sigma = \frac{M_\mathrm{p}}{W_\mathrm{n1}} = 19.04 \mathrm{N/mm^2} < f = 215 \mathrm{N/mm^2}$$

变形验算:

$$v = 1.146\frac{Pl^3}{100EI} = 0.13 \mathrm{mm} < \frac{l}{250} = 4.08 \mathrm{mm} 且 < 5 \mathrm{mm}$$

4. 模板对拉螺栓

抗拉承载力强度验算:

$$N = 33.88\times10^3\mathrm{N} < Af = 34.16\times10^3\mathrm{N}$$

5.11 连接节点设计

整体钢平台模架装备连接节点种类与形式多,既包括系统与系统之间的连接节点,也包括整体钢平台模架装备支撑于混凝土墙体结构上的连接节点。各系统组成内部的连接节点在前述第 5.2 节~第 5.10 节已经介绍,本节不再赘述。

5.11.1　系统与系统的连接节点设计

整体钢平台模架装备各组成系统之间的连接节点起荷载传递作用，保证模架的整体工作性能，故需具有足够的承载能力。以下分别介绍系统与系统连接的各类节点的设计方法。

1. 吊脚手架系统与钢平台系统的连接节点

吊脚手架系统与钢平台框架采用固定连接时，法兰板连接节点通过普通螺栓连接，此节点按照普通螺栓进行承载力验算，按式（5-7）与式（5-8）计算。

吊脚手架系统与钢平台框架采用滑移装置连接时，滑移装置的滑移轨道与钢平台框架的连接根据节点的具体形式，按第 5.2.3 节的方法进行计算。

2. 筒架支撑系统与钢平台系统的连接节点

钢平台系统与筒架支撑系统的连接节点采用高强度螺栓连接，此节点按照高强度螺栓进行承载力验算，按式（5-9）进行承载力计算。

3. 临时钢柱爬升系统与钢平台系统的连接节点

对于临时钢柱支撑系统，钢平台系统竖向支撑装置承重销与临时钢柱的连接，按第 5.6.1 节的有关方法进行钢柱局部受压承载力计算，按照第 5.6.4 节的有关方法进行连接节点承载力验算。

对于临时钢柱爬升系统，螺杆连接件吊点与钢平台框架的连接，根据实际采用的螺栓连接、焊接连接等方式，按第 5.2.3 节的方法进行计算。

4. 劲性钢柱爬升系统与钢平台系统的连接节点

对于劲性钢柱支撑系统，钢平台系统竖向支撑装置承力销搁置于劲性钢柱的钢牛腿支撑装置上，按第 5.7.2 节的方法计算钢牛腿支撑装置的承载力，按第 5.7.5 节的方法计算承力销的承载力。

对于劲性钢柱爬升系统，螺杆连接件吊点与钢平台框架的连接，根据实际采用的螺栓连接、焊接连接等方式，按第 5.2.3 节的方法计算节点承载力。

5. 钢梁爬升系统与钢平台系统的连接节点

钢梁钢柱结合提升机爬升系统与钢平台系统的连接采用螺杆连接件吊点。螺杆连接件吊点与钢平台框架的连接，根据实际采用的螺栓连接、焊接连接等方式，按第 5.2.3 节的方法计算节点承载力。

6. 工具式钢柱爬升系统与钢平台系统的连接节点

爬升阶段工具式钢柱爬升系统，爬升靴提升构件与钢平台系统的螺栓连接节点采用高强度螺栓连接，按照式（5-9）进行承载力验算。

7. 钢梁爬升系统与筒架支撑系统的连接节点

对于钢梁结合顶升液压油缸爬升系统，其与筒架支撑系统的连接为液压油缸缸体顶端与筒架支撑系统上部标准节底端的法兰连接节点。在该节点承受压力作用时不需进行验算，在承受拉力作用时因拉力仅为钢梁爬升系统自重，也不需进行验算。

对于钢梁钢柱结合提升机爬升系统，爬升钢柱临时搁置竖向支撑装置按第5.8.2节的方法进行竖向支撑装置的承载力计算。

8. 模板系统与钢平台系统的连接节点

模板系统与钢平台系统的连接节点，按第5.3.6节所述方法进行模板吊点梁的承载力计算。

5.11.2 支撑于结构的连接节点设计

整体钢平台模架装备支撑于混凝土墙体结构上时，主要有两种类型的支撑连接方式，包括搁置支撑于混凝土墙体结构侧面的支承凹槽、栓接支撑于混凝土墙体结构顶端。以下分别叙述相应的支撑节点的设计方法。

1. 搁置支撑于混凝土墙体结构支承凹槽

竖向支撑装置支撑于混凝土结构支承凹槽时，需要对混凝土结构局部受压承载力进行验算。对不设置钢垫板的情况，局部受压区的截面尺寸按下列公式确定：

$$F_c \leqslant 0.9\beta_c\beta_l f_{cc} A_{ln} \tag{5-50}$$

$$\beta_l = \sqrt{A_b / A_l} \tag{5-51}$$

式中，F_c 为局部受压面上作用的局部压力设计值（N）；β_c 为混凝土强度影响系数：当混凝土强度等级不超过 C50 时，取 1.0；当混凝土强度等级为 C80 时，取 0.8；其间线性插值确定。β_l 为混凝土局部受压时的强度提高系数；A_l 为混凝土局部受压面积（mm²）；A_{ln} 为混凝土局部受压净面积（mm²）；A_b 为局部受压的计算底面积（mm²），可由局部受压面积与计算底面积按同心、对称的原则确定，常见情况可按图 5-27 取用。

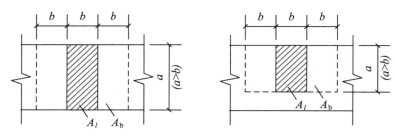

图 5-27　局部受压的计算底面积

当承载力不满足于要求时，可在混凝土结构支承凹槽支撑面上铺设钢板，通过钢板扩大局部承压面积。

2. 栓接支撑于混凝土墙体结构顶端

为防止工具式钢柱受弯时发生过大的侧向变形，需要对用于固定工具式钢柱底部的螺栓承载力计算值进行控制，不能出现拉力。

工具式钢柱端部的抗剪依靠钢柱底板与混凝土结构之间的摩擦力抵抗，抗剪承载力按下式计算：

$$V \leqslant \mu N \tag{5-52}$$

式中，V 为工具式钢柱底部剪力设计值（N）；μ 为摩擦系数，取 0.3；N 为工具式钢柱底部轴压力设计值（N）。

工具式钢柱在压弯荷载作用下作用于混凝土结构顶面的最大压应力不能超出混凝土结构的实际抗压强度，所以工具式钢柱底部混凝土的局部承压承载力按下列公式计算：

当 $e \leqslant l/6$ 时：

$$p_{\max} = \frac{N}{bl}\left(1 + \frac{6e}{l}\right) \leqslant f_{cc} \tag{5-53}$$

当 $l/6 < e \leqslant l/6 + l_t/3$ 时：

$$p_{\max} = \frac{2N}{3b(l/2 - e)} \leqslant f_{cc} \tag{5-54}$$

式中，$p_{\max}$ 为工具式钢柱底部混凝土最大压应力设计值（N/mm²）；e 为偏心距（mm），$e = M/N$；M 为工具式钢柱底部弯矩设计值（N·mm）；l 为底板长度（mm）；b 为底板宽度（mm）；l_t 为预埋锚筋中心与底板边缘的距离（mm），见图 5-28。

由于工具式钢柱支撑部位的混凝土为新浇筑，所以计算时所采用的混凝土强度建议结合同条件养护试块试验获得实际抗压强度。

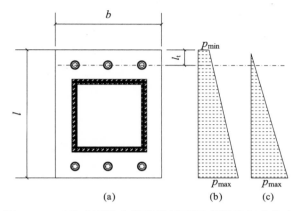

图 5-28　工具式钢柱支撑底板平面示意图及压力分布

5.11.3　设计案例

1. 钢平台梁连接节点

钢平台系统主梁连接采用对接焊缝连接，焊缝强度和型钢材质匹配，计算简图见图 5-29。

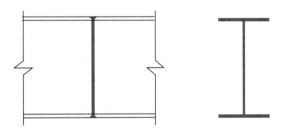

图 5-29　钢平台系统主梁连接对接焊缝计算

计算参数：

$I_x = 2.2775 \times 10^8 \mathrm{mm}^4$，$S_x = 6.4298 \times 10^5 \mathrm{mm}^3$，$S_1 = 5.031 \times 10^5 \mathrm{mm}^3$，

$t = 8\mathrm{mm}$，$y_1 = 187\mathrm{mm}$，$W_x = 1.1387 \times 10^6 \mathrm{mm}^3$，

节点受力设计值为：$V = 7.7313 \times 10^4 \mathrm{N}$，$M_x = 1.5857 \times 10^8 \mathrm{N \cdot mm}$

焊缝强度验算：

$$\sigma_{max} = \frac{M_x}{W_x} = 139.26 \mathrm{N/mm}^2 < f_t^w = 305 \mathrm{N/mm}^2$$

$$\tau_{max} = \frac{VS_x}{I_x t_w} = 27.28 \mathrm{N/mm}^2 < f_v^w = 175 \mathrm{N/mm}^2$$

正应力剪应力同时作用点强度验算：

$$\sigma_1 = \frac{M_x}{I_x} y_1 = 130.20 \text{N} / \text{mm}^2 < f_t^w = 305 \text{N} / \text{mm}^2$$

$$\tau_1 = \frac{VS_1}{I_x t_w} = 21.35 \text{N} / \text{mm}^2 < f_v^w = 175 \text{N} / \text{mm}^2$$

$$\sqrt{\sigma_1^2 + 3\tau_1^2} = 135.35 \text{N} / \text{mm}^2 < 1.1 f_t^w = 335.5 \text{N} / \text{mm}^2$$

2. 系统与系统的连接节点

（1）吊脚手架与钢平台系统连接节点

钢平台系统与吊脚手架连接采用普通螺栓。脚手吊架端部安装连接板，通过 4 个普通螺栓连接在钢平台钢梁底部，普通螺栓采用 4.8 级，直径为 12mm，见图 5-30。

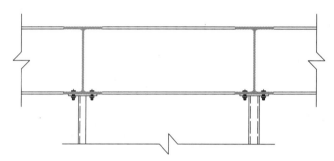

图 5-30　钢平台系统与吊脚手架连接节点计算

计算参数：

$$N_v^b = n_v \frac{\pi d^2}{4} f_v^b = 1.58 \times 10^4 \text{N}$$

$$N_t^b = \frac{\pi d_e^2}{4} f_t^b = 1.43 \times 10^4 \text{N}$$

节点受力设计值为：$N_t = 0.84 \times 10^4 \text{N}$，$N_v = 0.72 \times 10^3 \text{N}$

螺栓强度验算：

$$\sqrt{\left(\frac{N_t}{N_t^b}\right)^2 + \left(\frac{N_v}{N_v^b}\right)^2} = 0.59 < 1.0$$

（2）筒架支撑系统与钢平台系统的连接节点

钢平台系统与筒架支撑系统连接采用高强度螺栓。筒架支撑系统竖向型钢杆件端板安装节点板，通过 4 个高强度螺栓连接在钢平台系统钢梁底部，高强度螺栓采用 8.8 级，直径为 20mm，见图 5-31。

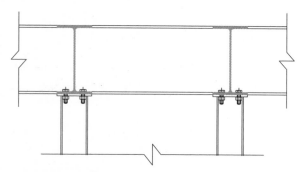

图 5-31 钢平台系统与筒架支撑系统连接节点计算

计算参数:

$N_t^b = 0.8P = 1.0 \times 10^5 N$, $N_v^b = 0.8kn_f\mu P = 3.35 \times 10^4 N$

节点受力设计值为: $N_t = 6.22 \times 10^4 N$, $N_v = 0.5 \times 10^3 N$

螺栓强度验算:

$$\frac{N_v}{N_v^b} + \frac{N_t}{N_t^b} = 0.64 < 1.0$$

(3) 工具式钢柱爬升系统与钢平台系统连接节点

钢平台系统与工具式钢柱爬升系统连接节点采用高强度螺栓进行连接,高强度螺栓采用 8.8 级,直径为 20mm,见图 5-32。

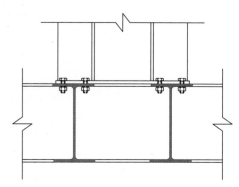

图 5-32 钢平台系统与工具式钢柱爬升系统高强度螺栓连接计算简图

计算参数:

$N_t^b = 0.8P = 1.0 \times 10^5 N$, $N_v^b = 0.9kn_f\mu P = 3.94 \times 10^4 N$

节点受力设计值为: $N = 4.0 \times 10^5 N$, $N_t = 1.67 \times 10^4 N$, $N_v = 1.5 \times 10^3 N$

螺栓强度验算:

$$\frac{N_v}{N_v^b} + \frac{N_t}{N_t^b} = 0.21 < 1.0$$

3. 支撑于结构的连接节点设计

（1）搁置支撑于混凝土墙体结构支承凹槽

混凝土结构支承凹槽尺寸为宽 180mm、深 160mm、高 300mm。混凝土结构支承凹槽处局部受压示意图见图 5-33，阴影部分为局部受压区。

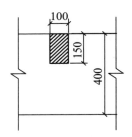

图 5-33　混凝土结构支承凹槽局部受压部位示意图

计算参数：

$\beta_c = 1.0$，$\beta_l = \sqrt{3}$，$A_{ln} = 15000\text{mm}^2$，$f_{cc} = 23.1\text{N/mm}^2$

$F_c = 5.45 \times 10^5 \text{N}$

局部受压强度验算：

$$F_c = 4.45 \times 10^5 \text{N} < 0.9\beta_c\beta_l f_{cc}A_{ln} = 5.40 \times 10^5 \text{N}$$

（2）栓接支撑于混凝土墙体结构顶端

工具式钢柱支撑于混凝土结构顶面的柱脚节点采用钢筋锚固形式，柱脚端部节点板开 4 个 U 形孔，与混凝土墙体预留的 4 根直径为 18mm 螺纹钢筋进行临时固定，计算简图见图 5-34。

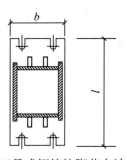

图 5-34　工具式钢柱柱脚节点计算示意图

计算参数：

$b = 280\text{mm}$，$l = 550\text{mm}$，$\mu = 0.3$，$f_{cc} = 23.1\text{N/mm}^2$

节点受力设计值为：$V = 5.0 \times 10^2 \text{N}$，$N = 2.86 \times 10^5 \text{N}$，$M = 4.2 \times 10^6 \text{N} \cdot \text{mm}$

抗剪承载力验算：

$$V=1.2\times10^4\text{N}<\mu N=8.60\times10^4\text{N}$$

局部承压承载力验算:

$$e=\frac{M}{N}=14.69\text{mm}<\frac{l}{6}=91.7\text{mm}$$

$$p_{\max}=\frac{N}{bl}\left(1+\frac{6e}{l}\right)=2.15\text{N}/\text{mm}^2<f_{cc}=23.1\text{N}/\text{mm}^2$$

5.12　构件与节点静力试验

整体钢平台模架装备的关键构件与节点在工程实践的基础上进行了系列静力试验,包括工具式钢柱、爬升靴、竖向支撑装置、工具式钢柱柱脚节点、钢平台系统主次梁连接节点及主梁拼接节点等,通过考察构件及节点在荷载作用下的力学性能,为节点的设计计算方法以及整体钢平台模架结构设计计算理论的构建提供了重要依据。

5.12.1　开孔箱型工具式钢柱试验研究

试验针对爬升系统中的工具式钢柱进行承载力研究,通过对其进行轴心受压单调加载,掌握钢柱破坏模式、孔洞对截面应力和应变分布的影响以及不同截面尺寸开孔型钢柱极限承载力的变化等规律。对三组试件(编号C1、C2、C3,表示不同截面尺寸)进行加载试验,试件加载结果见图5-35。

(a) 构件 C1、C3　　　　　　　(b) 构件 C2

图 5-35　试件的失稳形式

试验实测的轴力 -X 方向水平位移曲线及轴力 -Y 方向水平位移曲线分别见图 5-36 和图 5-37。

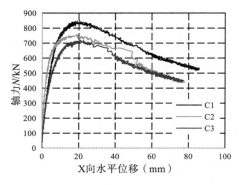 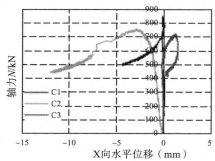

图 5-36　轴力 -X 方向水平位移曲线　　　图 5-37　轴力 -Y 方向水平位移曲线

试验得到如下结论：

1）三根钢柱试件均呈现出典型的整体失稳破坏模式，未出现局部屈曲。

2）试件极限承载力试验结果表明，试件 C1 的极限承载力最高、C2 其次、C3 最小。试件 C2 比试件 C1 沿 X 轴方向的截面宽度小，因此其承载力较 C1 小；试件 C3 有两个侧面的壁厚小于 C1 相应的壁厚，因此其承载力较 C1 小。

3）试验加载至极限荷载时，试件弯曲受压一侧截面基本进入塑性状态，弯曲受拉一侧截面保持弹性状态。

4）截面开孔对截面应变分布有显著影响。相同试件在相同轴力水平下，开孔截面孔洞边缘处的应变大于未开孔截面相同位置处的应变，孔边具有一定程度的应力集中现象。

5.12.2　爬升靴试验研究

试验分别针对工具式钢柱爬升系统的上、下爬升靴进行研究，通过测得的应变、位移等关键数据分析爬升靴系统的极限承载力及破坏模式。试验加载结果见图 5-38。

同时通过试验数据，实测得到上下爬升靴系统的极限承载力分别为 1511kN 和 1454kN，其荷载 - 竖向位移曲线分别见图 5-39 和图 5-40。

试验得到如下结论：

1）上、下爬升靴两个试验加载至极限承载力时，爬升靴试件均与工具式钢柱出现明显相对滑移，试件发出轰然巨响，内部爬升爪断裂，爬升爪承压面发生明显局部变形。工具式钢柱开孔局部出现明显压溃。

（a）上爬升靴 　　　　　　　　　　（b）下爬升靴

图 5-38　试验中爬升靴试件与工具式钢柱的相对位置

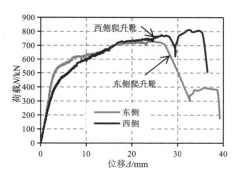
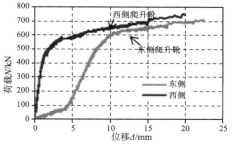

图 5-39　上爬升靴荷载 - 竖向位移曲线　　图 5-40　下爬升靴荷载 - 竖向位移曲线

2）两个试验均表现为典型的弹塑性破坏，系统整体极限承载力为 1454kN。实际工程中，系统在最大荷载工况 400kN 下工作时，冗余度为 3.6。

3）实际工程中，系统在最大荷载工况 400kN 下工作时，爬升爪仍然处于弹性阶段，因此该爬升装置可以重复利用，冗余度为 1.33；后背板仍然处于弹性阶段，因此该爬升装置可以重复利用，冗余度为 2.33。

4）荷载主要通过工具式钢柱开孔对边两侧板传递，达到极限承载力时，工具式钢柱试件开孔对边两侧已进入塑性状态。

5.12.3　竖向支撑装置试验研究

试验针对整体钢平台装备中关键竖向传力部件竖向支撑装置开展研究，确定其受力性能、极限承载力及破坏模式。对三组试件（T20-16、T10-16 和 T20-8，分别表示端板厚度和螺栓数量为 20mm 和 16 个、10mm 和 16 个、20mm 和 8 个）进行加载试验，得到其破坏模式见图 5-41。

（a）试件 T20-16

（b）试件 T10-16

（c）试件 T20-8

图 5-41　试件破坏模式

通过试验，得到竖向限位装置的荷载 - 竖向位移曲线、荷载 - 水平位移曲线，分别见图 5-42 和图 5-43。

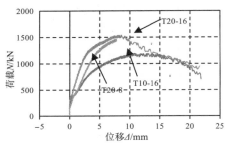

图 5-42　竖向支撑装置荷载 - 竖向位移曲线

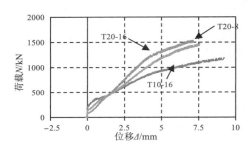

图 5-43　竖向支撑装置荷载 - 水平位移曲线

试验得到如下结论：

1）三种竖向支撑装置因构造细节处理的不同导致破坏模式的不同。试件 T20-16 端板剪切断裂及受拉箱体焊缝拉裂破坏，试件 T10-16 为端板受拉破坏，试件 T20-8 螺栓剪切破坏。

2）试件 T20-16 的承载力最高，T20-8 次之，T10-16 最小。试件 T10-16 极限承载力较 T20-16 低，说明减小端板厚度，构件的极限承载力降低，且荷载达到极限承载力时，端板截面基本全截面屈服，并有较大的塑性发展，螺栓孔壁出现明显的承压塑性变形，螺栓孔承压破坏。

3）试件 T20-8 较 T20-16 低，说明减少端板螺栓数量，构件的极限承载力并未显著降低，说明试件 T20-8 连接的强度与试件本身的强度达到了等强。

4）当端板处于弹性工作阶段时，荷载主要通过端板 - 端板螺栓传递；随着荷载增加，端板进入屈服、塑性发展阶段时，则试件传力路径发生改变，增加的荷载主要通过受拉箱体 - 底板螺栓传递。

5.12.4　工具式钢柱柱脚试验研究

试验针对工具式钢柱爬升系统中的工具式钢柱柱脚进行研究，分析其压弯性能和破坏模式。试验设计为两组（编号 ZJ-X 和 ZJ-Y，表示 X 向和 Y 向），分别表示沿钢柱截面两个主轴方向施加水平推力，得到其转动变形情况见图 5-44。

图 5-44　试件 ZJ-X 和 ZJ-Y 的整体变形和柱脚的转动变形情况

对于柱脚抗弯性能试验，柱脚的弯矩 - 转角曲线可以反映出整个柱脚连接的受力性能，得到试件 ZJ-X 和 ZJ-Y 弯矩 - 转角的相关曲线分别见图 5-45 和图 5-46。

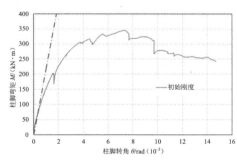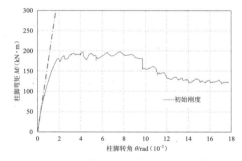

图 5-45　试件 ZJ-X 柱脚的 M-θ 曲线　　　图 5-46　试件 ZJ-Y 柱脚的 M-θ 曲线

试验得到如下结论：

1）柱脚边缘受拉侧的抗拔钢筋在加载后期进入屈服状态。

2）柱脚沿两个主轴方向抗弯试验的最终破坏形态，均表现为柱脚受拉区的抗拔钢筋和柱脚上底板发生显著的塑性变形，受拉区抗拔钢筋的螺纹发生破坏，抗拔钢筋及其螺帽脱离柱脚上底板的 U 形槽孔。

3）在整个试验过程中，两个柱脚底部的混凝土均未发生压碎破坏现象，也未产生可见裂纹。该柱脚连接的薄弱环节不在于强度等级 C60 短龄期混凝土的抗压强度，而在于柱脚连接的抗拔钢筋和钢筋螺纹抗拉强度以及柱脚底板的抗弯强度。

4）在竖向施工荷载 300kN 作用下，试件 ZJ-X 和 ZJ-Y 的最大抗弯承载力分别为 345kN·m 和 198kN·m，沿 X 主轴方向的抗弯承载力比沿 Y 轴方向的抗弯承载力大 74.2%。承载力差异的最主要原因在于，试件 ZJ-X 柱脚抗拔钢筋的力臂大于试件 ZJ-Y。

5.12.5　主次梁螺栓连接节点试验研究

试验针对钢平台系统中的主次梁螺栓连接节点进行研究，分析其受力性能、破坏模式，并比较分析两种不同的构造对主次梁螺栓连接节点受力性能的影响，为主梁与次梁的连接计算假定提供合理的依据。试验得到加载结果见图 5-47。

图 5-47　试件加载前后对比

试验得到试件节点 J1 与 J2 的荷载 - 位移曲线，分别见图 5-48 和图 5-49。

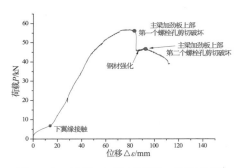

图 5-48　试件 J1 节点荷载 - 位移曲线　　图 5-49　试件 J2 节点荷载 - 位移曲线

试验得到如下结论：

1）试件 J1 与试件 J2 的破坏模式相同，均为主梁螺栓孔处受剪破坏后试件丧失承载力，且两个试件的极限承载力基本相同。

2）在加载过程中，由于螺杆与螺栓孔之间存在间隙，初始阶段的螺栓节点依靠连接钢板之间的摩擦传力，至螺栓克服摩擦力，转变为螺栓承剪、承压传力，在接触关系发生变化的过程中，荷载增加较小，而位移增加较大。

3）在加载过程中，变形主要集中于节点区域，并由此引起次梁端部的竖向位移，其他部分变形较小。

4）荷载较小时，试件 J1 与试件 J2 均处于依靠连接钢板之间的摩擦传力的阶段，两个节点试件的初始抗弯刚度相等；荷载增加，节点区螺栓滑移，接触关系发生变化，此时节点的抗弯刚度为弹性抗弯刚度，试件 J2 的弹性抗弯刚度比节点 J1 高，其抗剪螺栓群的滑移更小，协作能力更强，即连接时上部受剪螺栓受力更加均匀。

5.12.6 主梁螺栓拼接节点试验研究

试验针对主梁螺栓拼接节点进行研究，分析其受力性能、抗弯刚度和破坏模式，并比较分析两种不同的构造对主梁螺栓拼接节点受力性能的影响。对两组试件（编号 J1、J2）进行加载试验，得到主梁的破坏模式见图 5-50 与图 5-51。

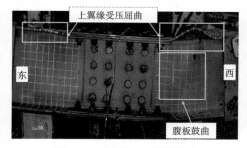

图 5-50　试件 J1 破坏模式　　　图 5-51　试件 J2 破坏模式

图 5-52 和图 5-53 分别给出了试件 J1 在加载过程中各控制截面的荷载 - 位移曲线。

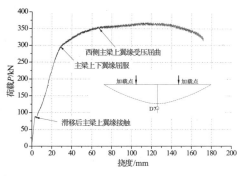
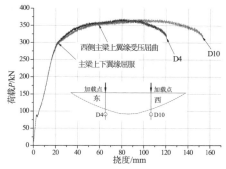

图 5-52　主梁跨中荷载 - 位移曲线　　　图 5-53　主梁加载点荷载 - 位移曲线

试验得到如下结论：

1）试件 J1 与试件 J2 的破坏模式相同，均为主梁上翼缘在拼接处附近受压屈曲后致使构件丧失承载力，两个试件的极限弯矩基本相等。

2）在加载过程中，由于螺杆与螺栓孔之间存在间隙，节点区螺栓滑移，接触关系发生变化，在接触关系发生变化的过程中，较小的荷载增加，就引起较大的位移增加。

3）试件 J1 的节点屈服弯矩大于试件 J2，原因在于试件 J1 腹板采用两排螺栓连接，而试件 J2 腹板采用单排螺栓连接，在相同荷载作用条件下，试件 J2 在腹板拼接板处分配弯矩较试件 J1 腹板处少，相应的试件 J2 翼缘拼接板承担弯矩较试件 J1 多，首先进入屈服。

4）在钢平台系统设计中，当外加荷载产生的弯矩 M 处在小于主梁拼接节点的抗滑移弯矩 M_s 的阶段时，则拼接节点可按刚接处理；当 M 处在大于 M_s 阶段时，则拼接节点不能按照刚接处理。实际工程中可以采取一些措施，例如增加构件表面摩擦处理等，以提高节点的螺栓抗滑移弯矩 M_s，从而使拼接节点达到刚性的荷载范围增大。

第 6 章

整体钢平台模架装备
构造

6.1　概述

整体钢平台模架装备进行构造设计时，首先需要针对各构件确定合理的材料、尺寸与组成方式，构件的构造设计既要能保证整体钢平台模架装备结构安全耐久，还要方便构件加工、运输及现场拼装施工。整体钢平台模架装备的各构件根据相互之间的关系及使用要求采用一定的构造措施相互组合形成五大系统，其中的构造设计涉及构件与构件之间的空间关系、组合方式、连接节点等。整体钢平台模架装备的各系统根据相互之间的关系及组合要求采用可靠的构造措施连接形成结构，其中的构造设计涉及系统与系统之间的空间关系、构成方式、连接节点等。

本章从整体钢平台模架装备的功能需求出发，介绍整体钢平台模架装备构造设计方法，通过分析整体钢平台模架各系统、各构件之间的相互关系，提供各系统、各构件、各节点的合理构造方法，达到相互之间的最优组合，实现整体钢平台模架装备的合理性、适用性、安全性、经济性等高工作性能要求。

6.2　整体结构构造

整体钢平台模架装备的构造设计需考虑施工全过程工业化水平以及全生命周期绿色化水平。整体钢平台模架装备各构成系统及系统组成构件均按标准化和模块化的原则进行设计，系统与系统之间、构件与构件之间应尽可能采用螺栓连接、销轴连接等便于安装和拆卸的连接方式。所以，不仅要能在安装阶段实现灵活的拼装，还要在施工过程中实现局部结构的快速拆装，同时实现大部分构件的重复周转使用，达到提高工业化和绿色化建造能力。上置提升式与下置顶升式整体钢平台模架结构特点见图 6-1。

整体钢平台模架装备各系统之间的空间位置应能满足便于施工的需要。爬升后的吊脚手架底部走道板与模板系统底部的竖向净距一般不小于 300mm；模板系统提升安装就位位置的顶部与钢平台框架底部的竖向净距一般不小于 250mm。模板系统安装就位位置与吊脚手架系统或筒架支撑系统之间的水平净距一般不小于 100mm；模板系统对拉螺栓安装位置延长线应错开脚手吊架、脚手走道板以及筒架支撑系统的竖向、横向型钢杆件位置。整体钢平台模架装备各系统相互之间通常需要设置施工人员上下的出入口及楼梯或爬梯，出入

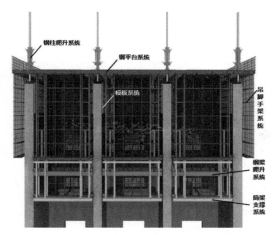

图 6-1　整体钢平台模架结构示意图

口最小边长一般不小于 550mm；竖向支撑装置承力销的搁置长度一般不小于 80mm。筒架支撑系统通常兼作脚手架，以实现脚手架施工功能要求；筒架支撑系统水平限位装置在高度方向一般不少于 2 道，与支承部位之间一般控制不大于 30mm 间隙。钢梁爬升系统采用双作用液压油缸时，其爬升钢梁或爬升钢框通常内嵌在筒架支撑系统中，通过相互约束来提高爬升过程的安全性，相互间的水平间隙一般不大于 50mm；钢梁爬升系统采用钢柱结合蜗轮蜗杆提升机时，钢柱与筒架支撑系统之间通常设置套筒限位约束，相互间的水平间隙一般不大于 10mm。

6.3　钢平台系统构造

　　钢平台系统主要由钢平台框架、盖板、格栅盖板、围挡、安全栏杆、竖向支撑装置、模板吊点梁等组成，系统组成部分的各自功能满足了相应的施工需要。钢平台系统位于整体钢平台模架装备的顶部，也位于所施工混凝土墙体结构的上方，平面布置覆盖混凝土结构作业范围，并延伸至混凝土墙体结构外侧吊脚手架系统区域。

　　钢平台系统具有大承载力、表面平整、单元式构造、封闭作业等特点。钢平台系统超大承载力的特点，可确保一批次吊运钢筋量满足施工半层或一层混凝土结构；钢平台系统表面平整的特点，保证了材料和设备堆放及人员操作的便利；钢平台系统单元式构造的特点，确保了施工过程能够根据混凝土结构体型变化的特点进行局部拆装，实现装备施工的柔性转换。钢平台系统周边封闭

209

式安全作业空间，确保了钢平台系统人员作业的安全，不发生高空坠物事故，适应了环境保护要求。

模板系统提升作业时，手动捯链或电动葫芦需要具有足够的操作空间，因此钢平台框架底部与施工层混凝土结构顶面的竖向净距一般不小于 250mm。施工过程中，塔式起重机作业通常会有一定的摆幅，为了保证钢平台系统与塔式起重机之间具有足够的安全距离，相互之间的水平净距一般控制在不小于 500mm；人货两用电梯最上的附着点通常设在钢平台框架上，钢平台系统与人货两用电梯笼体的水平净距一般控制在不小于 80mm。

6.3.1　钢平台框架

钢平台框架采用型钢或钢桁架制作，根据竖向混凝土结构位置采用主次梁布置方式。框架主梁连续设置并延伸至混凝土墙体结构边缘，框架次梁根据结构受力特点设置。

采用型钢制作的钢平台框架，在合理布置支撑系统的情况下，具有较大的强度及刚度，而且结构转换也相对容易实现。常用的钢平台框架一般由型钢主梁、型钢次梁、型钢连系梁组成。为了便于连接，钢平台框架型钢主梁通常平行设置于脚手吊架、筒架支撑竖向型钢杆件的顶端纵向位置，且平行于混凝土墙体结构；钢平台框架型钢主梁通常分布在混凝土墙体结构两侧，并与墙体保持合理的水平距离；钢平台框架型钢次梁一般设置于主梁之间，型钢次梁的间距一般控制在不大于 5m。为了便于钢平台系统与吊脚手架系统及筒架支撑系统的连接，钢平台框架通常可以选择同一规格的型钢，使钢平台框架的顶面及底面保持相同标高。钢平台框架跨混凝土墙体结构的型钢连系梁一般采用便于快速装拆的构造形式，其两端连接点通常可采用螺栓连接方式；连系梁应根据受力特点设置，间距一般不大于 2m；型钢连系梁快速组装的施工方法，适应了剪力钢板层、伸臂桁架层的钢结构自上而下的安装，实现了钢平台系统不分体的高效安全施工。由于混凝土结构会随着楼层的上升而发生结构体型变化，钢平台系统需要具有快速变化的适应能力，所以钢平台框架模块化设计显得非常重要。典型工程上海中心大厦型钢制作的钢平台框架见图 6-2。

钢平台框架型钢梁连接可采用焊接或者螺栓连接的方式。采用焊接连接时，焊缝连续，角焊缝焊脚尺寸不小于 6mm。采用螺栓连接时，腹板位置单侧不少于两排螺栓，每排不少于 3 个螺栓；上、下翼缘位置单侧分别不少于三排螺栓，每排不少于 2 个螺栓；螺栓规格一般不小于 M20，此类节点具有较好的抗弯、抗

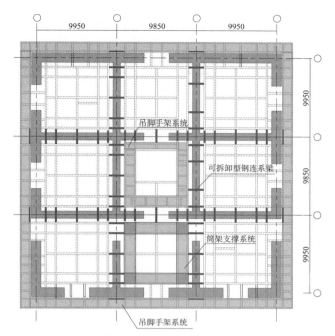

图 6-2 型钢钢平台框架平面结构示意图

剪能力，相比单排连接的铰接节点具有受力合理、承载力大、安全性高等优点。

在超高层建筑工程施工中，选用型钢方式的钢平台系统是最常用、最经济的一种形式。在某些工程中，如果由于结构特殊，致使钢平台系统支撑立柱的间距过大，造成钢平台系统承受荷载后产生不均衡受力状态或过大的挠度，难以满足设计要求时可以采用桁架式主梁结合型钢次梁的结构形式。桁架式主梁的上下弦杆可采用双拼槽钢，桁架腹杆可采用圆钢管或角钢的结构形式，桁架式主梁的高度根据计算确定；型钢次梁的布置可沿混凝土墙体结构两侧外围设置，型钢次梁通常设置在吊脚手架系统的脚手吊架、筒架支撑系统的竖向型钢杆件以及模板系统的提升吊点等位置。

6.3.2 钢平台盖板

钢平台盖板分块搁置在钢平台框架上，主要分布在混凝土结构墙体上方平面以外的区域，钢平台盖板既是施工材料和施工机械设备的堆放场地，又是施工人员的作业场地。钢平台盖板具有结构牢靠、表面平整的特点，搁置在钢平台框架上应采取防侧滑的技术措施。

钢平台盖板由型钢骨架和面板组成，典型盖板见图 6-3。型钢骨架一般可采用宽 40mm、高 60mm、壁厚 3.5mm 的方钢管焊接而成，也可以采用角钢焊接

211

而成，骨架间距根据面板跨度要求设置，型钢骨架连接采用对接焊或围焊。面板铺设在型钢骨架的上方，一般可采用不小于 4mm 厚的花纹钢板。面板与型钢骨架采用角焊缝间隔固定，焊缝长度一般不小于 20mm，焊缝间距一般不大于 200mm，面板角部通常设置焊缝。钢平台盖板的边长一般不大于 3m，以方便人工搬运作业。

钢平台盖板为了吊运方便，通常在型钢骨架上设置 HPB300 圆钢吊环，数量不少于 4 个；圆钢吊环规格按重量定，直径一般不小于 18mm；吊环应做成可隐藏的方式，防止作业人员绊脚。

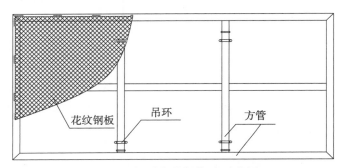

花纹钢板　　吊环　　方管

图 6-3　钢平台盖板构造示意图

6.3.3　钢平台格栅盖板

钢平台格栅盖板分块搁置在钢平台框架上，主要分布在混凝土结构墙体上方的区域。钢平台格栅盖板与钢平台盖板相比具有大量的孔洞，既可以满足作业人员在上行走，又可以解决临边洞口安全防护问题，典型格栅盖板见图 6-4。格栅盖板的孔洞可以满足作业人员在钢平台上将混凝土结构钢筋传递至钢平台系统下面的钢筋施工作业层，满足结构钢筋绑扎需要。钢平台格栅盖板分块重量较轻，便于人工搬运的特点。在剪力钢板层和伸臂桁架层施工时，可以临时移除钢平台格栅盖板，进行较大体积预埋件以及钢结构的自上而下安装。

钢平台格栅盖板的包边杆件及跨度方向杆件采用同截面扁钢，横向杆件可采用扭绞方钢、圆钢或扁钢。钢平台格栅盖板杆件采用扁钢时，扁钢要立式放置。格栅盖板杆件的连接采用对接焊或围焊。

钢平台格栅盖板的尺寸需与钢平台框架尺寸相互匹配，便于实现标准化、模块化，且要方便装拆人员的搬运。钢平台格栅盖板的横向长度一般不大于 600mm，跨度方向要满足搁置长度要求；钢平台格栅盖板与钢平台盖板的厚度差一般控制不大于 5mm。为方便混凝土结构钢筋的顺利传递下放，同时兼顾施工作业人员在格栅盖板上通行的安全，通常对格栅盖板的孔洞尺寸大小进行限制，一般控制在 80 ～ 120mm。

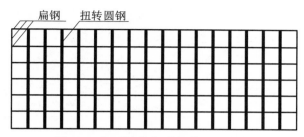

图 6-4 钢平台格栅盖板构造示意图

6.3.4 钢平台围挡

钢平台围挡设于钢平台框架的四周临边，形成侧向封闭式高空作业空间，是钢平台系统的重要安全保障设施，用于防止人员、物料等从钢平台系统上坠落。钢平台围挡设计要求能抵御侧向风荷载作用，并具有足够的抗冲击能力。钢平台围挡包括围栏立柱和立柱间的围挡板，四周围挡应形成封闭状态，典型围挡见图 6-5。根据人体高度视线以及常规安全控制要求，钢平台围挡高度不应小于 1.8m，通常可以按 2m 高度进行设计。

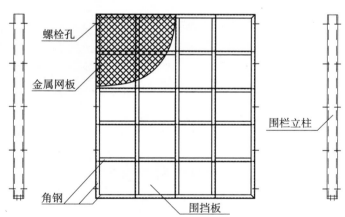

图 6-5 钢平台围挡构造示意图

钢平台围挡立柱采用型钢或铝型材制作，一般可采用 10 号槽钢，围挡立柱间隔根据抗冲击要求不宜过大，一般不大于 1.8m，高度与围挡板保持一致。

钢平台围挡板宽度一般不大于 1.8m，高度与围挡立柱相同。围挡板骨架采用型钢或铝型材制作，一般可采用角钢 ∟40mm×4mm 作为框架，骨架纵横间距不大于 600mm，连接采用连续焊缝。钢平台围挡板面板可采用金属网板或胶

213

合板，镀锌钢丝网板居多；为了防止高空坠物的安全控制要求，网板孔洞尺寸边长不大于 10mm。需要注意的是，采用胶合板或网板孔洞较小的围挡板，由于透风系数过小的原因，会导致承受的风荷载过大，设计时需要根据实际情况考虑。面板与围挡板骨架一般采用焊接连接，连接节点的间距一般不大于 200mm，面板角部通常通过连接进行固定。

钢平台围挡板与立柱一般采用螺栓连接，在围挡立柱上设置连接孔，分别与两侧围挡板通过螺栓相连接。连接螺栓间距一般不大于 500mm，螺栓规格不小于 M12。上部和下部螺栓位置，距离立柱顶端和底端一般不大于 100mm。

6.3.5　钢平台安全栏杆

钢平台系统设置有通往吊脚手架系统和筒架支撑系统的楼梯或爬梯系统，为了保证钢平台框架楼梯或爬梯洞口位置的安全防护，通常需要设置安全栏杆。

钢平台安全栏杆通常采用型钢或铝型材制作，高度一般不小于 1.2m，典型钢管安全栏杆见图 6-6。安全栏杆下横杆距离钢平台框架顶面距离不大于 0.6m，横杆间距不大于 0.6m，立杆间距不大于 1.8m。安全栏杆底部需设置踢脚板，踢脚板一般采用 3mm 厚钢板制作，高度不小于 180mm，以防止物体从安全栏杆底部间隙处坠落。

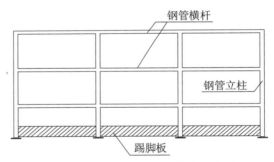

图 6-6　钢平台安全栏杆构造示意图

6.3.6　竖向支撑装置

在临时钢柱和劲性钢柱支撑系统中，钢平台系统通过竖向支撑装置作用于临时钢柱支撑以及劲性钢柱支撑的钢牛腿支承装置，故竖向支撑装置是钢平台系统最为重要的承受竖向荷载支撑构件。用于钢平台系统的竖向支撑装置最常用的是承重销及转动式承力销，这些类型竖向支撑装置均采用接触支撑方式。

竖向支撑装置承重销可采用 14mm 厚钢板作为腹板、12mm 厚钢板作为翼缘板组成箱形钢梁结构，箱形钢梁两端通过 8mm 厚钢板封口，典型承重销见图 6-7。承重销的两端设置手拉环，手拉环可采用 HPB300 圆钢制作，圆钢直径一般不小于 10mm，手拉环和封口钢板焊接固定。

图 6-7 竖向支撑装置承重销构造示意图

转动式竖向支撑装置由转动式承力销、转动销轴、限位反力座等组成，典型转动式竖向支撑装置见图 6-8。转动式竖向支撑装置通过螺栓安装连接，是标准化的组件。转动式竖向支撑装置借助承力销自重复位，实现正向通过脱离及反向搁置支撑的目的。转动式承力销既可采用钢板或铸钢件制作，其支撑面宽度不小于 50mm；转动销轴用于转动限位，一般采用 45 号钢制作，直径不小于 30mm。限位反力座主要用于转动式承力销的支承，可采用钢板制作，厚度不小于 20mm。转动式承力销可通过转动销轴限位作用，实现正向通过脱离及反向自重作用复位搁置的目的。为使转动式承力销在转动后能够自动复位，转动销轴孔后端的重量应大于前端的重量。转动式承力销受到限位反力架控制，具有双向限位作用，转动角度一般不大于 60°。

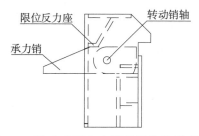

图 6-8 转动式竖向支撑装置构造示意图

6.3.7 钢平台模板吊点梁

模板系统主要利用钢平台框架悬挂作业，悬挂连接吊点通常利用模板吊点梁实施，模板吊点梁一般跨墙搁置于钢平台框架上，并在其上设置用于手动捯链或电动葫芦的连接点。模板吊点梁通常采用双拼 10 号槽钢制作，典型模板吊点梁见图 6-9。模板吊点梁上设置的手拉环、模板吊环采用 HPB300 圆钢制作，手拉环圆钢一般为 10mm，模板吊点圆钢一般为 20mm。由于混凝土墙体结构收分会造成模板吊点位置的改变，故模板吊点位置需不断改变以适应工程需要。

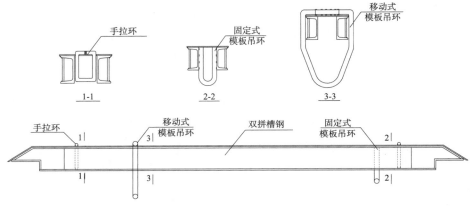

图 6-9　钢平台模板吊点梁构造示意图

6.3.8　各构件连接

钢平台系统中，各构件相互连接需要满足相应的构造要求，主要包括钢平台盖板与钢平台框架的连接、钢平台格栅板与钢平台框架的连接、钢平台安全栏杆与钢平台框架的连接、钢平台围挡与钢平台框架的连接、梁式承重销竖向支撑装置与钢平台框架的连接，承力销转动式竖向支撑装置与钢平台框架的连接、模板吊点梁与钢平台框架的连接等。

钢平台盖板分块布置，搁置在竖向混凝土结构平面区域以外的钢平台框架上，搁置长度一般不小于 50mm。钢平台盖板在方钢管或角钢下部、钢平台框架的边缘位置焊接 6mm 钢板作为限位装置，以确保施工过程中钢平台盖板卡固在钢平台框架中，防止在平面内发生滑移。

钢平台格栅板分块布置，搁置在竖向混凝土结构平面区域的钢平台框架上，搁置长度一般不小于 50mm，通过钢平台盖板加以约束以防止滑移。

钢平台安全栏杆设置在洞口临边区域，与钢平台框架的连接采用焊接或螺栓等连接方式。

钢平台围挡设置在钢平台系统外侧临边、人货两用电梯以及塔式起重机的洞口临边处，用于形成封闭的防护区域。进入人货两用电梯和塔式起重机的安全门作为临边围护，需要专门根据要求进行设计。钢平台围挡金属型材立柱与钢平台框架一般采用焊接连接或螺栓连接方式。

钢平台钢框通过梁式承重销竖向支撑装置支撑于临时钢柱上，支撑搁置长度不小于 80mm，且应具有可靠的限位构造。

钢平台框架与承力销转动式竖向支撑装置的连接采用螺栓连接，螺栓孔径一般为22mm，螺栓规格一般为M20，性能等级不低于10.9级，数量根据设计确定。

模板吊点梁与钢平台框架采用搁置方式连接，搁置长度不小于50mm，搁置点必须设有可靠的防侧移约束限位装置，防止动力作用造成模板吊点梁的侧向滑移脱落。

6.4　吊脚手架系统构造

吊脚手架系统主要由脚手吊架、走道板、围挡板、防坠挡板、楼梯、滑移装置、抗风杆件等部件组成，系统组成部分的各自功能满足了相应的施工需要。吊脚手架系统悬挂于钢平台系统下方，位于现浇混凝土结构侧向位置，提供混凝土结构施工钢筋绑扎、模板拼配、混凝土浇筑等立体作业空间，其高度需要满足现浇混凝土结构施工以及养护要求。

吊脚手架系统需具有安全可靠、全封闭、单元式构造的特点。吊脚手架系统是施工人员进行混凝土结构施工作业的空间，所以首要条件是必须确保高空作业安全可靠。吊脚手架系统侧面及底部应形成立体式全封闭防护体系，能够确保施工人员立体作业的安全性，防止人员、物料等坠落。吊脚手架系统单元式构造特点，能够确保适应混凝土结构复杂体型变化的需要。

根据混凝土结构施工工艺，钢筋绑扎时模板系统通常固定于下一个楼层位置，故吊脚手架系统的高度需要满足两个楼层施工需要。由于模板系统底部需要固定在已经浇筑完成的混凝土结构上，所以吊脚手架系统底端距离完成楼面的标高需要预留一段200mm左右空间用于固定；如果整体钢平台模架装备爬升存在超提情况，则尚应预留200～300mm高度的超提空间，此时吊脚手架底端距离完成楼面标高需要有500mm左右的空间距离。此外，钢平台系统框架梁底面距离混凝土浇筑顶面一般需保持250～500mm的净空距离以满足模板提升、钢筋预留长度的空间要求。考虑到各种因素，吊脚手架高度一般取两层半的高度，在总高范围内根据人体高度设定脚手架层数及步距高度，步距高度通常控制在1.90～2.20m。

吊脚手架系统的脚手走道板与现浇混凝土结构侧面的水平净距需满足施工需要，底部走道板与结构间的净距一般不大于100mm，其余脚手走道板一般不大于500mm。底部走道板不仅起到施工走道和操作平台的作用，还起到了整体脚手架底部封闭和安全防护屏障的作用。由于整体钢平台模架装备爬升时需与混凝土结构之间预留安全距离，其净距100mm间隙的要求可以满足安全爬升需

217

要。为了解决底部走道板与混凝土结构之间的间隙封闭问题，通常在底部走道板上设置防坠挡板，整体钢平台模架装备爬升时防坠挡板打开，爬升结束后防坠挡板封闭。防坠挡板可以设计成水平移动式或空间翻转式，平移式不受吊脚手架平面位置偏差影响，可以很好地起到封闭作用。

吊脚手架系统与塔式起重机、人货两用电梯之间需留有一定的安全距离，保证施工过程吊脚手架系统与机械设备不发生碰撞。吊脚手架系统与塔式起重机的水平净距一般控制在不小于500mm，吊脚手架系统与人货两用电梯的水平净距一般不小于80mm。

6.4.1　脚手吊架

脚手吊架是吊脚手架系统的主要承力构件，脚手走道板、围挡板所承受的荷载最终均通过脚手吊架传递给钢平台系统框架梁，因此脚手吊架需要具有足够的承载力与刚度。脚手吊架通常采用型钢或铝型材焊接制作，总高度一般大于两个结构标准层的高度，以满足混凝土结构施工以及养护作业的需要。

在混凝土结构施工工艺中，模板工程施工分为两个阶段，分别为模板工程施工层和模板工程清理层。根据模板施工层作业特点，脚手架距离模板拼配位置距离通常较小，方便作业人员操作；而根据模板清理层作业特点，模板与混凝土结构之间的距离相对较大，需满足模板清理操作空间的需要。综上所述，脚手架吊架通常分段设计，具体分为较宽的上段、较窄的下段两部分，典型脚手吊架见图6-10。脚手吊架分段连接一般采用螺栓连接，螺栓规格不小于M12。

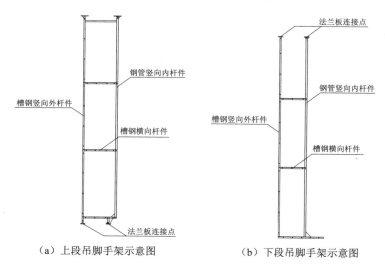

（a）上段吊脚手架示意图　　　　（b）下段吊脚手架示意图

图 6-10　吊脚手架构造示意图

上段脚手吊架由前立杆、后立杆、横杆、上连接法兰板、下连接法兰板等部分组成，通常距离混凝土墙体结构的尺寸控制在 300 ～ 400mm 之间。前立杆在施工过程中需要与脚手抗风连杆或临时支撑等进行相连，一般采用 $\phi48mm \times 3.5mm$ 脚手管，便于采用标准扣件进行快速装拆。后立杆需要与围挡板相连，一般采用 5 号槽钢，通过两肢钻孔用于螺栓连接脚手围挡板。横杆需要与走道板相连，因此可采用 5 号槽钢，两肢打孔后通过螺栓将走道板固定。上连接法兰板与钢平台框架梁底相连，法兰板采用 10mm 钢板制作，螺栓连接的孔径为 14mm；脚手吊架下连接采用法兰板与下段脚手吊架相连，法兰板采用 10mm 钢板制作，螺栓连接的孔径为 14mm。

下段脚手吊架由前立杆、后立杆、横杆、上连接法兰板等部分组成，通常距离混凝土墙体结构的尺寸控制在 500 ～ 600mm 之间，其宽度一般比上段脚手吊架窄 200mm 左右。前立杆、后立杆及横杆与上段脚手吊架类型相同，前立杆为 $\phi48mm \times 3.5mm$ 脚手管，后立杆与横杆为 5 号槽钢。上连接法兰板与上段脚手吊架相连，法兰板采用 10mm 钢板制作，连接孔径为 14mm，螺栓规格为 M12，根据构造设计每个连接点可采用两螺栓或四螺栓连接方法。下段脚手吊架的底横杆长于其他横杆，通常一端距离混凝土墙体结构按 100mm 设置。

脚手吊架的宽度即走道板的宽度以满足施工人员操作为原则，上段脚手吊架宽度通常控制在 750 ～ 1000mm，除底部外的下段脚手吊架宽度通常控制在 550 ～ 800mm，底部脚手吊架宽度通常控制在 1050 ～ 1300mm 范围。脚手吊架布置间距通常根据混凝土墙体结构延边长度进行调节，间距一般控制在不大于 1800mm。

脚手吊架顶部法兰板通过螺栓与滑移装置底部连接，螺栓规格一般为 M12，螺栓连接孔径为 14mm，每个连接点可采用四螺栓连接方法。滑移装置一般采用小型液压油缸驱动，既能精确控制吊脚手架的滑移位置，又能大幅提高吊脚手架位置变换的工效。每榀脚手吊架顶部设置一根滑移导轨，液压油缸通过螺栓连接固定在滑移导轨上，活塞杆端与滑移装置连接，直面整体吊脚手架在液压油缸的顶推作用下实现向混凝土墙体结构方向的整体滑移。

6.4.2 脚手走道板

脚手走道板为施工人员提供行走和操作的平台。根据脚手走道板的尺寸可以分为上部走道板和下部走道板两种规格，其长度和宽度尺寸根据脚手吊架的净间距以及脚手吊架的宽度确定，下部走道板通常比上部走道板窄 200mm 左右。脚手走道板实际设计尺寸还需在走道板与脚手吊架之间预留一定的缝隙，以方便嵌入式安装。脚手走道板的尺寸需满足作业人员施工的要求，上部走道板的宽度通常控制在 750～1000mm，除底部外的下部走道板的宽度通常控制在 550～800mm，底部走道板的宽度通常控制在 1050～1300mm 范围。脚手走道板的跨度通常控制在不大于 1.8m。

脚手走道板由骨架及面板组成，典型走道板见图 6-11。脚手走道板骨架一般采用型钢或铝型材制作，一般选择∟40mm×4mm 角钢，骨架纵横间距一般不大于 600mm，骨架连接采用对接焊或围焊。为了减小整体钢平台模架装备的自重，脚手走道板面板除底部外通常采用钢板网或铝板网，厚度不小于 4mm，钢板网或铝板网孔洞最大尺寸不大于 100mm。面板与骨架采用焊接连接，连接节点的间距一般不大于 200mm，面板角部通过连接固定。

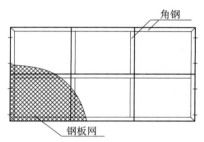

图 6-11　脚手走道板构造示意图

吊脚手架系统底部走道板因为防护控制的要求，相比其他走道板在构造上有严格的区别。底部走道板不仅起到施工通道和操作平台的作用，还要起到对整体钢平台模架体系进行底部封闭的作用。底部脚手走道板骨架采用型钢或铝型材焊接制作，一般选择∟40mm×4mm 角钢，骨架纵横间距可适当加密，面板通常采用花纹钢板或花纹铝板并与骨架焊接连接，典型底部走道板见图 6-12。

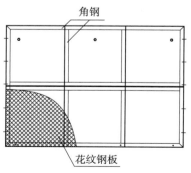

图 6-12　底部走道板构造示意图

6.4.3　脚手围挡板

脚手围挡板起到侧面防护的作用，与底部走道板及防坠挡板共同构建全封闭的作业空间，因此脚手架围挡板要求具有足够的强度和稳固性。

脚手围挡板长度和宽度尺寸根据脚手步距及脚手吊架净间距确定，脚手围挡板实际设计尺寸还需在围挡板与脚手吊架或脚手走道板之间预留一定的缝隙，以方便嵌入式安装。脚手围挡板的宽度通常不大于 1.8m，高度不大于 2.2m。

脚手围挡板由骨架和面板组成，典型围挡板见图 6-13。脚手架围挡板骨架通常采用型钢或其他材质加工制作，一般采用角钢∟40mm×4mm 焊接而成，骨架纵横间距不一般大于 600mm，骨架连接采用对接焊或围焊。脚手围挡面板通常采用金属网板或胶合板，金属网板孔洞尺寸一般不大于 10mm。脚手围挡面板与骨架可采用螺栓或焊接连接，连接节点的间距不大于 200mm，面板角部通过连接固定。

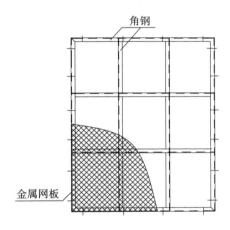

图 6-13　脚手围挡板构造示意图

6.4.4　脚手防坠挡板

为了防止构件及废弃物坠落，保证作业阶段吊脚手架系统底部走道板与混凝土墙体结构之间实现全封闭，需在底部走道板上设置防坠挡板。脚手防坠挡板可采用水平移动式或空间翻转式等。

水平移动式防坠挡板可采用薄钢板或薄铝板制作，一般采用 4mm 钢板弯制而成，每块防坠挡板上设置不少于 2 个用于防坠挡板固定和移动的长圆孔，保证防坠挡板可以沿垂直墙体方向实现平移式伸缩，长圆孔的长度要满足防坠挡板伸缩要求。防坠挡板宽度不小于 250mm，长度不大于 1800mm，厚度不小于

4mm，典型防坠挡板见图 6-14。整体钢平台模架装备施工中，脚手防坠挡板边缘紧贴墙体边缘形成完全封闭的施工环境；整体钢平台模架装备爬升前，脚手防坠挡板背离墙面方向移动，在吊脚手架系统底部与混凝土墙体结构之间留出 100mm 左右的间隙，确保吊脚手架在爬升过程中与混凝土墙体结构保持安全间隙。

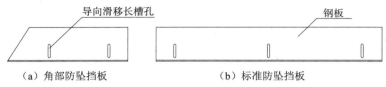

（a）角部防坠挡板　　　　　　　（b）标准防坠挡板

图 6-14　吊脚手架底部防坠挡板构造示意图

底部走道板的防坠挡板也可以采用空间翻转式形式，翻转式防坠挡板可采用 4mm 钢板制作。在整体钢平台模架装备施工中，将翻转式防坠挡板翻向墙体，封闭底部走道板与混凝土墙体结构之间的间隙，形成封闭空间环境；在整体钢平台模架装备爬升之前，将翻转式防坠挡板翻离墙体，使底部走道板与混凝土墙体结构之间留出间隙，确保整体钢平台模架装备爬升安全。

由于混凝土结构体型变化的多样性，采用水平移动式防坠挡板的适应性要优于空间翻转式防坠挡板，其封闭控制程度高，且不受整体钢平台模架装备空间位置偏差影响。采用空间翻转式防坠挡板，在混凝土墙体结构直面部位封闭较严密，但在混凝土墙体结构转角等复杂部位则难以做到完全封闭，安全防护性能不足。

6.4.5　脚手楼梯

吊脚手架系统需设置施工人员上下的楼梯，供施工人员通往吊脚手架系统各层脚手走道板之用，同时作为施工人员疏散的安全通道。脚手楼梯主要包括脚手楼梯板以及脚手安全栏杆，见图 6-15。

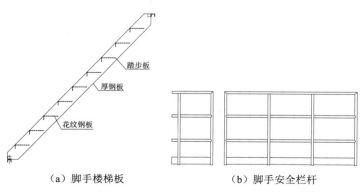

（a）脚手楼梯板　　　　　　　（b）脚手安全栏杆

图 6-15　脚手楼梯构造示意图

钢平台系统通往吊脚手架系统各层走道板的路径通常连续布置脚手楼梯，相邻楼层的脚手楼梯应间隔布置，通常需要设置楼梯休息平台，休息平台长度一般不小于1.5m。每段脚手楼梯一般布置在两榀脚手吊架之间，尽量选择脚手吊架间距较大的位置布置，便于施工人员正常行走。脚手楼梯的梯段梁通常选用6mm钢板制作，钢板侧向布置，踏步板一般采用4mm花纹钢板，并与梯段梁焊接连接。

在脚手走道板开设楼梯孔洞的位置需设置安全栏杆，安全栏杆通常采用φ48mm×3.5mm脚手管制作，栏杆的安装高度一般为1.1m高。安全栏杆下横杆距离钢平台框架顶面距离不大于0.6m，横杆间距不大于0.6m，立杆不少于3根。安全栏杆底部需设置踢脚板，踢脚板一般采用3mm厚钢板制作，高度不小于180mm。

6.4.6　脚手滑移装置

脚手滑移装置由滑移导轨、滑移滚轮、销轴螺杆、滚轮支座组成。混凝土墙体结构较大收分时，吊脚手架系统可采用滑移方式向墙面移动，滑移装置可设置在每榀脚手吊架顶部。

滑移导轨通常采用14号工字钢制作，长度根据脚手吊架滑移距离确定，滑移支座两端设封头板限制滚轮位置；滑移滚轮梯形柱面与工字钢翼缘契合，滑移滚轮成对布置作用于工字钢下翼缘内侧，单滚轮厚度一般为30mm，最小直径一般为80mm，销轴孔径28mm，材质为45号钢；销轴螺杆用于定位滑移滚轮，并用螺母固定在滚轮支座上，销轴螺杆直径26mm，材质为45号钢；滚轮支座采用钢板制作，厚度一般为16mm，材质为Q345。典型滑移装置见图6-16。

值得注意的是，只有混凝土墙体结构收分较大的工程才会采用移动式脚手架施工方法。

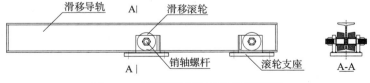

图6-16　脚手滑移装置构造示意图

6.4.7　脚手抗风杆件

脚手抗风杆件是由金属杆件制作形成，用于连接脚手吊架内侧竖向杆件支撑于混凝土墙体结构抵抗风荷载。为便于连接脚手吊架内侧 φ48×3.5 规格钢管，通常脚手抗风连杆也采用 φ48×3.5 同规格钢管制作。

对于受压型抗风杆件，除一端与脚手吊架通过扣件连接外，另一端一般可采用滚轮支座支撑于混凝土墙体的结构方式。为了抗风连杆稳定一般通过扣件连接辅助斜杆形成三角支撑，这种扣件连接方式便于随时装拆。滚轮及其支座可采用钢板制作，直接焊接于 φ48×3.5 杆件端部。这种类型抗风杆件主要用于作业阶段防止吊脚手架系统在风压作用下发生过大的变形。见图 6-17。

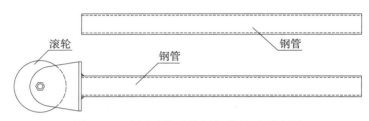

图 6-17　受压型脚手抗风杆件构造示意图

对于拉压型抗风杆件，除一端与脚手吊架通过扣件连接外，另一端一般采用铰接或固结连接于混凝土墙体的结构方式。由于连接方式繁多，故可根据工程需要进行设计制作，并与 φ48×3.5 杆件端部连接。这种类型抗风杆件主要用于非作业阶段将吊脚手架系统与混凝土墙体结构进行连接。典型的通过 H 型螺栓铰接连接的构造见图 6-18。

图 6-18　受拉型脚手抗风杆件构造示意图

6.4.8　各构件连接

吊脚手架系统中，各构件相互连接需要满足相应的构造要求，具体包括上脚手吊架与下脚手吊架的连接、脚手吊架与脚手走道板的连接、脚手吊架与脚手围挡板的连接、底部脚手走道板与脚手防坠挡板的连接、脚手吊架与脚手滑移装置的连接、脚手吊架与脚手抗风杆件的连接。考虑到标准化与模块化设计以及部件周转使用的需要，吊脚手架系统各构件的相互连接采用便于装拆的螺栓连接形式。

上脚手吊架与下脚手吊架采用分段设计，现场通过法兰板螺栓连接接长，分段设计主要为了构件运输。槽钢杆端采用法兰板双螺栓连接，圆钢管采用法兰板四螺栓连接，螺栓规格一般为 M12。

脚手走道板与脚手吊架横杆采用螺栓连接，单边螺栓连接数量不少于 3 个，间距不大于 400mm，规格一般为 M12。

脚手围挡板与脚手吊架采用螺栓连接，螺栓设置在两边的顶部、中部及底部区域，间距不大于 500mm，规格一般为 M10。

水平移动式防坠挡板通常通过其长圆孔内的螺栓与底部脚手走道板连接，螺栓数量不少于 2 个，规格一般为 M16；空间翻转式防坠挡板通常通过铰链与底部走道板连接。

脚手吊架与脚手滑移装置采用螺栓连接，螺栓规格一般为 M12，每个连接点采用四螺栓连接。

脚手吊架与脚手抗风杆件采用便于装拆的扣件连接，扣件形式可采用直角扣件或旋转扣件。

吊脚手架系统的围挡板、底部脚手走道板以及脚手防坠挡板形成的封闭防护空间，既可保证整体钢平台模架装备爬升的顺利进行，又可保证施工作业全过程的安全，保障了复杂高空立体作业的安全性。

6.5 筒架支撑系统构造

筒架支撑系统主要由筒架承力构件、筒架吊脚手架、竖向支撑装置及水平限位装置等组成。筒架支撑系统是整体钢平台模架装备在施工阶段的重要承力系统，主要将整体钢平台模架装备的所有竖向荷载传递给混凝土结构，并兼作脚手架系统提供所占空间区域范围内混凝土结构施工的作业空间。筒架支撑系统通常设置在混凝土墙体结构的侧向位置，设置于混凝土核心筒结构内部易于保证作业安全性。筒架支撑系统的高度需满足支撑系统要求、爬升系统的安全性以及现浇混凝土结构施工的适用性。筒架支撑系统竖向、横向型钢杆件与现浇混凝土结构侧面的水平净距需满足模板系统装拆施工的要求。

为保证施工过程中筒架支撑系统与塔式起重机及人货两用电梯具有安全的距离，筒架支撑系统与塔式起重机的水平净距一般不小于 500mm，筒架支撑系统与人货两用电梯的水平净距一般不小于 80mm。

筒架支撑系统通常兼作施工脚手架，故筒架承力构件与筒架吊脚手架采用一体化设计方法。筒架吊脚手架的脚手吊架、脚手走道板、脚手围挡板、脚手防坠挡板的构造要求可参照吊脚手架系统相应构件的构造要求设计，在此不再赘述。

筒架支撑系统可根据混凝土墙体结构隔墙特点分别设置，通常分布在各隔墙内部成为各自独立的支撑系统，从而以整体的方式形成整体钢平台模架装备的支撑系统，满足各阶段荷载作用的要求。每个筒架支撑系统均需单独设置楼梯或爬梯，相邻楼层需设置楼梯或爬梯休息平台，楼梯和爬梯可根据工程需要制作，可参照吊脚手架系统相应内容的构造要求设计，在此不再赘述。

6.5.1 筒架支撑

筒架支撑分为筒架标准节及筒架爬升节两种类型。筒架支撑系统为格构式框架结构，主要由竖向型钢杆件和横向型钢杆件通过连接组成。筒架支撑系统通常设置于混凝土结构内部空间墙体侧面，既能够起到很好的承力效果，又能方便与混凝土结构墙体连接。对于钢梁爬升系统，典型的筒架承力构件标准节及筒架承力构件爬升节见图6-19。

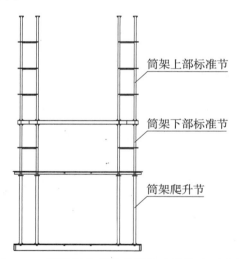

筒架上部标准节

筒架下部标准节

筒架爬升节

图 6-19 钢梁爬升系统的筒架支撑构造示意图

需要说明的是，有一种特殊类型的筒架支撑系统，既设置有钢柱限位装置的筒架支撑系统，这种筒架支撑系统主要用于配合钢梁钢柱结合提升机爬升系统工艺，钢柱限位装置与筒架支撑系统一体化设计，见图6-20。钢柱限位装置通常采用限位套筒方式，以实现与爬升圆钢柱的相互约束。限位套筒一般采用 $\phi 351mm \times 20mm$ 规格钢管制作，以适应约束 $\phi 299mm \times 20mm$ 规格爬升圆钢柱。

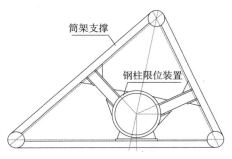
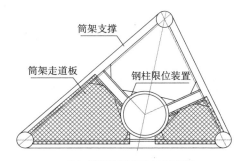

（a）限位装置与筒架支撑一体化　　　（b）筒架支撑作业走道平面

图 6-20　钢梁钢柱爬升系统的筒架平面构造示意图

1. 筒架标准节

筒架支撑系统标准节位于整个筒架支撑系统的上部，采用格构式框架结构形式，通过型钢焊接或螺栓连接制作形成，焊接连接采用对接焊，螺栓连接数量根据设计确定。

筒架支撑系统中的标准节区域通常由若干个标准节组成，标准节区域采用标准化、模块化组合方式，标准节区域高度与吊脚手架系统高度基本相当。标准节组合即作为支撑系统的一部分，又能实现脚手架功能。筒架标准节采用若干规格的分段设计方法，工程实践中通常分为二节，分别为高度相对较高的上部标准节以及高度相对较低的下部标准节，见图 6-21。为了兼顾施工操作区域的协同性，筒架上部标准节和筒架下部标准节的步距应与吊脚手架系统的步距保持基本一致，筒架标准节步距一般不大于 2.2m。筒架标准节分段连接通常采用法兰板螺栓连接，螺栓规格一般为 M16，螺栓连接孔径一般为 18mm。值得注意的是，对于采用工具式钢柱爬升系统以及采用钢梁钢柱结合蜗轮蜗杆提升机的钢梁爬升系统是无需设置筒架爬升节的，此时整体钢平台模架装备的竖向荷载通过筒架标准节上设置的竖向支撑装置传递给混凝土结构支承凹槽。

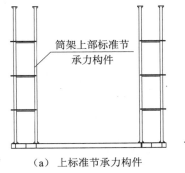
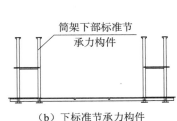

（a）上标准节承力构件　　　　（b）下标准节承力构件

图 6-21　钢梁爬升系统的筒架标准节构造示意图

筒架标准节竖向主要型钢杆件一般采用方钢管或圆钢管制作；横向主要型钢杆件一般采用工字钢制作。由于筒架标准节需要协同实现脚手架功能，故竖向型钢杆件上需要设置用于连接围挡板的节点板，节点板开孔用于螺栓连接；横向型钢杆件通常采用槽钢形式，以便于连接走道板，槽钢开孔用于螺栓连接。

筒架支撑系统与钢梁爬升系统结合使用时，特别对于采用钢梁、钢柱结合蜗轮蜗杆提升机的爬升系统，由于钢柱从钢梁延伸至钢平台系统上方部位，钢柱较长且要设置提升机，其稳定性控制至关重要，为了保证钢柱的稳定性通常在筒架支撑系统格构式框架结构中设置若干个限位套筒，限位套筒与筒架支撑系统一体化设计，保证限位套筒在同一条垂直线上。

2. 筒架爬升节

筒架支撑系统爬升节位于筒架标准节的下部，采用较为复杂的格构式框架结构形式，是辅助整体钢平台模架装备爬升系统实现功能的重要组成部分，主要辅助用于钢梁结合双作用液压油缸的钢梁爬升系统。筒架爬升节结构较为特殊，其竖向型钢杆件通常设计成组合形式，既作为筒架支撑系统的一部分承受整体钢平台模架装备的竖向荷载，又作为爬升钢梁的约束构件限制爬升钢梁在水平方向的位移，见图6-22。整体钢平台模架装备施工时，竖向荷载通过钢平台系统传递给筒架标准节，再由筒架标准节传递给筒架爬升节，最后由筒架爬升节上设置的竖向支撑装置传递给混凝土结构支承凹槽；整体钢平台模架装备爬升时，爬升钢梁在受筒架爬升节侧向限位的状态下与筒架支撑系统的爬升节共同实现交替支撑和爬升。

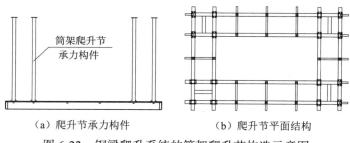

（a）爬升节承力构件　　　　　（b）爬升节平面结构

图6-22　钢梁爬升系统的筒架爬升节构造示意图

筒架爬升节竖向型钢杆件通常采用方钢管或圆钢管，单角竖向型钢杆件一般设计成多枝形式，主要用于嵌入爬升钢梁进行相互约束，多枝型钢腔体空间高度和宽度要满足爬升钢梁上下运动的需要；横向型钢杆件一般采用工字钢制作，底端工字钢杆件通过加连接板开孔用于螺栓连接走道板。筒架爬升节与筒架标准节可采用法兰板螺栓连接，螺栓数量根据设计确定，螺栓规格一般为

M16，螺栓连接孔径一般为 18mm。

简架爬升节为了保证操作人员的安全，并防止高空坠物的发生，爬升节同样需根据操作需要设置围挡板和走道板。

6.5.2 竖向支撑装置

简架支撑系统通过竖向支撑装置作用于混凝土结构支承凹槽或混凝土预埋钢牛腿支承装置，故竖向支撑装置既是简架支撑系统，又是整体模架装备最为重要的承受竖向荷载支撑构件。

竖向支撑装置最常用的是承力销接触式支撑方式，这种连接方式结构简单，操作灵活高效，按工作原理竖向支撑装置分为伸缩式承力销与转动式承力销两类。伸缩式竖向支撑装置借助外力驱动承力销的平移，实现承力销在混凝土结构支承凹槽上的伸入与拔出，从而达到承力销支撑与受力转换脱离的目的。转动式竖向支撑装置借助承力销自重复位，实现正向通过脱离反向搁置支撑的目的。

1. 伸缩式竖向支撑装置

伸缩式竖向支撑装置由伸缩式承力销、箱体反力座、双作用液压油缸等组成，通用伸缩式竖向支撑装置见图 6-23。伸缩式竖向支撑装置通过螺栓安装在简架支撑系统上，是标准化的组件。

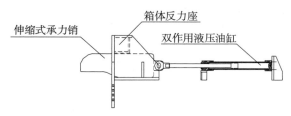

图 6-23 伸缩式承力销竖向支撑装置构造示意图

伸缩式承力销既可采用钢板制作，也可采用铸钢件制作。伸缩式承力销支撑面宽度及搁置长度应合理设计，支撑面过小会造成混凝土凹槽局部受压过大，甚至造成破坏；支撑面宽度过大会与混凝土结构钢筋位置冲突，通常承力销支撑面宽度结合混凝土结构钢筋位置综合考虑确定。承力销宽度一般控制在 80 ～ 140mm，此宽度基本可以将承力销设置在混凝土结构两根竖向钢筋之间，实际工程中钢筋可以通过代换来实现。承力销搁置长度一般控制在 80 ～ 200mm，主要根据承载力确定长短，对于塔式起重机与整体钢平台模架装备一体化的工程搁置长度显著增加。

箱体反力座是伸缩式承力销的关键受力部件，设计既要保证承载力，又要符合体型合理的原则。箱体反力座是伸缩式承力销的限位控制装置，承力销主要在箱体反力座腔体中水平运行，所以需满足伸缩式承力销伸缩及支承要求。箱体反力座采用钢板焊接制作，钢板厚度不小于 20mm；箱体反力座深度不小于 300mm，伸缩式承力销伸入箱体反力座的长度不小于 250mm，确保承力销受力平稳。伸缩式承力销与腔体在水平向与竖向需留有满足运动的间隙，相互之间的水平间隙不大于 10mm，竖向间隙不大于 5mm。为了保证承力销在箱体反力座中伸展和收缩既能够到位，又可保证安全，箱体反力座需设置可靠的承力销限位装置。

双作用液压油缸是伸缩式承力销的动力驱动系统，可实现自动化远程控制，液压油缸工作行程需满足伸缩式承力销的平移运动要求。双作用液压油缸设置在筒架支撑系统上，活塞端作用在伸缩式承力销尾端，对承力销平移运动进行控制。

2. 转动式竖向支撑装置

转动式竖向支撑装置可用于筒架支撑系统。转动式竖向支撑装置由转动式承力销、转动销轴、限位反力座等组成，见图 6-24。转动式竖向支撑装置通过螺栓安装连接，是标准化的组件。转动式竖向支撑装置与筒架支撑系统的连接螺栓性能等级不低于 10.9 级，规格不小于 M20，数量根据设计确定。

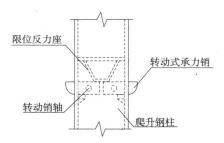

（a）用于筒架支撑系统支撑于混凝土结构凹槽　　　（b）用于筒架支撑系统的支撑

图 6-24　转动式竖向支撑装置构造示意图

转动式承力销既可采用钢板制作，也可采用铸钢件制作，其支撑面宽度不小于 50mm；转动销轴用于转动限位，一般采用 45 号钢制作，直径不小于 30mm。

限位反力座主要用于转动式承力销的可靠支承，需具有足够的强度和刚度，可采用钢板制作，厚度不小于 20mm。

转动式承力销可通过转动销轴限位作用，实现正向通过脱离及反向自重作用复位搁置的目的。为使转动式承力销在转动后能够自动完成复位，转动销轴孔后端的重量大于前端重量。转动式承力销受限位反力架限制，具有双向限位作用，转动角度一般不大于 60°。

6.5.3　水平限位装置

筒架支撑系统通过水平限位装置作用于混凝土结构墙体侧面，是承受风荷载并确保筒架支撑系统稳定的最为重要构件。

水平限位装置最常用的是滚轮接触式支撑方式，这种支撑方式既可以保证筒架支撑系统的竖向稳定性，又可以实现筒架支撑系统的导向爬升问题。水平限位装置在端部设置滚轮系统，滚轮通过销轴转动减少爬升过程与墙面之间的摩擦力；滚轮系统也可以通过弹簧顶紧装置的缓冲作用，减少水平限位装置与墙面之间的作用力。

筒架支撑系统通常采用伸缩式水平限位装置，主要由支撑滚轮、转动销轴、滑动弹簧反力架、固定反力座等组成，见图 6-25。伸缩式水平限位装置通过螺栓安装在筒架支撑系统上，是标准化的组件。筒架伸缩式水平限位装置与筒架支撑系统的连接螺栓性能等级不低于 10.9 级，规格不小于 M20，数量根据设计确定。

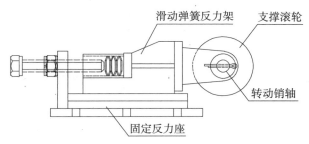

图 6-25　伸缩式水平限位装置构造示意图

支撑滚轮可采用钢板制作，其直径一般不小于 80mm，支撑面宽度一般不小于 50mm；转动销轴一般采用 45 号钢制作，直径不小于 30mm；滑动弹簧反力架和固定反力座用于相互约束实现支撑滚轮平移伸缩功能，采用钢板制作，厚度不小于 16mm，弹簧系数根据设计确定；固定反力座用于直接支承滑动弹簧反力架的钢板厚度一般不小于 20mm。

6.5.4　各构件连接

筒架支撑系统中，各构件相互连接需满足相应的构造要求，主要包括筒架标准节及筒架爬升节的连接、筒架横向型钢杆件与走道板的连接、筒架竖向型

231

钢杆件与围挡板的连接、底部脚手走道板与脚手防坠挡板的连接、竖向支撑装置与筒架标准节或筒架爬升节的连接、水平限位装置与筒架标准节或筒架爬升节的连接等。相互之间的连接采用螺栓连接，主要是为了实现标准化、模块化的重复周转使用。

筒架标准节和筒架爬升节的竖向型钢杆件和横向型钢杆件通常通过螺栓连接，螺栓连接节点需具有足够的稳固性，每个节点的连接螺栓不少于 4 个。

筒架横向型钢杆件与走道板可通过螺栓连接，单边螺栓连接数量不少于 3 个，间距一般不大于 400mm，规格不小于 M12。

筒架竖向型钢杆件可设置连接板与围挡板通过螺栓连接，螺栓在围挡板竖向两边的顶部、中部、底部区域设置，间距一般不大于 500mm，规格不小于 M10。

水平移动式防坠挡板通常通过其长圆孔内的螺栓与底部脚手走道板连接，螺栓数量不少于 2 个，规格一般为 M16；空间翻转式防坠挡板通常通过铰链与底部走道板连接。

竖向支撑装置、水平限位装置通过高强度螺栓或销轴连接于筒架支撑系统。螺栓性能等级一般不低于 10.9 级，规格一般不小于 M20。销轴直径不小于 50mm，一般采用 45 号钢制作。

6.6　临时钢柱爬升系统构造

临时钢柱爬升系统由临时钢柱支撑、蜗轮蜗杆提升机动力系统、螺杆连接件、竖向支撑装置承重销等组成。临时钢柱爬升系统既是整体钢平台模架装备爬升阶段的关键受力系统，也是整体钢平台模架装备作业阶段和非作业阶段的关键受力系统。临时钢柱是最主要的竖向荷载和水平风荷载的承力构件，是支撑系统与爬升系统一体化共用的构件。

临时钢柱通常采用格构柱的形式，通过浇筑在混凝土结构中的格构式钢柱作为蜗轮蜗杆提升机的支撑构件。临时钢柱从初始埋设楼层开始，随着建造楼层不断向上加节以满足整体钢平台模架装备不断上升施工的需要，临时钢柱则成为预埋在混凝土结构中的通长构件。

临时钢柱作为支撑系统和爬升系统其主要工作原理为：临时钢柱下端浇筑在混凝土墙体结构顶部，成为端部固结的悬臂钢柱，临时钢柱向上穿过钢平台系统并保持一定的悬臂高度，爬升阶段通过搁置在临时钢柱上的提升机将荷载传递给钢柱，作业阶段和非作业阶段通过搁置在临时钢柱上将荷载传递给钢柱。

6.6.1 临时钢柱支撑

临时钢柱支撑是整体钢平台模架装备关键的竖向受力构件，临时钢柱的平面布置以受力合理兼顾不同工况、便于整体钢平台模架装备施工为原则。

临时钢柱的布置间距，兼顾钢平台框架钢梁规格，一般控制在 6m 左右。为了保证临时钢柱群柱受力安全，临时钢柱布置需考虑任一单根临时钢柱失效，其余群柱仍然能确保整体钢平台模架装备的整体安全。应避免布置在混凝土结构暗柱位置或连梁位置。因为混凝土结构暗柱位置钢筋比较密集，设置临时钢柱会影响到钢筋绑扎顺利进行；在连梁位置通常设计有劲性钢梁，临时钢柱的设置会存在困难。

临时钢柱的截面根据墙体的厚度和钢柱的承载力确定，截面最小单边尺寸一般不小于 250mm。墙体厚度允许时，优先选择正方形截面；墙体厚度较小时，可选择长方形截面，长边沿墙体方向布置。

临时钢柱通常采用热轧角钢和钢板制作，通过焊接连接而成，见图 6-26。在选择临时钢柱规格时，一般选择不小于∟75mm×8mm 的角钢，缀板厚度一般不小于 8mm，缀板相互净距一般不大于 400mm。这种格构式截面形式简单实用，可以满足各阶段施工工况的要求。由于临时钢柱是技术措施，设计过程合理选择材料规格，精打细算是降低施工成本的关键。

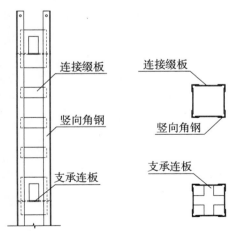

（a）临时钢柱支撑构造　（b）临时钢柱格构式平面构造

图 6-26　临时钢柱支撑构造示意图

　　格构式临时钢柱缀板的布置间距应综合考虑钢平台系统的搁置位置、蜗轮蜗杆提升机的搁置位置、格构柱自身受力等因素确定。为了防止格构柱缀板与提升机支架在向上自爬升过程中相互碰擦阻碍，格构钢柱的缀板一般设置在四枝角钢的内侧。

　　角钢在内侧与缀板的连接采用围焊。格构钢柱用于支承竖向支撑装置承重销的连接缀板承受较大的集中荷载作用，所以需要采取措施提高缀板的承载力。提高支承缀板承载力通常采用加厚缀板或将相对面的支承缀板连成整体。

　　随着施工进行楼层不断升高，临时钢柱需不断进行加节升高，加节接长的临时钢柱采用对接方法，可在钢柱角钢连接位置内衬同规格角钢进行焊接连接。

6.6.2　蜗轮蜗杆动力系统

　　临时钢柱爬升系统采用蜗轮蜗杆提升机动力系统。蜗轮蜗杆提升机动力系统主要由蜗轮蜗杆箱体、提升机支架、电动机、电气控制箱、提升螺杆等组成，见图 6-27。蜗轮蜗杆提升机两台一组固定在提升机支架上，悬挂在临时钢柱上成为爬升系统的动力装置。

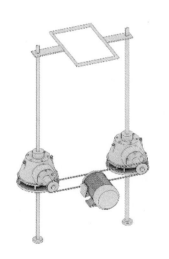
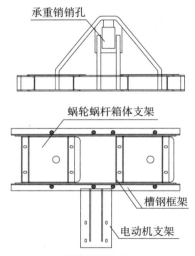

（a）蜗轮蜗杆箱体及提升螺杆与电动机　　　　（b）蜗轮蜗杆提升机支架

图 6-27　蜗轮蜗杆提升机动力系统构造示意图

　　蜗轮蜗杆提升机通过蜗轮蜗杆齿轮混合传动的三级变速箱装置，经由电动机驱动链轮、链轮传动变速箱蜗杆，蜗杆带动涡轮中心螺母实现提升螺杆的上升和下降运动，从而达到驱动整体钢平台模架装备的爬升。蜗轮蜗杆提升机由电气控制箱集中操控，整体钢平台模架装备通常设置一个中央控制室。电动机改变螺母运行方向，可以实现提升螺杆的上升或下降。由于混凝土结构层高通常为 4～6m，满足整体钢平台模架装备一次提升到位的螺杆长度将会太长，提升的稳定性和灵活性都会受到影响，螺杆造价也会提高，实际工程中一般按一个楼层两次提升来减少螺杆的长度。

蜗轮蜗杆提升机可根据工程实际需要进行专项设计制造，常用蜗轮蜗杆提升机额定荷载、螺杆长度、升降速度等技术参数：

1）提升载荷能力：单台额定负荷 150kN，两台一组 300kN；

2）电动机的性能：功率 3kW，转速 1440rpm；

3）螺杆上升速度：3.75r/min=30mm/min；

4）螺杆下降速度：9.36r/min=74.88mm/min；

5）提升螺杆规格：标准规格 TM50mm×8mm×3900mm；

6）非标螺杆长度：按 3500～5000mm 长度控制；

7）提升螺杆直径：梯形方牙，内径 40mm。

蜗轮蜗杆提升机动力系统采用 2 台一组对称方式通过提升机支架相对布置在临时钢柱两侧，两台提升机螺杆的中心距可根据工程需要确定，一般控制在 0.75～1.5m，最常用的为 1m。提升机支架需具有足够的承载力及刚度，两台提升机螺杆中心距大小将决定提升机支架型钢的规格大小，对于临时钢柱爬升系统螺杆中心距一般按小于 1m 设计，因此提升机支架可采用 14 号槽钢制作。每两次提升整体钢平台模架装备，完成一个楼层的爬升，每完成一个楼层的爬升随即进行临时钢柱的接长加节，准备进行下一次的提升。

6.6.3 螺杆连接件

螺杆连接件是用于蜗轮蜗杆提升机与钢平台系统的连接，螺杆连接件种类繁多，可根据工程实际需要设计制作。常用螺杆连接件分为定型铸钢螺杆连接件、钢板焊接螺杆连接件等形式。

用于连接钢平台钢框的定型铸钢连接件，见图 6-28。根据钢平台框架钢梁工字钢的外形，拟合设计两个对称的定型浇铸件，并通过螺栓安装于工字钢两侧。定型铸钢件顶部与工字钢上翼缘形成空隙，提升机螺杆端部的圆形凸头可以镶嵌其中起到吊点作用，圆形凸头可在空隙范围滑移调整提升机螺杆垂直度。

用于连接钢平台钢框的钢板焊接连接件，见图 6-29。根据钢平台框架工字钢梁上翼缘特点，焊接两条既具有限位功能又具有导向功能的开槽型钢件，并

235

在工字钢梁开槽型钢件长度方向设置加劲板形成连接件，提升机螺杆端部凸头部分嵌入槽中成为一种吊点形式。

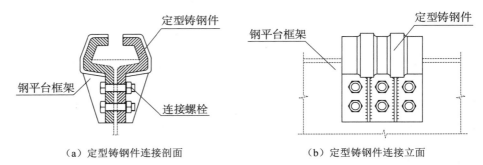

（a）定型铸钢件连接剖面　　　　　　（b）定型铸钢件连接立面

图 6-28　定型铸钢螺杆连接件构造示意图

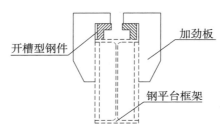

图 6-29　钢板焊接连接件示意图

6.6.4　竖向支撑装置承重销

临时钢柱爬升系统，蜗轮蜗杆提升机动力系统通过竖向支撑装置承重销支撑于临时钢柱支撑上，支撑搁置长度不小于 80mm，且应具有可靠的限位构造。承重销可采用 14mm 厚钢板作为腹板、12mm 厚钢板作为翼缘板组成箱形钢梁结构，箱形钢梁两端通过 8mm 厚钢板封口，见图 6-30。承重销的两端设置手拉环，手拉环可采用 HPB300 圆钢制作，圆钢直径一般不小于 10mm，手拉环和封口钢板焊接固定。

图 6-30　竖向支撑装置承重销构造示意图

6.6.5　各构件连接

临时钢柱爬升系统中，系统组成之间的连接相对较简单，主要为提升机螺杆与螺杆连接件的连接、竖向支撑装置承重销与临时钢柱的连接、提升机支架与竖向支撑装置承重销的连接。

蜗轮蜗杆提升机螺杆通过螺杆连接件的过渡与其他系统连接，螺杆与螺杆连接件的构造方法繁多，可根据工程实际需要设计制作，具体参见第 6.6.3 节。

竖向支撑装置承重销与临时钢柱的连接，是将承重销插入临时钢柱支撑孔，通过搁置方法进行荷载传递。

提升机支架通过竖向支撑装置承重销搁置在临时钢柱上，用于提升整体钢平台模架装备。竖向支撑装置承重销是梁式型钢构件，一般为矩形截面，可采用 14mm 厚钢板作为腹板、12mm 厚钢板作为翼缘板组成，箱形钢梁两端通过 8mm 厚钢板封口，两端设置手柄，便于人工装拆。提升机支架搁置点距离承重销端口距离不小于 80mm，且应具有可靠的限位构造，防止发生滑移脱落。

6.7 劲性钢柱爬升系统构造

劲性钢柱爬升系统由劲性钢柱、钢牛腿支承装置、蜗轮蜗杆提升机动力系统、螺杆连接件、竖向支撑装置等组成。

在超高细柔特殊结构设计中，为了增加混凝土结构的刚度，提高抗变形的能力，通常会在混凝土结构中设计劲性钢柱结构，这些劲性钢柱通过研究往往可以作为整体钢平台模架装备的爬升立柱加以利用，就如同临时钢柱爬升系统。劲性钢柱替代临时钢柱，可以达到节约钢材，降低施工成本的目的，实现更好的经济效益。劲性钢柱爬升系统由劲性钢柱及配件、蜗轮蜗杆提升机等组成。劲性钢柱设置在混凝土墙体结构顶部，下端通长埋入混凝土结构，上端伸出钢平台系统一定高度，作用阶段和非作业阶段整体钢平台模架装备搁置在劲性钢柱上，爬升阶段蜗轮蜗杆提升机系统搁置在劲性钢柱上。

6.7.1 劲性钢柱支撑

结构劲性钢柱支撑的布置形式、材料规格等参数取决于混凝土结构设计的需要，施工过程只能通过研究灵活利用。劲性钢柱支撑最常用的是 H 型钢截面形式，相邻间距一般不大于 9m。如需增强劲性钢柱群柱的整体稳固性，加强变形控制能力，可在劲性钢柱顶部增加相互之间的连系杆。

劲性钢柱既是整体钢平台模架装备的支撑系统，也是整体钢平台模架装备 237

的爬升系统。根据支撑系统及爬升系统工作需要，需要在设计的劲性钢柱基础上增设蜗轮蜗杆提升机竖向支承装置以及钢平台系统的钢牛腿支承装置，以满足整体钢平台模架装备施工需求。

6.7.2　钢牛腿支承装置

作业阶段和非作业阶段，需在钢平台框架竖向支撑承力销及提升机竖向支撑承力件爬升停留位置的劲性钢柱上焊接制作钢牛腿支承装置，用于承力销或承力件的搁置。钢牛腿支承装置设计以经济实用为原则，需具有足够的承载力和抗变形能力。钢牛腿支撑装置一般采用厚度不小于 16mm 钢板制作，采用围焊连接于劲性钢柱，焊缝高度不少于 12mm，钢材规格一般采用 Q235，销轴孔径 35mm。钢牛腿支承装置，通常在劲性钢柱加工制作时一体化焊接连接，见图 6-31。

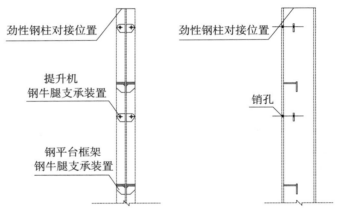

图 6-31　劲性钢柱钢牛腿支承装置构造示意图

6.7.3　蜗轮蜗杆动力系统

劲性钢柱爬升系统采用蜗轮蜗杆提升机动力系统。蜗轮蜗杆提升机动力系统主要由蜗轮蜗杆箱体、提升机支架、电动机、电气控制箱、提升螺杆等组成，见图 6-32。蜗轮蜗杆提升机两台一组悬挂在劲性钢柱支撑上成为爬升系统的动力装置。值得一提的是，由于劲性钢柱在楼层中会设计一些横向连接的加劲连接板，故提升机支架为了避让悬挑的加劲连接板区域，往往会增大成组提升机的间距，某工程提升机螺杆中心距增大至 1.5m，提升机支架型钢规格增大为 20号槽钢，提升机支架体量尺寸显著增加。

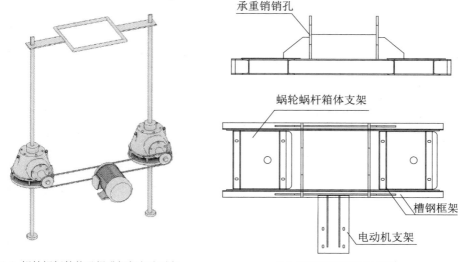

承重销销孔

蜗轮蜗杆箱体支架

槽钢框架

电动机支架

（a）蜗轮蜗杆箱体及提升螺杆与电动机　　　（b）蜗轮蜗杆提升机支架

图 6-32　蜗轮蜗杆提升机动力系统构造示意图

6.7.4　螺杆连接件

劲性钢柱爬升系统螺杆连接件与临时钢柱爬升系统螺杆连接件相同，构造要求可参照第 6.6.3 节，在此不再赘述。

6.7.5　竖向支撑装置

爬升阶段，需在提升机支架停留位置的劲性钢柱上设置竖向支撑装置承力件，用于搁置蜗轮蜗杆提升机。根据蜗轮蜗杆提升机的构造特点，可采用专项设计的竖向支撑装置。专项竖向支撑装置应可重复周转使用，方便安装与拆除，适用提升机自爬升特点，并可为提升机支架提供可靠的承力装置。

竖向支撑装置设计时，需综合考虑以下几方面因素：钢平台系统搁置时的提升机自爬升过程，提升机支架可以顺利通过竖向支撑装置，且提升机爬升阶段又能可靠搁置在竖向支撑装置上，所以竖向支撑装置要具备正向通过以及反向支承的能力。从经济实用出发，钢牛腿支承装置不但要有足够的承载力和抗变形能力，更重要的是可实现重复周转使用。另外，竖向支撑装置的连接方式还要尽最大努力减少对劲性钢柱带来的断面削弱。

基于上述因素，通过精心设计，形成经济实用、重复周转使用的提升机支架转动式承力件竖向支撑装置。转动式承力件竖向支撑装置由两块竖向支承板、加劲板、支撑连接板和销轴组成；两块竖向支承板、加劲板及支撑连接板通过焊接连成整体，通过销轴连接在劲性钢柱上，见图 6-33。转动式承力件竖向支撑装置采用钢板制作，钢板厚度不小于 16mm，材质为 Q345，销轴直径为34mm。

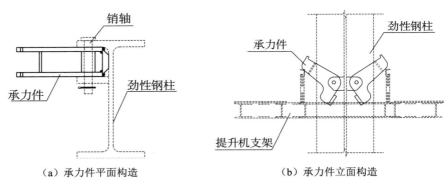

（a）承力件平面构造 （b）承力件立面构造

图 6-33 提升机支架竖向支撑装置承力件构造示意图

提升机支架转动式承力件竖向支撑装置呈 L 形，上部平面用于搁置提升机支架并形成限位构造，下部用于支撑在劲性钢柱竖向腹板侧面传递竖向荷载。在提升机支架自爬升过程中，通过提升机支架顶升作用驱动转动式承力件向上旋转，使提升机支架顺利通过竖向支承装置；在提升机支架通过后，转动式承力件通过自重的作用自动旋转复位，从而实现提升机支架下降的搁置状态。

6.7.6 各构件连接

劲性钢柱爬升系统中，系统组成之间的连接主要为钢牛腿支承装置与劲性钢柱的连接、钢平台框架转动式承力销竖向支撑装置与劲性钢柱的钢牛腿支承装置连接、转动式承力件竖向支撑装置与劲性钢柱的钢牛腿支承装置连接、提升机支架与转动式承力件竖向支撑装置的连接、提升机螺杆与螺杆连接件的连接。

钢牛腿支承装置与劲性钢柱的连接采用焊接，在工厂构件加工时进行，焊缝为围焊，焊缝高度根据设计计算确定。

作业阶段和非作业阶段，钢平台框架转动式承力销竖向支撑装置与劲性钢柱的钢牛腿支承装置连接采用接触式支撑方式，搁置点支撑长度不小于 80mm，并需设有防滑限位构造。

转动式承力件竖向支撑装置与劲性钢柱的钢牛腿支承装置连接采用销轴连接，销轴直径为 30mm，材质为 45 号钢。销轴既是钢牛腿支承装置的旋转轴，又是钢牛腿支承装置的主要受力构件。

爬升阶段，提升机支架通过转动式承力件竖向支承装置搁置在劲性钢柱上，用于提升整体钢平台模架装备。提升机支架搁置点距离转动式承力件边口距离不小于30mm，且应具有可靠的限位构造，防止发生滑移脱落。

提升机螺杆通过螺杆连接件的过渡与其他系统连接，螺杆与螺杆连接件的构造方法繁多，可根据工程实际需要设计制作，具体参见第6.6.3节。

6.8 钢梁爬升系统构造

钢梁爬升系统最常用的有两种类型，一种是钢梁或钢框结合长行程双作用液压油缸动力系统的形式，动力系统属于下置顶升方式；另一种是钢梁或钢框及钢柱结合蜗轮蜗杆动力系统的方式，动力系统属于上置提升方式。

钢梁爬升系统是整体钢平台模架装备在爬升阶段的重要承力系统，主要是将整体钢平台模架装备的所有竖向荷载传递给混凝土结构，并提供爬升动力。双作用液压油缸动力系统由于尺寸大小灵活，所以适合设置于空间狭窄的整体钢平台模架装备底部。蜗轮蜗杆动力系统由于体型较大且特殊，所以仅适合设置于空间宽阔的整体钢平台模架装备上部。钢梁爬升系统与临时钢柱爬升系统以及劲性钢柱爬升系统相比，爬升系统的钢梁在作业阶段和非作业阶段都不参与工作，所以爬升系统一般与筒架支撑系统结合使用，分别在不同阶段起到支撑作用。

钢梁或钢框结合长行程双作用液压油缸动力系统主要由爬升钢梁或爬升钢框、竖向支撑装置承力销、钢梁限位装置、双作用液压油缸动力系统、活塞杆连接件等组成。爬升钢梁或爬升钢框设置在混凝土结构侧向位置，通过竖向支撑装置承力销连接于混凝土墙体结构，通过水平限位装置滚轮顶紧混凝土墙体结构，通过双作用液压油缸动力系统的顶升和回提作用，实现钢梁或钢框与筒架支撑系统的交替支撑与爬升。爬升钢梁或爬升钢框约束限位内嵌在筒架支撑系统的筒架爬升节中，动力系统成为整体钢平台模架装备固有系统的内嵌组成部分。根据封闭式施工要求，筒架支撑系统底部需设置封闭的安全防护设施，以保证立体作业安全。

爬升钢梁或爬升钢框结合蜗轮蜗杆动力系统主要由爬升钢梁或爬升钢框、爬升钢柱、竖向支撑装置承力销、蜗轮蜗杆动力系统、螺杆连接件、竖向支撑装置承重销等组成。由于蜗轮蜗杆提升机两台一组固定在提升机支架上，体量大无法放置在整体钢平台模架装备底部，所以在爬升钢梁或爬升钢框上需设置圆钢柱，圆钢柱向上穿入筒架支撑系统的约束限位套筒，延伸到钢平台系统上方一定位置，用于支承放置提升机动力系统，实现钢梁及钢柱与筒架支撑系统的交替支撑与爬升。这种类型爬升钢梁或爬升钢框通常设置在筒架支撑系统的下方，根据封闭式施工要求爬升钢梁或爬升钢框底部需设置封闭的安全防护设施，以保证立体施工作业安全。

6.8.1　钢梁结合顶升油缸爬升系统构造

1. 爬升钢梁及爬升钢框

爬升钢梁或爬升钢框是整体钢平台模架装备爬升阶段的竖向承力结构，可根据混凝土结构特点选择钢梁或钢框方式。爬升钢梁一般采用中心受力的型钢制作，对于跨度较大的爬升钢梁也可采用钢板焊接封闭矩形断面形式；钢梁高度一般不小于跨度的 1/10，断面尺寸根据承载力及刚度计算结果确定。工程应用中最常用的是爬升钢梁加连系钢梁组成爬升钢框方式，爬升钢梁和连系钢梁一般采用工字钢拼接形式矩形钢框，两根爬升钢梁通过两根连系钢梁连接形成，爬升钢梁与连系钢梁的连接可采用焊接或栓接，见图 6-34。

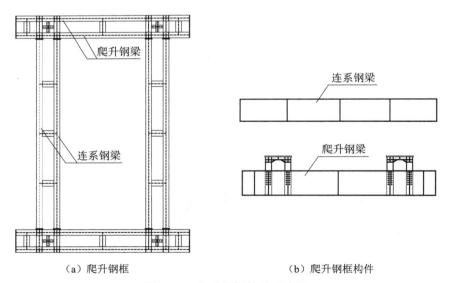

（a）爬升钢框　　　　　　　　　　（b）爬升钢框构件

图 6-34　爬升钢框构造示意图

2. 竖向支撑装置

用于钢梁爬升系统的竖向支撑装置与筒架支撑系统的竖向支撑装置类同，具体构造要求可参照第 6.5.2 节，在此不再赘述。

3. 钢梁限位装置

钢梁限位装置设置在爬升钢梁上，用于约束爬升钢梁在筒架爬升节中上下运动的平面位移。钢梁限位装置由支撑滚轮、转动销轴、固定反力座等组成，见图 6-35。

支撑滚轮可采用钢板制作，其支撑面宽度一般不小于 30mm；转动销轴一般采用 45 号钢制作，直径不小于 20mm；固定反力座采用钢板制作，厚度不小于 16mm。

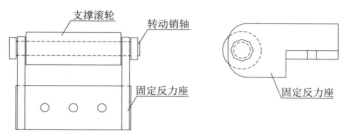

图 6-35　钢梁限位装置构造示意图

4. 双作用液压油缸动力系统

钢梁爬升系统的长行程双作用液压油缸动力系统由双作用液压油缸、供油管路、液压泵站、PLC 控制系统等组成。液压油缸缸体为倒置布置，缸体端部固接连接于筒架支撑系统的上部标准节底部，活塞杆端部以球铰支座连接于爬升钢梁或爬升框架顶面，这种连接形式能够合理释放爬升过程液压油缸的不利约束。

混凝土结构层高通常为 4 ~ 6m。如果采用一次顶升到位的液压油缸，其单行程将会选择大于 6m 的液压油缸，这种液压油缸体量大、缺乏灵活性，不利于标准化模块化设计，也难以与筒架支撑系统一体化设置，使得液压油缸作业范围无脚手架而安全隐患大，封闭式立体施工作业难以形成。即便从整体钢平台模架装备造价来说，选择最少的三支点大行程高额定荷载的液压油缸方式，也会因为爬升过程侧向约束问题产生过大整体变位，频繁调整变位成为施工控制的最大问题，故这种选择方法并不能产生最优方案。解决上述问题，液压油缸小型化多支点是最佳途径，兼顾液压油缸顶升效率以及与筒架支撑系统的一体化，将液压油缸动力系统设置在筒架支撑系统内部，以筒架支撑系统作为液压油缸作业范围的脚手架，通过筒架支撑系统水平限位装置控制侧向变位，故液压油缸单行程长度通常可根据一个楼层高度两次顶升到位的方法选择。

液压油缸动力系统可根据标准进行选型，也可根据工程实际专项定制，见图 6-36。常用液压油缸额定荷载、单行程长度、缸体外径、缸体高度等技术参数：

1）额定荷载：400 ~ 650 kN；

2）工作行程：2800 ~ 3800mm；

3）外径：180 ～ 245mm；

4）缸径：140 ～ 180mm；

5）杆径：110 ～ 140mm；

6）缸体总高：3560 ～ 3980mm。

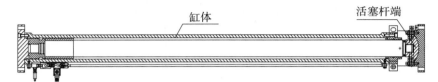

图 6-36　长行程双作用液压油缸构造示意图

5. 活塞杆连接件

活塞杆连接件由上法兰板、下法兰板以及连接螺栓组成，下法兰板焊接连接于爬升钢框，上法兰板螺栓连接于下法兰板用于固定活塞杆端，见图 6-37。活塞杆连接件与活塞杆端的扣接连接方式，可以最大限度地减少约束。活塞杆连接件法兰板用钢板制作，材质为 Q345，螺栓孔径为 18mm；螺栓规格一般为 M16，数量一般不少于 12 个，性能等级不低于 10.9 级，长脚内螺母与之配套。

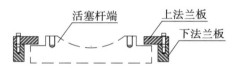

（a）活塞杆连接件构造示意图

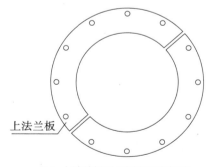

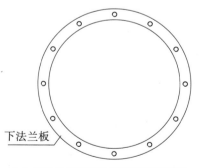

（b）上法兰板用于固定活塞杆端　　　　　（c）下法兰板用于焊接连接爬升钢框

图 6-37　活塞杆连接件构造示意图

6. 各构件连接

钢梁爬升系统中，系统组成构件相互连接需满足相应的构造要求，主要包括长行程双作用液压油缸与活塞杆连接件的连接、活塞杆连接件与爬升钢梁或爬升钢框的连接、竖向支撑装置与爬升钢梁或爬升钢框的连接、钢梁限位装置与爬升钢梁或爬升钢框的连接等。相互之间的连接均采用便于装拆的连接方式，主要是为了实现标准化、模块化的重复周转使用。

长行程双作用液压油缸与活塞杆连接件的连接，首先通过液压油缸活塞杆端的球铰与球铰支座端连接，然后球铰支座端再与活塞杆连接件通过扣接连接，这种球铰支座与活塞杆连接件的连接主要为了解决在顶升过程活塞杆约束卡死而无法顶升的情况发生，这种约束式连接构造可以消除弯矩作用。

活塞杆连接件与爬升钢梁或爬升钢框的连接，采用长脚内螺母焊接于爬升钢梁或爬升钢框方式，长脚内螺母采用围焊，焊缝高度通过设计计算确定。

竖向支撑装置或钢梁限位装置与爬升钢梁或爬升钢框的连接，采用高强螺栓或销轴连接方式。采用螺栓连接方式，螺栓性能等级一般不低于10.9级，规格一般不小于M20；采用销轴连接方式，销轴直径不小于50mm，材质一般为45号。

6.8.2 钢梁钢柱结合提升机爬升系统构造

1. 爬升钢梁及爬升钢框

爬升钢梁或爬升钢框是整体钢平台模架装备爬升阶段的竖向承力结构，可根据混凝土结构特点选择不同方式。爬升钢梁一般根据爬升钢柱位置进行合理设置，通常采用型钢制作。爬升钢梁或爬升钢框可以安装竖向支撑装置承力销支撑于混凝土结构凹槽或钢牛腿支承装置。典型工程的爬升钢框见图6-38。

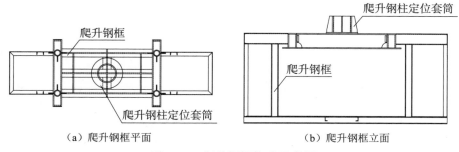

（a）爬升钢框平面　　　　　　　（b）爬升钢框立面

图6-38　爬升钢框构造示意图

2. 爬升钢柱

爬升钢柱的主要作用是支撑于爬升钢梁或爬升钢框顶部，并向上延伸至钢平台系统上方，为蜗轮蜗杆提升机设置提供空间环境，见图6-39。爬升钢柱通常采用 φ299mm×20mm 钢管制作，其底部通过焊接设置在爬升钢梁或爬升钢框顶面。

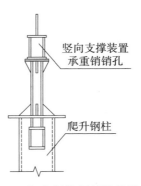

图 6-39　爬升钢柱顶部构造示意图

爬升钢柱临时搁置竖向支撑装置与爬升钢柱一体化设计，这种竖向支撑装置主要包括转动式承力销、转动销轴、限位反力座等组成，见图 6-40。转动式竖向支撑装置承力销设置在爬升钢柱内部，借助转动式承力销自重复位，实现正向通过脱离及反向搁置支撑的目的。转动式承力销可采用钢板制作，其支承面宽度不小于 50mm；转动销轴用于转动限位，一般为 45 号钢，直径不小于 30mm；限位反力座主要用于转动式承力销的支承，钢板厚度不小于 20mm。为使转动式承力销在转动后能够自动复位，转动销轴承力销端的重量应大于后端的重量。转动式承力销受到限位反力架控制，具有双向限位作用，但必须保证承力销转动能够回缩到爬升钢柱内部，而不影响筒架支撑系统限位套筒的通过。

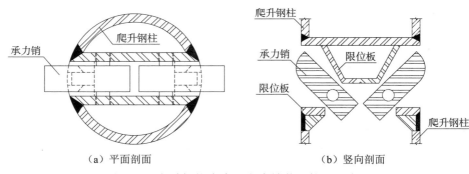

（a）平面剖面　　　　　　　　　　（b）竖向剖面

图 6-40　爬升钢柱内嵌竖向支撑装置构造示意图

3. 竖向支撑装置

这种类型钢梁爬升系统的竖向支撑装置的作用与筒架支撑系统类同，具体构造要求可参照第 6.5.2 节，在此不再赘述。

4. 蜗轮蜗杆动力系统

蜗轮蜗杆提升机动力系统的构造及选型方法可参照第 6.6.2 节，在此不再赘述。

5. 螺杆连接件

螺杆连接件的构造要求可参照第 6.6.3 节，在此不再赘述。值得一提的是，蜗轮蜗杆提升机通过提升机支架始终固定在爬升钢柱顶部，为了解决提升机螺杆长度不能一次提升整体钢平台模架装备到位的问题，通常采用增设提升机连接杆的方法，第一次提升采用螺杆加连接杆的方式，提升半程后拆除连接杆，第二次提升仅用螺杆，直至整体钢平台模架装备提升全程到位。螺杆与连接杆的连接通常采用铸钢件套接筒连接方式，既便于装拆，又能传递提升荷载。

6. 竖向支撑装置承重销

蜗轮蜗杆提升机通过竖向支撑装置承重销支撑于爬升钢柱顶部，竖向支撑装置承重销的构造要求可参照第 6.6.4 节，在此不再赘述。

7. 各构件连接

钢梁爬升系统中，系统组成构件相互连接需满足相应的构造要求，主要包括爬升钢柱与爬升钢梁或爬升钢框的连接、竖向支撑装置与爬升钢梁或爬升钢框的连接、竖向支撑装置承重销与爬升钢柱的连接、蜗轮蜗杆提升机支架与竖向支撑装置承重销的连接、蜗轮蜗杆提升机螺杆与螺杆连接件的连接等。

爬升钢柱与爬升钢梁或爬升钢框的连接，采用围焊焊接连接，焊缝高度不小于 12mm，可根据验算确定焊缝高度。

竖向支撑装置与爬升钢梁或爬升钢框的连接，采用高强螺栓或销轴连接，螺栓性能等级一般不低于 10.9 级，规格一般不小于 M20。连接采用的销轴直径不小于 50mm，一般采用 45 号钢。

竖向支撑装置承重销与爬升钢柱的连接，是将承重销插入爬升钢柱支撑孔，通过搁置连接在爬升钢柱顶部。竖向支撑装置承重销是梁式型钢构件，一般为矩形截面，可采用 14mm 厚钢板作为腹板、12mm 厚钢板作为翼缘板组成，箱形钢梁两端通过 8mm 厚钢板封口，两端设置手柄，便于人工安拆。

蜗轮蜗杆提升机支架与竖向支撑装置承重销的连接，采用搁置连接方法。提升机支架搁置点距离承重销端口距离不小于 80mm，且应具有可靠的限位构造，防止发生滑移脱落。

蜗轮蜗杆提升机螺杆与螺杆连接件的连接，是通过螺杆连接件的过渡与其他系统连接，螺杆与螺杆连接件的构造方法繁多，可根据工程实际需要设计制作，具体参见第 6.6.3 节。

6.9 工具式钢柱爬升系统构造

工具式钢柱爬升系统在爬升阶段承受整体钢平台模架装备竖向荷载，并将荷载传递给混凝土结构，同时提供爬升动力。由于短行程双作用液压油缸动力系统尺寸大小灵活，所以也适合设置于整体钢平台模架装备上部。基于上述原因，工具式钢柱爬升系统采用了上置提升方式的整体钢平台模架装备技术。工具式钢柱爬升系统主要由工具式爬升钢柱、爬升靴组件装置、短行程双作用液压油缸动力系统等组成。工具式钢柱爬升系统设置在混凝土墙体结构顶部，下端支撑于混凝土墙体结构，通常利用墙体结构钢筋固定。工作原理是，在工具式爬升钢柱两侧设置爬升靴组件装置及其与之相连的短行程双作用液压油缸动力系统，通过短行程双作用液压油缸动力系统的顶升和回提作用，实现上下爬升靴在钢柱爬升孔中的交替支撑与爬升。工具式钢柱爬升系统与临时钢柱爬升系统以及劲性钢柱爬升系统相比，爬升系统的钢柱在作业阶段和非作业阶段都不参与工作，故爬升系统一般与筒架支撑系统结合使用，分别在不同阶段起到支撑作用。

6.9.1 工具式爬升钢柱

工具式爬升钢柱是整体钢平台模架装备在爬升阶段的重要支撑构件，承受爬升阶段整体钢平台模架装备的荷载，所以工具式爬升钢柱需具有满足爬升要求的构造。

为保证爬升钢柱在爬升阶段的整体稳定性以及工具化的周转使用，工具式爬升钢柱通常采用钢板组合焊接箱型方钢柱形式，箱型方钢柱最小截面尺寸不小于 250mm，长度按普遍工程爬升高度要求设计，见图 6-41。

工具式爬升钢柱沿高度方向按等间距方形爬升孔设计制作，爬升孔用于上下爬升靴的支承，可在短行程双作用液压油缸的驱动下实现爬升靴在爬升孔中的交替爬升。为保证爬升靴组件装置支撑的可靠性，设置爬升孔的两对面钢板厚度不小于 20mm，另两对面钢板厚度一般不小于 12mm，钢板钢材一般不低于 Q345 等级。

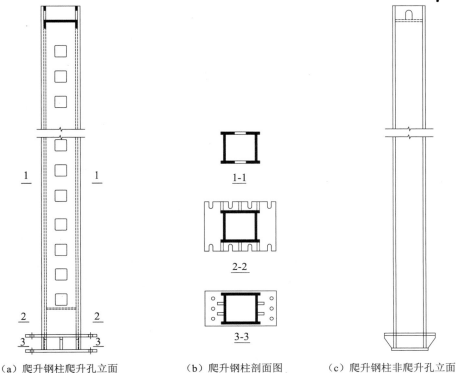

（a）爬升钢柱爬升孔立面　　　（b）爬升钢柱剖面图　　　（c）爬升钢柱非爬升孔立面

图 6-41　工具式爬升钢柱构造示意图

6.9.2　爬升靴组件装置

爬升靴是工具式钢柱爬升系统实现爬升的重要功能部件，爬升靴组件装置由两个上爬升靴、两个下爬升靴、爬升靴连接件及爬升靴提升构件组成。上、下爬升靴通过短行程双作用液压缸连接，构成交替驱动作用下的爬升装置。工具式爬升钢柱爬升孔两侧各设置一组上、下爬升靴，两个上爬升靴和两个下爬升靴成双对称布置，通过爬升靴提升构件和爬升靴连接件形成抱箍约束作用附着在工具式爬升钢柱上实现部件爬升功能。

通过爬升靴提升构件连接成双上爬升靴，爬升靴提升构件抱箍约束在爬升钢柱另两侧，单边连接螺栓不少于 3 个，性能等级不低于 10.9 级，规格一般不小于 M20。成双下爬升靴通过爬升靴连接件抱箍约束在爬升钢柱和爬升靴提升构件外侧，下爬升靴与爬升靴连接件通过螺栓连接，单边连接螺栓不少于 3 个，性能等级不低于 10.9 级，规格一般不小于 M20。爬升靴提升构件用于连接钢平台框架，提升整体钢平台模架装备。

爬升靴由爬升靴箱体、换向支撑爬升爪、换向控制手柄、转动限位销轴等组成，见图 6-42。

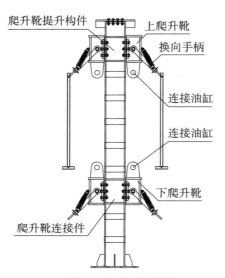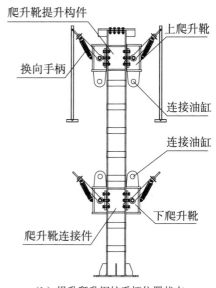

（a）提升钢平台手柄位置状态　　　　　　　　（b）提升爬升钢柱手柄位置状态

图 6-42　爬升靴组件装置构造示意图

爬升靴箱体对换向支撑爬升爪起约束支撑作用，采用钢板焊接制作，钢板材料不低于 Q345 等级，厚度一般不小于 20mm。爬升靴箱体设有与短行程双作用液压油缸连接的销孔，销孔直径根据销轴直径确定。爬升靴箱体侧向开设用于观察换向支撑爬升爪状态的观察孔，通过观察控制换向支撑爬升爪的上支撑或下支撑状态。

换向支撑爬升爪是爬升靴最重要的受力部件，换向支撑爬升爪处于上支撑或下支撑不同状态可以完成整体钢平台模架装备的爬升以及工具式爬升钢柱的爬升。换向支撑爬升爪钢板厚度一般不小于 50mm，且材料不低于 Q345 等级。

换向控制手柄由钢型材及圆柱螺旋压缩弹簧等组成，通过换向控制手柄控制换向支撑爬升爪的状态，圆柱压缩弹簧可以控制换向支撑爬升爪的不同状态。钢型材手柄材质不低于 Q345 等级，弹簧部件要求设置保护罩。

转动限位销轴用于换向支撑爬升爪和换向控制手柄的一体化连接限位运动，转动限位销轴固定于爬升靴箱体，销轴直径一般不小于 40mm，材质为 45 号钢。

6.9.3 双作用液压油缸动力系统

工具式钢柱爬升系统采用短行程双作用液压油缸，相比钢梁爬升系统的长行程双作用液压油缸，具有明显的小型化特点。短行程双作用液压油缸一端连接于上爬升靴、另一端连接于下爬升靴，每对上、下爬升靴设置1个液压油缸，每套爬升靴组件装置共设置2个液压油缸共同工作。

短行程双作用液压油缸的顶升过程通常按照短步距多行程的原则，根据工具式爬升钢柱的爬升孔间距确定，爬升孔间距一般控制在200～400mm，液压油缸单行程长度需满足爬升孔步距爬升的要求。为了适应上、下爬升靴运行的特点，液压油缸缸体设置在上方，活塞杆设置在下方。

液压油缸动力系统可根据标准进行选型，也可根据工程实际专项定制，见图6-43。常用液压油缸额定荷载、单行程长度、缸体外径、缸体高度等技术参数：

1）额定荷载：180～220kN；

2）工作行程：400～700mm；

3）外径：146mm；

4）缸径：100mm；

5）杆径：700mm；

6）安装孔距：950～1250mm。

图 6-43　短行程双作用液压油缸示意图

6.9.4 各构件连接

工具式钢柱爬升系统中，系统组成构件相互连接需满足相应的构造要求，主要包括爬升靴承力销与工具式爬升钢柱的连接、短行程双作用液压油缸与上、下爬升靴的连接等。

爬升靴换向支撑爬升爪搁置在工具式爬升钢柱的爬升孔时，为了保证搁置支撑的安全性，伸入工具式爬升钢柱的长度不小于30mm。

短行程双作用液压油缸与上、下爬升靴采用销轴连接，销轴直径一般不小于50mm，材质为45号钢。

6.10　模板系统构造

模板系统主要用于保证现浇混凝土几何形状以及截面尺寸，并承担混凝土浇筑过程传递过来荷载的重要成型系统。故需具有足够的承载力、刚度、整体稳固性以及周转使用耐久性等。模板系统主要由模板面板、模板背肋、模板围檩、模板对拉螺栓、模板吊环、模板伸缩式水平限位装置等组成。用于整体钢平台模架装备的模板系统通常采用钢大模板和钢框胶合板模板，背肋通常采用竖向布置、围檩通常采用水平布置形式。

模板系统一般根据混凝土结构工程实际采用大模板拼配的方式，分块拼配的单块钢大模板一般在高度方向不拼配，仅根据宽度情况在竖向设模板拼缝。钢大模板竖向拼缝位置及尺寸应综合考虑各施工因素和作业环境确定。

6.10.1　钢大模板

钢大模板周转次数多，不易变形，施工过程损耗小，一般工程配制一套钢大模板既可满足工程需要。保养完善的钢大模板，甚至可在不同工程以旧更新重复使用。钢大模板采用标准层配置方法，对于非标准层可另行附加拼配模板完成，对于混凝土结构转换层可通过更改或更换钢大模板来适应。总之，对于超高结构工程来说，钢大模板具有高适应性、高周转率以及高效施工等优点，故钢大模板已经成为超高结构模板工程的优选方案。钢大模板虽然具有上述优点，但其重量较大，通常也可采用胶合板面板代替钢板面板。典型工程广州塔曲面钢大模板平面布置见图 6-44。

1. 模板面板

对混凝土结构表面平整度具有较高要求的工程，面板一般采用 5 ～ 6mm 厚钢板制作，普通工程一般采用 4 ～ 5mm 厚钢板制作。对于曲面模板一般根据分块模板大小，进行曲面成型加工制作。为了解决曲面模板适应全高范围的需要，通常采用抽条模板的方法，随着高度的增加不断根据要求去除相应的抽条模板，以满足分块模板适应全高范围的施工需要。模板面板对拉螺栓孔径应比对拉螺栓直径大 5mm，以方便对拉螺栓安装。

2. 模板背肋

模板背肋通常竖向支撑在模板面板背面，用于保证浇筑混凝土过程混凝土结构墙面的平整度。背肋竖向间距一般不大于 350mm，根据单块钢大模板尺寸

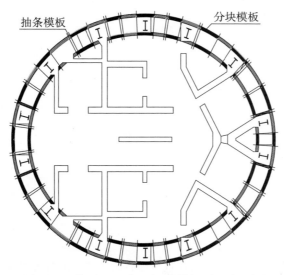

图 6-44 典型工程曲面钢大模板平面布置图

均匀布置。背肋可采用型钢制作，一般采用 6.3 号槽钢，材料不低于 Q235，端部封头可采用厚度不小于 8mm 的钢板。

钢大模板四周边框也是背肋的一种形式，主要用于分块模板的连接。模板边框一般采用 5 ～ 6mm 厚扁钢制作，普通工程一般采用 4 ～ 5mm 厚扁钢制作。为了保证钢大模板相邻之间面板的连接平整以及满足非标准层钢大模板增加高度的要求，模板边框应设置螺栓连接孔，用于固定相邻模板需要。典型工程分块模板布置见图 6-45。

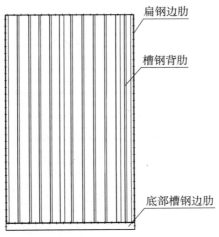

图 6-45 模板背肋构造示意图

253

钢大模板四周边框螺栓连接孔的孔径为 13mm，连接螺栓 M12，螺栓连接孔间距一般为 150mm。

3. 模板围檩

模板围檩通常采用双根型钢拼配水平支撑在模板背肋，用于控制背肋跨度并提供对拉螺栓支承。模板围檩上下间距一般不大于 800mm，通常采用 10 号槽钢或 12 号槽钢，材料不低于 Q235。双拼槽钢的连接钢板采用围焊，连接钢板间距不大于 800mm。

最上排模板围檩设置位置距楼层上施工缝的竖向距离不大于 300mm，最下排模板围檩设置位置距楼层下施工缝的竖向距离不大于 250mm，确保模板下方在新浇筑混凝土侧压力作用下保证受力稳定。典型工程模板围檩布置见图 6-46。

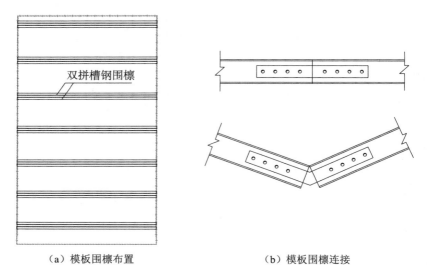

（a）模板围檩布置　　　　　　　　　　（b）模板围檩连接

图 6-46　模板围檩构造示意图

为了使相邻钢大模板成为整体，虽然采用模板围檩接缝与钢大模板接缝错位连接方法可以增加整体性，但施工会带来困难，故模板围檩与模板同宽设置成为最常用方法。为了使钢大模板具有更好的整体性，模板围檩端头连接节点需专项设计。模板围檩端头连接常用的有两种方法，一种方法是在模板围檩端部内侧设置模板围檩连接板，通过螺栓连接；另一种方法是在模板围檩端部设置法兰连接板，通过螺栓连接。

4. 模板对拉螺栓

模板对拉螺栓直径根据模板围檩间距以及浇筑混凝土侧压力大小等因素综合确定，一般控制在 18 ～ 22mm。当混凝土结构墙体厚度超过 800mm 时，为便于模板对拉螺栓拆卸，可采用分节连接设置的方法。分节连接可采用尼龙帽螺栓连接方式或采用拆卸螺杆连接方式。

混凝土结构墙体没有防水要求时，可采用单根模板对拉螺栓或双节模板对拉螺栓。采用单根加套管的模板对拉螺栓方法，施工简便，回收率高，拆除空间有要求，适用墙体厚度有限制；采用双节加套管的模板对拉螺栓方法，施工较简便，回收率高，适用墙体厚度灵活，特别适用于大厚度墙体。

混凝土结构墙体有防水要求时，可采用三节模板对拉螺栓，三节模板对拉螺栓的常见形式是 H 型螺栓。中段的模板对拉螺栓通过螺栓转接件与两端模板对拉螺栓连接，中段模板对拉螺栓预留在混凝土结构墙体中，起到很好的防水作用；两端螺杆以及螺杆转接件都可以灵活安装和拆卸，但施工成本相对较高。

5. 模板吊环

模板吊环主要用于吊运模板，可采用 HPB300 圆钢制作，圆钢直径一般不小于 18mm。模板吊环数量根据模板分块大小确定，一般吊环不少于 2 个。模板宽度大于 1.2m 时，模板吊环可设置 3 个；施工过程 2 个吊环主要用于提升模板，另外 1 个吊环主要用于安全保险，确保其中某个吊环失效仍能安全作业。

6. 模板伸缩式水平限位装置

模板伸缩式水平限位装置由支撑滚轮、转动销轴、固定反力架、螺杆调节件等组成，见图 6-47。模板伸缩式水平限位装置安装在模板系统，用于支承筒架支撑系统，控制筒架支撑系统的整体稳定，并将荷载传递给混凝土墙体结构。

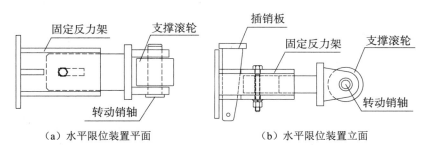

（a）水平限位装置平面　　　　　　（b）水平限位装置立面

图 6-47　伸缩式水平限位装置构造示意图

支撑滚轮可采用钢板制作，其支撑面宽度一般不小于 30mm；转动销轴一般采用 45 号钢制作，直径不小于 20mm；固定反力架与支撑滚轮共同实现限位功能，固定反力架采用钢板制作，厚度不小于 16mm；螺杆调节件连接于模板系统，用于调节支撑滚轮的伸缩，螺杆通过螺母进行位置调节，螺杆直径不小于 22mm。

6.10.2 钢框胶合板模板

钢框胶合板模板是以热轧异型钢为周边框架、以木质胶合板作为模板板面、通过焊接钢背肋承托模板面板形成的一种工业化组合模板，见图 6-48。钢框胶合板模板主要具有用钢量少、重量轻、脱模容易、维修方便、保温性好、施工高效、表面美观等优点。在合理的构造条件下，与钢质面板相比胶合板面板同样具有高周转特性，甚至可以周转使用上百次仍能保持完好，对于超高结构工程一般配制一套模板也同样能够满足工程需要。

钢框胶合板模板在标准层、非标准层的配置方法与钢大模板类同，故钢框胶合板模板同样成为超高结构模板工程的优选方案。典型工程上海中心大厦钢框胶合板模板平面布置见图 6-48。

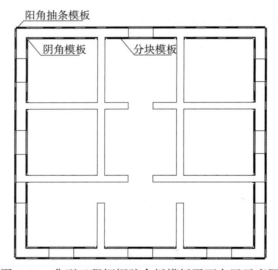

图 6-48 典型工程钢框胶合板模板平面布置示意图

1. 模板面板

胶合板面板最常用的标准规格为 2440mm×1220mm×21mm 维萨芬兰板，钢框胶合板面板可根据标准规格加工制作。维萨芬兰板具有高质量表面特性，由于经过防水处理，故具有很好的环境适应性。胶合板厚度一般不小于 18mm，最常用厚度为 21mm。

胶合板面板与钢边框的连接构造有明框型和暗框型两种。明框型的框边与胶合板面板表面平齐，暗框型的边框位于胶合板面板之下。

胶合板面板由多块胶合板拼配而成时，对于竖向拼接缝可设置在竖向背肋上固定；对于横向拼接缝可增设横向背肋并在其上固定。

2. 模板背肋

钢框胶合板模板的背肋间距一般不超过 250mm，根据单块钢框胶合板模板尺寸均匀布置。竖向背肋应通长设置，横向背肋可分段设置。背肋可采用方钢管或角钢制作，常用规格为 5 号槽钢、6.3 号槽钢，材质不低于 Q235。

四周钢框也是背肋的一种形式，主要用于分块模板的连接。钢框一般采用热轧异型钢制作，厚度一般控制在 6 ~ 8mm。定制钢框尺寸与胶合板面板尺寸相对应，钢框上的孔位与胶合板面板上的孔位保持一致。

3. 模板围檩

钢框胶合板模板的围檩可采用钢制，通常采用 10 号槽钢双拼方式，间距一般不大于 800mm，材料不低于 Q235。双拼槽钢的连接钢板采用围焊，连接钢板间距不大于 800mm。

最上排模板围檩设置位置距楼层上施工缝的竖向距离不大于 300mm，最下排模板围檩设置位置距楼层下施工缝的竖向距离不大于 250mm，确保模板下方在新浇筑混凝土侧压力作用下保证受力稳定。

模板围檩与模板同宽设置是最常用方法，模板围檩端头连接常用的有两种方法，一种方法是在模板围檩端部内侧设置模板围檩连接板，通过螺栓连接；另一种方法是在模板围檩端部设置法兰连接板，通过螺栓连接。

4. 模板对拉螺栓

模板对拉螺栓直径根据模板围檩间距以及浇筑混凝土侧压力大小等因素综合确定，一般控制在 18 ~ 22mm。对于混凝土结构墙体厚度较大的工程，可采用分节连接设置的方法，分节连接可采用尼龙帽螺栓连接方式或采用拆卸螺杆连接方式。在工程中可根据墙体有无防水要求，选择相适应的单根加套管方式、双节加套管方式、H 型螺栓三节方式的模板对拉螺栓。

5. 模板吊环

模板吊环主要用于吊运模板，可采用 HPB300 圆钢制作，圆钢直径一般不小于 18mm。模板吊环数量一般不少于 2 个，对于宽度较大的模板应设置 3 个吊环，其中 1 个吊环主要用于安全保险。

6. 模板伸缩式水平限位装置

模板伸缩式水平限位装置构造可参照第 6.10.1 节，在此不再赘述。

6.10.3 各构件连接

模板系统中，系统组成构件相互连接需满足相应的构造要求，主要包括模板面板与模板背肋的连接、模板背肋与模板围檩的连接、模板对拉螺栓与模板围檩的连接、模板吊环与模板背肋或模板围檩的连接、模板伸缩式水平限位装置与模板围檩的连接等。

采用钢板面板时，面板与背肋的连接采用跳焊，每段焊接长度一般不小于 30mm，焊缝间距不大于 200mm。采用胶合板面板时，面板与背肋的连接采用 M8 十字槽沉头平螺钉，螺丝间距不大于 300mm，沉头平螺钉的平头与胶合板板面表面平齐。

模板背肋与模板围檩的连接采用焊接，每个连接点焊缝长度不小于 30mm，焊缝高度不小于 4mm。

模板对拉螺栓穿过模板面板与模板围檩的连接通过金属垫片及螺母固定。模板对拉螺栓的长度应考虑拆除过程后方吊脚手架的宽度空间，如空间受限模板对拉螺栓可采用分节连接方式。

模板吊环通常可设置在模板背肋、模板围檩上，一般连接采用焊接，吊环采用 HPB300 级钢筋制作，直径不小于 18mm。

模板伸缩式水平限位装置设置在模板围檩上，采用螺栓连接或焊接连接方式，具体根据工程需要进行构造设计。

6.11　各系统相互连接构造

整体钢平台模架装备各系统之间通过相互的连接，为高空复杂环境施工过程提供可靠的承力结构，并形成整体协同作业空间。各系统相互连接主要包括吊脚手架系统与钢平台系统的连接、筒架支撑系统与钢平台系统的连接、临时钢柱爬升系统与钢平台系统的连接、劲性钢柱爬升系统与钢平台系统的连接、钢梁爬升系统与钢平台系统的连接、工具式钢柱爬升系统与钢平台系统的连接、钢梁爬升系统与筒架支撑系统的连接、模板系统与钢平台系统的连接的连接。

6.11.1　吊脚手架系统与钢平台系统连接构造

吊脚手架系统与钢平台系统的连接，包括脚手吊架或脚手架吊架滑移装置与钢平台框架的连接。吊脚手架系统与钢平台框架连接通常采用固定连接方式，为了适应混凝土墙体结构收分施工要求，吊脚手架系统向墙面进行滑移可采用滑移式构造连接方法。

吊脚手架与钢平台框架采用固定连接时，通常通过脚手吊架顶部的法兰板进行螺栓连接，这种灵活的连接方法主要为了满足装配化的构造要求，见图 6-49（a）。根据构造设计每个连接点可采用两螺栓或四螺栓连接方法，两螺栓连接一般采用 M16 螺栓，螺栓孔径 18mm；四螺栓连接一般采用 M10 螺栓，螺栓孔径 12mm。

吊脚手架与钢平台框架采用滑移装置连接时，滑移装置的滑移轨道与钢平台框架可采用焊接连接，也可采用螺栓连接；对于悬臂较大的滑移轨道一般采用焊接连接。焊接连接时，焊缝长度根据设计确定，焊缝高度不小于 4mm。螺栓连接时，钢平台框架每个工字钢的连接点不少于 4 个螺栓，螺栓规格一般为 M12，螺栓孔径为 14mm，见图 6-49（b）。

 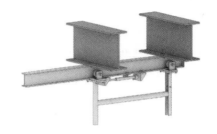

（a）脚手吊架与钢平台框架连接　　　　　（b）滑移装置与钢平台框架连接

图 6-49　脚手吊架与钢平台框架连接构造示意图

6.11.2　筒架支撑系统与钢平台系统连接构造

筒架支撑系统与钢平台系统的连接，包括筒架支撑系统竖向型钢杆件与钢平台框架的连接。筒架支撑系统竖向型钢杆件在作业阶段和非作业阶段处于受压状态，在爬升阶段根据爬升系统的不同既可能处于受拉状态也可能处于受压状态，故需对受拉状态连接进行可靠性构造设计。型钢杆件顶部与钢平台框架一般可采用法兰板螺栓连接，见图 6-50。每个连接节点的螺栓数量不少于 4 个；螺栓性能等级不低于 10.9 级，规格不小于 M20。法兰板处可设置加劲肋，用以控制节点板变形。钢平台框架螺栓连接孔径为 22mm。

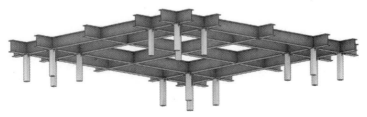

图 6-50　筒架支撑系统与钢平台框架连接构造示意图

6.11.3　临时钢柱爬升系统与钢平台系统连接构造

　　临时钢柱爬升系统与钢平台系统的连接，包括钢平台框架利用竖向支撑装置承重销支撑于临时钢柱的连接以及提升机螺杆利用各种螺杆连接件吊点与钢平台框架的连接。临时钢柱既是作业阶段和非作业阶段的支撑系统，也是爬升阶段的导向支撑系统。作为临时钢柱支撑系统，钢平台框架与临时钢柱的连接通过竖向支撑装置承重销支撑在临时钢柱上；作为临时钢柱爬升系统，钢平台框架与提升机螺杆的连接可采用定型铸钢连接件吊点、钢板焊接连接件吊点等形式。

　　对于临时钢柱支撑系统，钢平台系统竖向支撑装置承重销与临时钢柱的连接，采用承重销插入临时钢柱搁置孔的连接方式，承重销应具有可靠的限位构造，见图 6-51。

图 6-51　临时钢柱支撑与钢平台框架连接构造示意图

　　对于临时钢柱爬升系统，螺杆连接件吊点与钢平台框架的连接，根据工程实际采用螺栓连接、焊接连接等方式。定型铸钢连接件吊点采用螺栓连接与钢平台框架工字钢两侧，螺栓数量不少于 6 个，螺栓性能等级不低于 10.9 级，规格不小于 M24，钢平台框架螺栓孔径为 25mm，见图 6-52（a）；钢板焊接连接件吊点采用焊接连接于钢平台框架工字钢，钢板焊接连接件根据螺杆连接方法进行专项设计，焊缝形式根据设计计算确定，见图 6-52（b）。

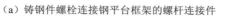

（a）铸钢件螺栓连接钢平台框架的螺杆连接件　　（b）钢板焊接连接钢平台框架的螺杆连接件

图 6-52　临时钢柱爬升系统与钢平台框架连接构造示意图

6.11.4　劲性钢柱爬升系统与钢平台系统连接构造

劲性钢柱爬升系统与钢平台系统的连接，包括钢平台框架利用竖向支撑装置承力销支撑于劲性钢柱的连接以及提升机螺杆利用各种螺杆连接件吊点与钢平台框架的连接。劲性钢柱既是作业阶段和非作业阶段的支撑系统，也是爬升阶段的导向支撑系统。作为劲性钢柱支撑系统，钢平台框架与劲性钢柱的连接通过竖向支撑装置承力销支撑在劲性钢柱上；作为劲性钢柱爬升系统，钢平台框架与提升机螺杆的连接可采用定型铸钢连接件吊点、钢板焊接连接件吊点等形式。

对于劲性钢柱支撑系统，钢平台系统竖向支撑装置承力销与劲性钢柱的连接，采用接触式支撑的连接方式，接触式支撑方式具有高效施工的特点。承力销搁置于劲性钢柱钢牛腿支承装置的长度不小于80mm，并应设置限位构造，以控制相互之间的滑移，见图6-53。

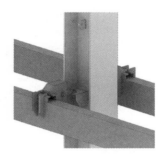

图 6-53　劲性钢柱支撑与钢平台框架连接构造示意图

对于劲性钢柱爬升系统，螺杆连接件吊点与钢平台框架的连接，根据工程实际采用螺栓连接、焊接连接等方式，见图6-54。具体连接构造要求见第6.11.3节，在此不再赘述。

图 6-54　劲性钢柱爬升系统与钢平台框架连接构造示意图

6.11.5　工具钢柱爬升系统与钢平台系统连接构造

工具式钢柱爬升系统与钢平台框架通过爬升靴组件装置的提升构件进行连接，实现整体钢平台模架装备的爬升。爬升靴提升构件与钢平台系统的连接，既可利用工具式钢柱实现整体钢平台模架装备的爬升，也可利用钢平台系统作为反力结构完成工具式钢柱的爬升，见图 6-55。钢柱爬升置于施工层区域上方，可以解决钢柱与施工层位置重叠问题，实现钢柱的重复周转使用。

工具式钢柱爬升系统的爬升靴提升构件与钢平台框架的连接，采用便于装拆的螺栓连接。爬升靴提升构件一般采用槽钢制作，底部设连接板。单支槽钢提升构件底部连接板螺栓数量不少于 4 个，螺栓性能等级不低于 10.9 级，规格为 M20，钢平台框架螺栓连接孔径为 22mm。

图 6-55　工具式钢柱爬升系统与钢平台框架连接构造示意图

6.11.6　钢梁钢框爬升系统与钢平台系统连接构造

钢梁爬升系统常用的有两种类型，只有钢梁钢柱结合提升机爬升系统与钢平台系统有连接，连接包括提升机螺杆利用各种螺杆连接件吊点与钢平台框架的连接，见图 6-56。螺杆连接件吊点主要由定型铸钢连接件吊点、钢板焊接连接件吊点等形式。具体连接构造要求见第 6.11.3 节，在此不再赘述。

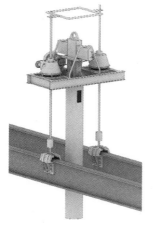
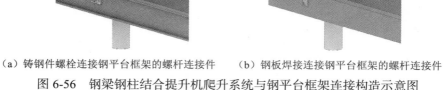

（a）铸钢件螺栓连接钢平台框架的螺杆连接件　　　（b）钢板焊接连接钢平台框架的螺杆连接件

图 6-56　钢梁钢柱结合提升机爬升系统与钢平台框架连接构造示意图

6.11.7　钢梁钢框爬升系统与筒架支撑的连接构造

钢梁爬升系统一种类型是钢梁结合顶升油缸爬升系统的方式，动力系统属于下置顶升方式，连接包括液压油缸与筒架支撑系统的连接、液压油缸缸体底端与筒架支撑系统的连接；另一种类型是钢梁钢柱结合提升机爬升系统的方式，动力系统属于上置提升方式，连接包括筒架支撑系统利用爬升钢柱的竖向支撑装置承力销支撑于爬升钢柱的连接。

1. 钢梁结合顶升液压油缸爬升系统与筒架支撑系统连接构造

爬升系统液压油缸缸体顶端与筒架支撑系统上部标准节底端连接时，应重点考虑动态爬升过程系统连接的稳定性，通常采用法兰板螺栓连接固定，法兰板和筒架上部标准节底端的螺栓连接孔径一般为24mm，螺栓规格为M22，性能等级不低于10.9级，数量一般不少于8个，见图6-57。由于液压油缸承受较大的顶升荷载，为控制液压油缸缸体的侧向稳定性，液压油缸缸体的底端与筒架支撑系统通过套箍焊接连接固定。

图 6-57　顶升液压油缸与筒架支撑系统连接构造示意图

值得说明的是，爬升钢梁或爬升钢框与筒架爬升节采用相互限位的约束连接构造，间隙控制在不大于20mm，这种约束控制对爬升过程的稳定性起到了关键作用。

2. 钢梁钢柱结合提升机爬升系统与筒架支撑系统连接构造

为解决提升机螺杆长度不能一次提升整体钢平台模架装备到位的问题，整体钢平台模架装备通常采用两次提升的方法，第一次提升到中部位置进行临时搁置，提升机螺杆转换后再进行第二次提升，故需在爬升钢柱上设置竖向支撑装置承力销为筒架支撑系统提供支承装置。另外，由于提升机螺杆是根据标准楼层高度设计的，当遇到非标准层高时，按标准层高度设计的提升螺杆长度就无法继续使用，仍然需在爬升钢柱上设置竖向支撑装置承力销为简架支撑系统提供临时搁置的支承装置。采用临时搁置的方法的主要优点在于减少了一半的混凝土墙体结构支承凹槽，降低了施工成本，提高了工效。

爬升系统的钢柱为简架支撑系统临时搁置提供了竖向支撑装置，竖向支撑装置承力销搁置长度不小于 80mm，并应设置限位构造，见图 6-58。

图 6-58　爬升钢柱竖向支撑装置与简架支撑系统连接构造示意图

值得说明的是，爬升钢柱与简架限位套筒采用相互限位的约束连接构造，间隙控制在不大于 12mm，这种约束控制对爬升过程的稳定性起到了关键作用。

6.11.8　模板系统与钢平台模板吊点钢梁连接构造

模板系统作业时，通常利用钢平台框架作为吊点，吊点既可采用模板吊点钢梁支撑于钢平台框架方式，也可以直接在钢平台框架上焊接吊环。当采用模板吊点梁方式时，可在模板吊点梁上设置 HPB300 圆钢模板吊环，见图 6-59；当采用模板吊环方式时，可在钢平台框架模板吊点位置焊接 HPB300 圆钢模板吊环，焊缝连接需满足模板动力荷载作用的要求。

　图 6-59　模板系统与钢平台模板吊点梁连接构造示意图

6.12 整体钢平台模架装备与墙体结构连接构造

整体钢平台模架装备与混凝土墙体结构的连接，分为临时钢柱爬升系统钢柱、劲性钢柱爬升系统钢柱、工具式钢柱爬升系统钢柱与完成混凝土墙体结构顶端的垂直支撑连接；筒架支撑系统、钢梁爬升系统竖向支撑装置承力销与完成混凝土墙体结构侧面支承凹槽的垂直支撑连接；筒架支撑系统水平限位装置与完成混凝土墙体结构侧面的水平支撑连接；吊脚手架抗风杆件与完成混凝土墙体结构侧面的水平支撑连接等。

6.12.1 钢柱与混凝土结构顶端的连接构造

1. 临时钢柱爬升系统钢柱与完成混凝土墙体结构顶端的垂直支撑连接

临时钢柱是设置于墙体结构中传递荷载的临时构件，其钢柱脚与墙体结构的连接属于固结方式，见图 6-60。临时钢柱计算长度可根据结构混凝土强度等级发展情况做适当调整，一般向下延伸 300 ～ 500mm。

2. 劲性钢柱爬升系统钢柱与完成混凝土墙体结构顶端的垂直支撑连接

劲性钢柱是设置于墙体结构中传递荷载的永久构件，其钢柱脚与墙体结构的连接属于固结方式，见图 6-61。劲性钢柱计算长度可根据结构混凝土强度等级发展情况做适当调整，一般向下延伸 300 ～ 500mm。

3. 工具式钢柱爬升系统钢柱与完成混凝土墙体结构顶端的垂直支撑连接

工具式钢柱支撑于混凝土墙体结构顶端的连接，主要是钢柱脚与混凝土墙体结构的连接，通常利用结构钢筋螺杆通过钢筋套筒连接固定钢柱脚，见图6-62。钢柱脚采用钢压板及钢垫片紧固形式，螺栓孔位及螺栓孔径结合现场实

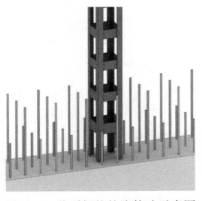

图 6-60 临时钢柱柱脚构造示意图

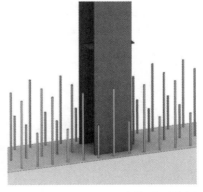

图 6-61 劲性钢柱柱脚构造示意图

际设计制作。值得注意的是，钢柱的这种连接只能看作铰接的连接点形式，故其爬升阶段的侧向稳定性主要依靠筒架支撑系统承担。

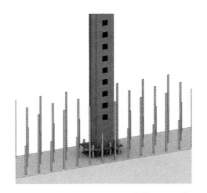

图 6-62　工具式钢柱柱脚构造示意图

6.12.2　筒架或钢梁与混凝土结构连接构造

筒架支撑系统、钢梁爬升系统通过竖向支撑装置承力销与混凝土墙体结构采用墙体结构支承凹槽的支撑连接，这种连接属于接触式支撑方式，见图 6-63。支承凹槽部位的混凝土强度等级需满足设计要求，若强度等级不足时可采用配置构造钢筋、铺设钢板等构造加强措施。

图 6-63　结构支承凹槽与竖向支撑装置承力销连接构造示意图

支承凹槽尺寸与位置通常根据工程实际需要设计，可利用大模板将成型模具盒预设在混凝土墙体上，通过混凝土浇筑成型形成支承凹槽。支承凹槽成型模具盒一般采用 2mm 钢板焊接而成，使用后的支承凹槽一般无需特别修复。

支承凹槽宽度一般以避开竖向钢筋为原则，满足承力销支撑宽度的要求；支承凹槽深度以满足承力销支撑长度不小于 80mm 的要求。

6.12.3　筒架与混凝土结构的水平连接构造

筒架支撑系统水平限位装置与混凝土墙体结构采用接触式支撑连接方式。

风荷载产生的水平荷载由上下两组水平限位装置传递至混凝土墙体结构，保证整体钢平台模架装备的整体稳定性，见图 6-64。

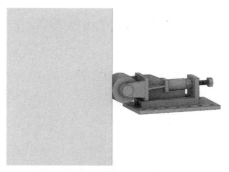

图 6-64 筒架水平限位装置支撑于墙体结构的连接构造示意图

筒架支撑系统水平限位装置通常采用伸缩式水平限位装置方式，伸缩方式的构造特点能适应混凝土墙体结构表面变化的特点。水平限位装置的滚轮直接接触墙面，顶推螺杆用于控制滚轮与墙体之间的距离。滚轮与墙面之间一般控制 20mm 间隙，可避免爬升过程与混凝土墙体结构发生碰撞或过大摩擦。当整体钢平台模架装备爬升到位后，可调节顶推螺杆使滚轮顶住混凝土墙体结构，以保证风荷载的顺利传递，确保整体钢平台模架装备结构的受力安全。

6.12.4 抗风杆与混凝土结构水平连接构造

吊脚手架抗风杆件与混凝土墙体结构采用支撑连接方式，分为受压型抗风杆件和拉压型抗风杆件两种类型，见图 6-65。

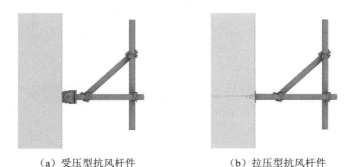

（a）受压型抗风杆件　　　　　　（b）拉压型抗风杆件

图 6-65 脚手抗风杆件与墙体结构的连接构造示意图

对于受压型抗风杆件，通过抗风杆件滚轮支撑于混凝土墙体结构，用于作业阶段防止吊脚手架系统在风压作用下发生过大的变形。

对于拉压型抗风杆件，通过抗风杆件铰接或固结连接于混凝土墙体结构，

267

用于非作业阶段将吊脚手架系统与混凝土墙体结构进行连接，以增加支座连接来解决整体钢平台模架装备非作业阶段大于设计荷载的构造措施。

6.12.5　模板系统限位简架的水平连接构造

模板系统水平限位装置与简架支撑系统采用接触式支撑连接方式。风荷载产生的水平荷载由简架支撑系统竖向杆件传递至模板系统水平限位装置，水平限位装置将水平荷载传递至混凝土墙体结构，保证整体钢平台模架装备的整体稳定性，见图 6-66。

图 6-66　模板系统水平限位装置与简架支撑系统的连接构造示意图

第 7 章

整体钢平台模架装备
施工

7.1　概述

整体钢平台模架装备在超高结构建造过程中始终处于混凝土结构顶部，其经历的施工周期长、环境复杂多变、危险程度高，作业过程中的安全控制尤为重要，任何不符合初始设计的操作都可能会带来严重的后果，因此需要通过对施工全过程的各个环节加以有效控制，采取相应的安全技术措施以规范超高空环境下的施工行为，从而保证施工安全和施工质量，见图 7-1。

（a）广州塔工程　　　　　　　　（b）上海中心大厦工程

图 7-1　某工程整体钢平台模架装备超高空作业环境

整体钢平台模架装备在现场使用之前进行安装，施工过程按整体钢平台模架装备所处状态分为作业阶段、爬升阶段和非作业阶段三个典型状态，在使用完成后进行拆除，故整体钢平台模架装备在施工全过程中经历的状态复杂，所有构件、系统、结构在不同阶段都要有合理的传力路径，能将荷载可靠传递给混凝土结构。

整体钢平台模架装备作业阶段、爬升阶段、非作业阶段通过风速进行状态划分控制。自动风速记录仪通常安装在钢平台系统上，距钢平台系统操作面应保持合适距离，以免受钢平台操作面环境影响。自动风速记录仪一般要求安装两个，可以相互比对增加记录的准确性。用于施工的风速限值应根据天气预报数据并结合自动风速记录仪监测数据进行综合确定。

整体钢平台模架装备在施工过程中还需根据混凝土结构体型的变化进行部分的拆除或移位，甚至可能需要进行空中分体再组合操作，所以需要通过简单易行的构造措施以及合理的施工工艺实现局部结构快速的装拆，以保证整体钢平台模架结构高空体型变化过程的施工安全。由于整体钢平台模架装备在高空直接承受风荷载作用，风荷载对整体钢平台模架装备的安全状态影响非常显著，故施工过程各阶段都要严格按照设计规定给出的风速限值加以控制。

本章主要介绍整体钢平台模架装备施工全过程中各阶段采取的施工控制技术措施，同时也介绍了防雷接地技术措施、临水临电技术措施以及施工安全技术措施等。

7.2 安装与拆除

整体钢平台模架装备在安装和拆除施工过程中，尚未形成完整的结构体系，受力状态与设计时考虑的整体式结构受力状态存在巨大差别，如果未按照稳固性要求采取必要的支撑或加固措施，各分块可能因为缺少有效支撑点导致局部结构失效，进而可能引发连锁反应，造成整体钢平台模架装备结构在安装或拆除过程发生大面积连续坍塌事故，后果非常严重，故需要重点关注模架结构体系在安装和拆除过程中的整体稳固性。安装过程需要满足分块连接后形成单元的整体稳固性要求，拆除过程需要满足分块拆除后剩余单元的整体稳固性要求。另外，安装和拆除顺序对模架安全性影响也非常重要，所以需要根据混凝土结构体型特征、系统构件受力特点以及分块或分段位置情况制定整体钢平台模架装备合理的安装和拆除顺序，并根据安装与拆除过程的受力要求采取有效的临时支撑措施。根据理论研究与工程实践制定施工过程 10min 平均风速大于或等于 12m/s 时，不得进行安装与拆除施工。

7.2.1 安装

整体钢平台模架装备安装前需完成相应的准备工作，各系统的安装要遵循相应的顺序要求以保证安装工作的顺利进行，安装完成后要进行整体性能调试以确保模架装备满足使用要求，在完成安装质量检验后再正式投入使用。

1. 安装准备

整体钢平台模架装备安装前，现场组织机构及施工人员需要符合专项方案的要求。构件及部品进场时，进行规格与数量检验，并查验产品质量证明文件、材质检验报告等。

整体钢平台模架装备支撑部位的混凝土结构强度及施工质量需在安装前确保满足支撑要求。为了保证整体钢平台模架装备安装后各支撑点的受力保持均匀，混凝土结构支承凹槽、钢牛腿支承装置的表面标高偏差与平面位置偏差都不得大于 10mm，混凝土结构支承凹槽的形状尺寸偏差不得大于 5mm。工具式爬升钢柱的预埋钢筋位置、钢柱支撑部位混凝土结构顶面的平整度以及临时钢柱预埋件的表面平整度满足规范要求。整体钢平台模架装备的筒架支撑系统、钢梁爬升系统竖向支撑装置承力销搁置于混凝土结构支承凹槽时，在设计没有特别要求的情况，支撑部位混凝土结构实体的抗压强度一般不小于 20MPa；整体钢平台模架装备的钢柱爬升系统支撑于混凝土结构时，在设计没有特别要求的情况，混凝土结构实体的抗压强度一般不应小于 10MPa。

安装前，施工现场需完成相关准备工作，现场设置带有防护措施并具有足够承载力的辅助安装平台，施工过程中采取保护施工人员安全的防护措施。现场还需要设置用于整体钢平台模架装备构件堆放和组装的场地平台，场地平台应位于大型塔式起重机的起重半径范围内，见图 7-2。在操作区域及可能坠落范围设置安全防护警戒，派专人看守，非安装施工人员严禁入内。施工现场配置满足要求的安装工具、通信工具以及消防设施等。

（a）系统标准化组装　　　　　　　　　　（b）标准化构件堆放场地

图 7-2　某工程标准化构件堆放与组装场地

2. 安装顺序

整体钢平台模架装备各系统应根据传力路径及相互支撑关系依次安装。由于吊脚手架系统和筒架支撑系统具有若干层高度，为了整体安装高度的需要，通常混凝土结构按传统施工方法先行完成若干层混凝土结构施工，以满足整体一次性安装环境要求。模板系统一般可先于钢平台系统安装，而吊脚手架系统则应后于钢平台框架安装。

（1）内筒外架支撑式整体钢平台模架装备各系统安装顺序

1）模板系统通常最先投入混凝土结构施工，在整体钢平台模架安装前，模板系统一般已经附着在混凝土墙体结构上，拆除内外传统脚手架创造安装环境；

2）安装内筒架钢框底座，通过其上设置的竖向支撑装置承力销搁置在混凝土结构支承凹槽，完成爬升系统底座安装；

3）安装筒架支撑系统，使筒架支撑系统钢管柱限位装置中心对准钢框底座钢管柱安装中心位置；筒架支撑系统通过其上设置的竖向支撑装置承力销搁置于混凝土结构支承凹槽；

4）分块安装钢平台系统，钢平台框架支撑于临时支架，确保各分块就位后处于受力稳定状态，然后根据焊接或栓接连接要求形成整体钢平台；安装钢平台盖板及钢平台围挡等；

5）安装吊脚手架系统，按照先脚手吊架，然后脚手走道板，最后进行脚手围挡安装；主结构安装完成，进行脚手楼梯及安全栏杆安装；

6）安装内筒架钢管柱，钢管柱穿过筒架支撑系统钢管柱限位装置与钢框底座焊接连接，完成爬升系统钢管柱安装；

7）安装蜗轮蜗杆提升机动力系统[27]，通过竖向支撑装置承重销将提升机置于爬升系统钢管柱顶部；

8）整体钢平台模架装备安装验收。

（2）临时钢柱支撑式整体钢平台模架装备各系统安装顺序

1）模板系统通常最先投入混凝土结构施工，在整体钢平台模架安装前，模板系统一般已经附着在混凝土墙体结构上，拆除内外传统脚手架创造安装环境；

2）安装临时钢柱支撑，通过混凝土结构预埋件进行焊接连接钢柱，完成爬升钢柱的初始安装；

3）分块安装钢平台系统，钢平台框架支撑于临时支架，确保各分块就位后处于受力稳定状态，然后根据焊接或栓接连接要求形成整体钢平台；安装钢平台盖板及钢平台围挡等；

4）安装吊脚手架系统，按照先脚手吊架，然后脚手走道板，最后进行脚手围挡安装。主结构安装完成，进行脚手楼梯及安全栏杆安装；

5）安装蜗轮蜗杆提升机动力系统，通过竖向支撑装置承重销将提升机置于临时钢柱爬升系统上；

6）整体钢平台模架装备安装验收。

（3）劲性钢柱支撑式整体钢平台模架装备各系统安装顺序

1）模板系统通常最先投入混凝土结构施工，在整体钢平台模架安装前，模板系统一般已经附着在混凝土墙体结构上，拆除内外传统脚手架创造安装环境；

2）安装混凝土结构筒体内部吊脚手架系统，这部分吊脚手架如果钢平台系统安装后不影响后续安装的可以在钢平台系统安装完再进行安装；

3）分块安装钢平台系统，钢平台框架支撑于临时支架，确保各分块就位后处于受力稳定状态，然后根据焊接或栓接连接要求形成整体钢平台；安装钢平台盖板及钢平台围挡等；

4）安装混凝土结构筒体外部吊脚手架系统，按照先脚手吊架，然后脚手走道板，最后进行脚手围挡安装；主结构安装完成，进行脚手楼梯及安全栏杆安装；

5）安装蜗轮蜗杆提升机动力系统，通过竖向支撑装置承力件将提升机置于劲性钢柱爬升系统上；

6）整体钢平台模架装备安装验收。

（4）钢梁与筒架支撑式整体钢平台模架装备各系统安装顺序

1）模板系统通常最先投入混凝土结构施工，在整体钢平台模架安装前，模板系统一般已经附着在混凝土墙体结构上，拆除内外传统脚手架创造安装环境；

2）安装筒架支撑系统爬升节，筒架支撑系统爬升节通过其上设置的竖向支撑装置承力销搁置于混凝土结构支承凹槽；

3）安装钢梁爬升系统的爬升钢梁或爬升钢框，爬升钢梁或爬升钢框通过其上设置的竖向支撑装置承力销搁置于混凝土结构支承凹槽；

4）分段安装筒架支撑系统标准节，双作用液压油缸动力系统组装在下部筒架支撑系统标准节中，随筒架支撑系统标准节一同安装；

5）分块安装钢平台系统，钢平台框架支撑于临时支架，确保各分块就位后处于受力稳定状态，然后根据焊接或栓接连接要求形成整体钢平台；安装钢平台盖板及钢平台围挡等；

6）安装吊脚手架系统[28]，按照先脚手吊架，然后脚手走道板，最后进行脚手围挡安装。主结构安装完成，进行脚手楼梯及安全栏杆安装；

7）整体钢平台模架装备安装验收。

（5）钢柱与筒架支撑式整体钢平台模架装备各系统安装顺序

1）模板系统通常最先投入混凝土结构施工，在整体钢平台模架安装前，模板系统一般已经附着在混凝土墙体结构上，拆除内外传统脚手架创造安装环境；

2）安装筒架支撑系统，筒架支撑系统通过其上设置的竖向支撑装置承力销搁置于混凝土结构支承凹槽；

3）分块安装钢平台系统，钢平台框架支撑于临时支架，确保各分块就位后处于受力稳定状态，然后根据焊接或栓接连接要求形成整体钢平台；安装钢平台盖板及钢平台围挡等；

4）安装爬升系统的工具式钢柱、爬升靴组件装置、双作用液压油缸动力系统[29]，工具式钢柱通过混凝土结构设置的螺杆进行固定连接；

5）安装吊脚手架系统，按照先脚手吊架，然后脚手走道板，最后进行脚手围挡安装；主结构安装完成，进行脚手楼梯及安全栏杆安装；

6）整体钢平台模架装备安装验收。

3. 安装方法

整体钢平台模架装备各系统进行标准化分块后形成安装单元，各安装单元需要根据受力特点确定安装吊点位置及吊装方式，吊装通常采用 4 点吊，保证安装单元吊装过程的平稳性与安全性。在进行各系统安装时，需要遵循相应的顺序及规程要求，以下按照各系统安装要求分别进行阐述。

（1）钢平台系统

钢平台系统按照分块在地面拼装成单元，单元大小根据现场场地情况和塔式起重机机械起重能力确定。钢平台单元安装按照规程确定的序号采用塔式起重机机械进行就位安装，见图 7-3。

（a）钢平台单元吊装　　　　　　　　（b）钢平台楼层单元组装

图 7-3　某工程钢平台系统单元安装

钢平台盖板、格栅盖板、围挡、安全栏杆等在钢平台框架安装就位后进行。钢平台盖板安装后，相邻盖板之间的间隙由盖板下面的限位装置控制，每块盖板的滑移间隙控制在不大于 3mm，相邻两块盖板之间间隙控制在不大于 6mm，见图 7-4。

（a）钢平台盖板及格栅盖板　　　　　　（b）钢平台围挡及梯口安全栏杆

图 7-4　某工程钢平台系统各构件安装

（2）吊脚手架系统

安装吊脚手架系统前，吊脚手架系统高度范围内的脚手架完成拆除工作。吊脚手架系统可以按照标准化组成方式分别进行安装，也可以在地面组装形成单元分别进行安装。吊脚手架进行单元安装时，在地面根据脚手吊架、脚手走道板、脚手围挡板、脚手防坠挡板组成方式进行拼装，安装单元一般按三榀脚手吊架设定，见图 7-5。吊脚手架系统构件需要先按照分块在地面组装形成安装单元，再用塔式起重机机械进行吊装就位。

（a）吊脚手架各单元分别安装　　　　　　（b）吊脚手架悬挂于钢平台框架

图 7-5　某工程吊脚手架系统单元式安装

相邻吊脚手架系统安装单元之间的脚手走道板和脚手围挡板通常在吊脚手架单元与钢平台框架连接固定后分别进行安装。

为了确保脚手走道板、脚手围挡板、脚手防坠挡板能够顺利安装，解决构件加工中存在的尺寸偏差，构件制作长度或宽度应比理论值小，增加安装的冗余度，通常根据理论长度每边收小 2~3mm，工程实践证明这种处理行之有效。

（3）筒架支撑系统

由于钢平台系统位于筒架支撑系统上方，所以筒架支撑系统应该在钢平台系统安装完成前进行安装。

筒架支撑系统按混凝土结构筒体的分隔情况进行标准化分段后，形成若干个筒架支撑系统安装单元。若场地条件允许、塔式起重机机械起重能力足够，筒架支撑系统安装单元可在地面组装成单元，依次通过塔式起重机吊运至相应的混凝土结构筒体内进行安装，见图 7-6；若场地条件不允许，筒架支撑系统可采用分块方式安装，按底层横向型钢杆件、竖向与横向型钢杆件组装形成的框架、内吊脚手架的顺序分块进行吊装就位。需要注意的是，在一个筒架支撑系统安装单元未形成整体稳定结构时，需要设置临时支撑或拉结的技术措施，以保证安装单元处于稳定的状态。

（a）筒架上标准节单元式吊装　　　　（b）筒架下标准节标准化拼装

图 7-6　某工程筒架支撑系统单元式安装

竖向支撑装置和水平限位装置在筒架支撑系统安装单元组装时一并安装。筒架支撑系统安装单元就位后，应及时安装其上部位置的钢平台系统，尽早形成完整的结构受力体系。

（4）爬升钢梁或钢框及爬升钢框钢柱系统

受爬升钢梁或钢框系统、爬升钢框钢柱系统与筒架支撑系统的空间位置关系的限制，爬升钢梁或钢框及爬升钢框钢柱的安装应穿插在筒架支撑系统安装过程中进行，见图 7-7。爬升钢梁或钢框、爬升钢框钢柱系统；筒架支撑系统应在钢平台系统安装前进行安装就位。

（a）爬升钢框穿插安装　　　　（b）爬升钢框钢柱穿插安装

图 7-7　某工程钢梁爬升系统穿插安装

（5）模板系统

模板系统安装时间通常有两种方式，一种是先于整体钢平台模架装备投入使用，整体钢平台模架装备安装前模板系统就已附着在混凝土结构墙体；另一种是随整体钢平台模架装备同步安装就位。模板系统随整体钢平台模架装备一同安装时，应先完成筒架支撑系统的安装就位，再安装模板系统，并与结构进行临时固定使其不影响后续构件安装，见图 7-8。大模板系统根据模板平面编号采用塔式起重机机械依次安装就位，提高安装效率。

（a）模板系统同步安装使用　　　　　　（b）模板系统先行安装使用

图 7-8　某工程模板系统分块安装

（6）爬升钢柱系统

爬升钢柱有临时钢柱、劲性钢柱、工具式钢柱形式，见图 7-9。临时钢柱初始节安装后，随混凝土结构层施工分别进行加节安装；劲性钢柱根据结构设计图纸随混凝土结构层施工分别进行加节安装；工具式钢柱与爬升靴组件装置一同组装，然后进行安装就位。由于临时钢柱、劲性钢柱、工具式钢柱是整体钢平台模架装备爬升时的导轨，其垂直度和平面标高直接影响到整体钢平台模架装备爬升时的倾斜度，故爬升钢柱安装过程中应采取控制垂直度和平面标高的技术措施。

（a）临时钢柱支撑　　　　　（b）劲性钢柱支撑　　　　　（c）工具式钢柱支撑

图 7-9　某工程爬升钢柱系统安装

（7）双作用液压油缸动力系统

　　双作用液压油缸动力系统由双作用液压缸、供油管路、液压泵站、PLC 控制系统等组成，其安装顺序结合整体钢平台模架装备各个系统单元的安装步骤分别进行。

双作用液压油缸安装时需保证油缸缸体处于垂直状态，两端销轴连接、法兰连接或球形节点连接牢固可靠，液压泵站供油管路连接牢固，控制系统线路及电源连接正确，PLC 控制同步系统运行正常、中央控制屏显示清晰，见图7-10。

（a）液压油缸　　　　　　　　　　（b）液压泵站

图 7-10　某工程双作用液压油缸动力系统安装

（8）蜗轮蜗杆动力系统

蜗轮蜗杆提升机动力系统以电力驱动运行，提升机通过竖向支撑装置承重销直接安装搁置在爬升钢柱上，提升螺杆一端与钢平台框架进行连接。

蜗轮蜗杆提升机与爬升钢柱之间的连接与搁置需要保证安全可靠，见图7-11。提升螺杆与钢平台框架之间的连接必须牢固，不能出现松动现象。提升机接油盘与防护罩应安装到位，螺杆重量限制器设置应有防雨及密封装置。提升机专用螺母与螺杆之间的间隙应符合设计要求，使用过程注意磨损程度。

图 7-11　某工程蜗轮蜗杆提升机箱体及提升机支架地面组装

4. 性能调试

整体钢平台模架装备安装后，需要进行调试，以确保后续爬升工作的顺利进行。整体钢平台模架装备的电力系统需要进行用电安全性能测试。爬升工艺试验必不可少，通过爬升试验检验各顶升点或提升点的同步性能参数，确保其达到设计指标要求。液压系统还需要进行系统调试，进行静载、动载、超压、失压、内泄漏、外泄漏、锁紧力等试验，确保液压系统的各项性能参数符合设计要求。

5. 质量验收

整体钢平台模架装备初始安装完成后以及使用过程进行结构体型变化后都应该进行质量检查验收，质量检查验收记录保存至工程施工完成。整体钢平台模架装备安装质量检查验收应由施工单位项目技术负责人组织，安装单位及监督单位的技术人员共同参加。整体钢平台模架装备在进行安装质量验收时，应进行使用前的性能指标和安装质量检测，检测完成出具检验报告，完成安装质量验收需实行挂牌使用制度。

（1）主要承力构件

整体钢平台模架装备的承载构件完整，无开裂、严重锈蚀现象或过大变形缺陷。筒架支撑系统、钢柱爬升系统、钢梁爬升系统的垂直度偏差应符合施工要求。竖向支撑装置的平面位置、搁置状态应符合设计要求。

（2）连接节点

整体钢平台模架装备连接的螺栓数量与规格应符合设计要求，高强度螺栓预紧力应达到设计要求。现场焊接焊缝质量应符合现行国家标准的规定。

（3）动力系统

蜗轮蜗杆提升机动力系统或双作用液压油缸动力系统性能良好、工作正常。控制系统的性能可靠稳定，精度在设计标定的范围内。安全装置能够保持正常工作状态。

（4）附属设备设施

整体钢平台模架装备上所使用的工具与设备固定良好。整体钢平台模架装备上的安全警示标志和标牌安装到位，并显示清楚。风速仪安装不少于两个，用于相互比较确定风速值。

（5）周边环境

整体钢平台模架装备与混凝土结构之间应去除突出墙面的阻碍物。

7.2.2　拆除

　整体钢平台模架装备拆除前需完成相关准备工作，拆除过程需遵循相应的顺序要求以保证拆除过程的安全顺利进行,拆除过程中要确保各拆分单元结构的稳固性以及剩余单元结构的稳固性。拆除过程应制定安全防护措施,确保作业人员的安全性。

1. 拆除准备

整体钢平台模架装备拆除前,现场施工人员及组织机构需要符合专项方案的要求,确保拆除过程管理到位,并能够有效实施应急方案和相关技术措施。

整体钢平台模架装备需要完成相应的拆除准备工作,切断总电源后开始拆除工作。整体钢平台模架结构上需要拆除混凝土泵管、临时水管、临时电缆、供油管路、照明设施、各类监测控制设施等。清理整体钢平台模架结构,包括清除影响拆除的障碍物、剩余材料、零散物件等,防止拆除过程高空坠物。拆除过程需对相关构件及部件进行保护,以便于回收后的重复周转使用。

混凝土结构需要进行预先准备,埋设必要的预埋件,用以增加临时支撑以及拉结设施等。施工现场需配置满足拆除要求的塔式起重机机械、工具装置、通信设施以及消防设施等。施工现场还需要设置用于拆除构件临时堆放的场地,场地应位于塔式起重机机械的起重回旋半径范围内。在操作区域及可能坠落物体范围设置安全警戒线,派安全专人看守,非拆除作业人员严禁入内。

2. 拆除顺序

整体钢平台模架装备拆除的总体原则是首先拆除模板系统,其余模架各系统遵循"先装后拆、后装先拆"的顺序,体现了安装的逆过程。为了减少高空作业,在塔式起重机起重能力允许的条件下,拆除单元宜大不宜小,见图7-12。

（a）钢平台框架单元拆除　　　　　　（b）筒架支撑单元拆除

图 7-12　某工程整体钢平台模架单元式拆除

整体钢平台模架装备通常采用单元式分块拆除方法,拆除单元根据受力特点确定吊点位置及形式,一般采用安全的4点吊方法。制定单元分块拆除方案后,需分析各单元分块结构的稳定性,对于不稳定结构需要设置临时的支撑及拉结设施，重点需要关注单元分块拆除后剩余单元分块结构的整体稳固性。所有螺栓连接节点应作为划分拆除单元分块结构的依据，这也是标准化模块化设计理念所需要遵循的原则，满足各系统构件的重复周转使用要求。

供施工作业人员上下而设置的人货两用电梯所在混凝土结构筒体井道筒架支撑系统以及其上部单元分块钢平台系统结构通常为最后拆除部分，最大限度地为作业人员上下及零散设施撤离提供方便。

（1）内筒外架支撑式整体钢平台模架装备拆除顺序

1）拆除模板系统。对于钢平台系统下方的较大宽度分块模板可以先行拆除钢平台框架连系梁，以便于分块模板可以塔式起重机直接吊运拆除。

2）拆除爬升系统的蜗轮蜗杆提升机动力系统。采用塔式起重机整体吊运拆除方法，提升机竖向支撑装置承重销同时拆除。

3）拆除爬升系统的钢管柱。钢管柱底部连接点拆除，对于具有竖向支撑装置承力销的钢管柱尚需采取措施确保承力销处于收回状态，采用塔式起重机整体吊运拆除方法。

4）拆除吊脚手架系统。通常采用单元分块拆除方法，每单元分块大小根据现场实际条件及具体情况确定。

5）拆除钢平台系统。根据钢平台框架安装过程的单元分块确定拆除先后顺序，人货两用电梯区域钢平台系统最后拆除。原则上钢平台上活动的构件先行拆除，其余部分一般单元分块整体拆除。

6）拆除筒架支撑系统。在塔式起重机机械满足起重量要求的前提下，筒架支撑系统通常采用整体拆除方法。对于不能整体拆除的，可以根据螺栓连接位置自上而下依次拆除。

7）拆除爬升系统的钢框架底座。采用塔式起重机直接吊运拆除的方法。

8）在地面堆场清点各系统构件，完成拆除工作。

（2）临时钢柱和劲性钢柱支撑式整体钢平台模架装备拆除顺序

1）拆除模板系统。对于钢平台系统下方的较大宽度分块模板可以先行拆除钢平台框架连系梁，以便于分块模板可以塔式起重机直接吊运拆除。

2）拆除爬升系统的蜗轮蜗杆提升机动力系统。采用塔式起重机整体吊运拆除方法，提升机竖向支撑装置承重销同时拆除。

3）拆除最后露出混凝土结构顶部的临时钢柱。劲性钢柱是混凝土结构的组成部分，无需拆除。采用塔式起重机整体吊运拆除方法。

　　　4）拆除吊脚手架系统。通常采用单元分块拆除方法，每单元分块大小根据现场实际条件及具体情况确定。

5）拆除钢平台系统。根据钢平台框架安装过程的单元分块确定拆除先后顺序，人货两用电梯区域钢平台系统最后拆除。原则钢平台上活动的构件先行拆除，其余部分一般单元分块整体拆除。

6）在地面堆场清点各系统构件，完成拆除工作。

（3）钢梁与筒架支撑式整体钢平台模架装备拆除顺序

1）拆除模板系统。对于钢平台系统下方的较大宽度分块模板可以先行拆除钢平台框架连系梁，以便于分块模板可以塔式起重机直接吊运拆除。

2）拆除吊脚手架系统。通常采用单元分块拆除方法，每单元分块大小根据现场实际条件及具体情况确定。

3）拆除钢平台系统。根据钢平台框架安装过程的单元分块确定拆除先后顺序，人货两用电梯区域钢平台系统最后拆除。原则钢平台上活动的构件先行拆除，其余部分一般单元分块整体拆除。

4）拆除筒架支撑系统标准节。首先拆除筒架支撑系统上标准节，然后拆除筒架支撑系统下标准节；拆除爬升系统的供油管路、液压泵站、PLC 控制系统，双作用液压油缸随同下标准节一同拆除。采用塔式起重机直接吊运拆除的方法。

5）拆除钢梁爬升系统的爬升钢梁或爬升钢框 [30] 以及筒架支撑系统的爬升节，采用塔式起重机直接吊运拆除的方法。

6）在地面堆场清点各系统构件，完成拆除工作。

（4）工具钢柱与筒架支撑式整体钢平台模架装备拆除顺序

1）拆除模板系统。对于钢平台系统下方的较大宽度分块模板可以先行拆除钢平台框架连系梁，以便于分块模板可以塔式起重机直接吊运拆除。

2）拆除工具式钢柱爬升系统。首先拆除爬升系统的供油管路、液压泵站、PLC 控制系统，工具式钢柱连同双作用液压油缸一同拆除，采用塔式起重机直接吊运拆除的方法。

3）拆除吊脚手架系统。通常采用单元分块拆除方法，每单元分块大小根据现场实际条件及具体情况确定。

4）拆除钢平台系统。根据钢平台框架安装过程的单元分块确定拆除先后顺序，人货两用电梯区域钢平台系统最后拆除。原则上钢平台上活动的构件先行拆除，其余部分一般单元分块整体拆除。

5）拆除筒架支撑系统 [31]。在塔式起重机机械满足起重量要求的前提下，筒架支撑系统通常采用整体拆除方法。对于不能整体拆除的，可以根据螺栓连接位置依次拆除。

6）在地面堆场清点各系统构件，完成拆除工作。

7.3　爬升与作业

7.3.1　爬升阶段

整体钢平台模架装备爬升阶段按照施工工序分为爬升准备、爬升过程以及爬升结束三部分分别进行施工控制[32]。根据理论研究与工程实践制定施工过程 10min 平均风速大于或等于 18m/s 时，不得进行爬升施工。

1. 爬升准备

在整体钢平台模架装备爬升前，首先需要对整体钢平台模架装备进行各项检查，确保爬升阶段的安全。对凸出混凝土结构墙面的障碍物和装备上的障碍物进行清理，对脚手走道板上的废弃物进行清理，保证整体钢平台模架装备上无异物钩挂。打开吊脚手架底部走道板上的防坠挡板，使之与墙面距离在 50 ~ 80mm，保证吊脚手架系统在爬升过程中不与混凝土结构墙面发生碰擦。

在整体钢平台模架装备爬升前，针对不同的爬升系统、不同的驱动方式，做好不同的准备工作：

1）对于临时钢柱爬升系统，其上设置用于搁置承重销的钢牛腿支承装置的尺寸及标高偏差直接决定了各提升点受力的均匀性。临时钢柱作为施工临时结构，同样需要控制安装垂直度偏差，防止垂直度偏差过大引起爬升过程受力的不均匀性。在施工过程中临时钢柱随着结构施工一层而加节接长一层，所以焊接接长过程需要特别关注焊缝质量。

2）对于劲性钢柱爬升系统，爬升前要确保其上设置的连接耳板的尺寸及标高符合设计要求。由于劲性钢柱侧面焊接的连接耳板是整体钢平台模架装备爬升系统的重要构件，其尺寸、标高偏差、焊接质量直接决定了各提升点受力的均匀性以及安全性，故爬升前的检查复核工作至关重要。

3）对于钢梁爬升系统，爬升前要保证钢梁爬升系统竖向支承装置承力销在混凝土结构支承凹槽上的可靠搁置，搁置长度一般不小于 80mm，筒架支撑系统的水平限位装置与混凝土结构墙体保持合理的间隙或直接顶紧混凝土结构墙体。由于整体钢平台模架装备爬升的平稳性及受力的均匀性取决于支撑处竖向支撑装置承力销的平面标高，因此爬升到位后的筒架支撑系统竖向支撑装置搁置承力销处的混凝土结构支承凹槽的平面标高及表面平整度需要符合设计要求。在工程实践中，为了保证竖向支撑装置的连接螺栓受力达到预计效果，不得以扩螺栓孔的方式调整竖向支撑装置位置。在爬升之前尚需确保混凝土结构实体抗压强度满足设计要求，承担竖向支撑装置承力销传递的荷载。

4）对于工具钢柱爬升系统，爬升前要确保爬升钢柱的垂直度满足设计要求，爬升孔保持良好状态，爬升靴换向手柄灵活有效。工具钢柱支撑部位的混凝土结构实体强度要满足设计要求，且下端螺栓紧固处于牢固状态。

2. 爬升过程

整体钢平台模架装备爬升是一个人机交互监控的过程，在爬升过程中需要时刻保持通讯畅通，爬升时对不同的区域指定不同的人员进行监护，发现问题需要及时报告并进行整改：

1）对于蜗轮蜗杆提升机动力系统，在爬升过程位于整体钢平台模架装备钢平台系统上的操作人员需对蜗轮蜗杆提升机的运转情况进行监控，位于吊脚手架系统以及筒架支撑系统上的操作人员需对混凝土结构墙面碰撞情况进行检查，做到万无一失。

2）对于双作用液压油缸提升机动力系统，液压控制系统操作人员通过控制室操作监控设备运转情况，其他监护人员监控混凝土墙面、钢筋绑扎、模板系统、筒架支撑系统、钢梁爬升系统、吊脚手架系统、竖向支撑装置、水平支撑限位装置之间的碰擦情况，做到万无一失。

3）爬升过程中混凝土结构墙面有不可移除的凸出物体时，应将吊脚手架系统上的防坠挡板打开，并对防坠挡板处的洞口进行临时围护，待吊脚手架系统顺利通过凸出障碍物后，再将防坠挡板恢复至原位。

4）整体钢平台模架装备爬升过程中，需要对各个顶升点或提升点的位移差值进行同步性控制，保证各竖向支撑装置承力销搁置良好，受力均衡。如竖向支撑装置承力销在混凝土结构支撑凹槽中有过大偏差时，应整改到位，方可进行爬升施工。

3. 爬升结束

整体钢平台模架装备爬升结束后，模架与混凝土结构均会因为支点位置变化而发生受力改变，故需要对爬升后的模架状态进行重新检查，只有检查合格后方可进入以后的作业阶段。

爬升结束后需要重点检查整体钢平台模架装备的电源是否有损坏，主要受力构件以及连接节点是否有裂纹、松动以及过大变形等，竖向支撑装置承重销

285

或承力销是否可靠搁置在混凝土结构支承凹槽或钢牛腿支承装置上。检查中发现异常情况，必须及时进行纠正。

整体钢平台模架装备爬升后，需要关闭内外吊脚手架系统以及筒架支撑系统的防坠挡板，拧紧防坠挡板限位螺栓，做到防坠挡板与结构墙体相互之间缝隙大小满足施工要求。检查无误后方可解除安全警戒，整体钢平台模架装备进入到正常作业阶段。如果利用钢平台框架作为人货两用电梯的附着点而使梯笼可以升至整体钢平台模架装备顶面的，电梯附着装置采用滑移连接方式，最后进行连接固定。

1）对于蜗轮蜗杆提升机动力系统，爬升结束后需要确保蜗轮蜗杆提升机组保持完好，各机位电源线要确保无损坏状态，提升螺杆需要进行清理和维修，安装提升螺杆的保护套。

2）对于双作用液压油缸动力系统，爬升结束后需要逐级关闭各路液压泵站电源，关闭液压操作控制系统，保证双作用液压油缸缸体完好无损。对液压油缸进行卸载，确保油管无渗油和无破损等。最后，关闭顶升操控中央控制室，防止设施设备损坏。

7.3.2 作业阶段

整体钢平台模架装备作业阶段需要采取措施保证装备充分发挥其最大优势，对风荷载等安全因素进行有效控制，对混凝土结构实体强度进行有效保证，确保整体钢平台模架装备的安全作业环境，见图 7-13。根据理论研究与工程实践制定施工过程 10min 平均风速大于或等于 32m/s 时，不得进行爬升结束以后的作业施工。

（a）混凝土结构筒体外部作业环境　　　（b）混凝土结构筒体内部作业环境

图 7-13　整体钢平台模架装备作业环境

在作业阶段，通过塔式起重机将混凝土结构墙体钢筋吊运至钢平台顶面堆放，钢筋堆放数量根据钢平台系统设计确定，可根据工程实际需要确定整层钢筋的堆放量，也可以根据均衡施工要求确定半层钢筋的堆放量或者其他钢筋堆放量。钢筋工程可以按照分块单元整体加工吊装的方法，也可以采用传统的人工传递绑扎方法。采用传统人工传递绑扎时，绑扎钢筋人员可以在钢平台上将钢筋通过钢平台格栅盖板传递至混凝土结构墙体位置人员进行钢筋绑扎；墙体箍筋可以传递搁置于脚手走道板上，用于混凝土结构墙体人员钢筋绑扎，见图7-14。

（a）钢平台系统顶部施工作业　　　　　　（b）吊脚手架走道板上施工作业

图 7-14　整体钢平台模架装备施工作业

在作业阶段，吊脚手架系统以及筒架支撑系统上部区域用于混凝土结构层施工，施工人员主要集中在上面进行钢筋绑扎及模板施工。施工人员可以通过脚手楼梯进入到各个操作区域，全封闭的操作环境既安全，又对环境起到了很好的保护作用，体现了绿色化施工的理念。吊脚手架系统及筒架支撑系统下部区域主要用于模板系统清理维护以及混凝土结构墙体的养护。整体钢平台模架爬升前，需完成混凝土结构墙体的养护工序，具体方法是在混凝土结构墙面喷洒养生液，用于混凝土结构墙体表面保水养护。

1. 施工控制要点

整体钢平台模架装备在整个作业阶段要及时清理其上方的废弃物，包括残留的混凝土块、钢筋、钢丝、辅助模板以及其他物体等，保持作业环境清洁安全。清洁的环境能够有效减小整体钢平台模架装备所承受的附加荷载，使其受力状态与设计要求保持一致。爬升后的作业阶段要全面检查吊脚手架系统、筒架支撑系统、钢梁爬升系统底部的防坠挡板封闭性，并采取有效的防止高空坠物的安全技术措施：

1）对于采用临时钢柱支撑搁置使用的整体钢平台模架装备，作业阶段整体钢平台模架装备竖向荷载通过竖向支撑装置承重销传递至临时钢柱支撑上，故需要重点关注承重销部位的受力状态，确保受力均匀。当混凝土结构钢筋或预埋件与临时钢柱支撑位置发生冲突时，需要与设计单位联系，调整钢筋或埋件的布置位置，以保证临时钢柱的平面位置及形状尺寸不发生改变。

2）对于采用劲性钢柱支撑搁置使用的整体钢平台模架装备，钢平台系统竖向支撑装置承力销搁置在劲性钢柱钢结构支承牛腿上，故需要确保各竖向支撑装置承力销部位的受力均匀。钢平台系统竖向支撑装置尚需根据劲性钢柱的变化作出适应性调整，以确保作业阶段钢平台系统能够有稳定的支撑点。

3）对于采用筒架支撑系统搁置使用的整体钢平台模架装备，其竖向支撑装置承力销支撑在混凝土结构支承凹槽要确保各个点的受力均匀性，混凝土支承凹槽搁置面要控制使其不得出现开裂、塌角、塌边等现象。当出现混凝土结构墙体钢筋或预埋件与混凝土支承凹槽位置模具有冲突时，需要与设计单位联系，及时调整钢筋或埋件的位置，以保证混凝土结构支承凹槽的平面位置及形状尺寸不会发生变化。

4）模板系统可以采用两种不同方式进行提升，一种方式是整体钢平台模架提升后，利用钢平台系统模板吊点通过捯链提升，见图 7-15；另一种方式是随整体钢平台模架一同提升。模板系统提升前要保证混凝土结构墙面无异物钩挂，模板吊环完好，模板吊点在钢平台框架上可靠连接。当通过捯链提升模板系统时，操作人员应位于吊脚手架系统的走道板上进行作业。当利用整体钢平台模架一同提升时，模板系统悬挂在钢平台系统模板吊点上，并与吊脚手架系统进行固定，防止爬升过程发生晃动。模板对拉螺栓的位置应事先根据混凝土结构墙体钢筋位置、

（a）脚手架钢筋绑扎施工　　　　　（b）捯链提升模板系统

图 7-15　模板系统捯链提升方法

预埋件位置、劲性钢构位置进行协调，在征得设计同意可以适当调整其位置，以确保相互之间不受影响。每层混凝土结构施工完毕，拆卸的模板系统应进行清理，检查模板配件情况，校正、紧固、维护模板，并在模板面板上涂刷隔离剂。

2. 支撑部位混凝土强度

整体钢平台模架装备作业过程中，一般支撑于混凝土结构墙体顶端或侧面，支撑部位混凝土结构满足承载力要求是整体钢平台模架装备施工安全的重要保证。支撑部位混凝土结构如果出现承载力不足的情况，不仅会使混凝土结构局部破坏，而且可能造成整体钢平台模架装备失去可靠支撑，进而可能引发整体钢平台模架装备的重大事故，故作业过程应给予足够的重视。

为了保证混凝土结构的受力安全，钢柱爬升系统支撑部位混凝土结构实体强度一般不小于 10MPa；筒架支撑系统、钢梁爬升系统支撑部位混凝土结构实体强度一般不小于 20MPa。

3. 施工过程风速控制

整体钢平台模架装备在作业阶段，环境风速会对整体钢平台模架装备的施工作业条件产生显著的影响，因此作业阶段的风速超过设计风速取值时，则会产生严重的不安全状态。在施工作业阶段，需要严格按照制定的施工风荷载限值进行风荷载控制，确保整体钢平台模架装备结构的安全。

整体钢平台模架装备作业遇大风天气时，需要根据风速在吊脚手架系统上设置脚手抗风杆件进行加固。根据理论研究与工程实践制定施工过程 10min 平均风速大于或等于 18m/s 时，应在吊脚手上设置脚手抗风杆件，具体要求是在吊脚手架系统上的每两跨、每两步设置一道脚手抗风杆件。

为了便于采用扣件连接脚手吊架，通常脚手抗风杆件采用 φ48mm×3.5mm 钢管制作，并用直角扣件或旋转扣件固定于脚手吊架。为了保证脚手吊架承受脚手抗风杆件集中荷载时不产生过大变形，脚手抗风杆件设置应尽可能靠近脚手吊架横杆连接节点部位。脚手抗风杆件与混凝土结构连接时，可以通过混凝土结构墙面预设的 H 型螺栓直接连接固定，也可通过滚轮直接顶紧固定。在混凝土结构门洞部位处，脚手抗风杆件可根据洞口实际情况灵活加以固定。

7.4 非作业阶段

整体钢平台模架装备因雷电、大雨、大雪、大风、浓雾等恶劣天气停工而暂停使用时，要与混凝土主体结构固定，并切断电源，从而保证在恶劣天气下

289

的安全性。根据理论研究与工程实践制定施工过程 10min 平均风速大于或等于 32m/s 时，处于非作业阶段，严禁施工并尽快撤离施工人员。在这种极端气候条件下，作业人员撤离前应按要求设置完成脚手抗风杆件，吊脚手架系统上的抗风杆件要求每跨、每步设置一道，使得整体钢平台模架装备能够依靠混凝土结构墙体共同抵御极端大风的荷载影响。

整体钢平台模架装备如在高空环境停用时间过长，复工需要对相应液压控制和机械控制系统重新进行检测和验收。整体钢平台模架装备如经历 32m/s 及以上大风停用复工后，应对主要受力构件及相互连接点的可靠性与安全性进行重新评估。上述两种情况下，整体钢平台模架装备必须重新验收，验收合格实行挂牌制度，方能继续投入使用。

7.5 防雷接地技术措施

整体钢平台模架装备施工过程中，一般情况下塔式起重机始终位于最高点，塔式起重机上避雷设施的保护范围一般能够覆盖整个模架装备范围。为了安全起见，整体钢平台模架装备应进行防雷接地专项设计，设置防雷接地装置。对于塔式起重机避雷设施保护范围以外的整体钢平台模架装备，防雷接地装置更是不可或缺。

整体钢平台模架装备需实现有效的防雷接地，各系统构件之间及系统与系统之间应进行可靠连接，接地电阻不大于 4Ω。具体方法是将整体钢平台模架装备的各部件连成统一有效的导电体，再用导线将混凝土结构墙体防雷接地装置与整体钢平台模架装备进行有效的跨接，利用混凝土结构墙体防雷接地装置将雷电安全导入地下。整体钢平台模架装备爬升时，避雷接地导线原则上不能断开，连接导线应具有一定的延伸长度，待上层混凝土结构钢筋绑扎完成后再将接地连接点上翻一层，确保整体钢平台模架装备全过程防雷安全。

7.6 临水临电技术措施

7.6.1 施工用电

整体钢平台模架装备的动力设备电路系统设计方案需符合动力系统要求，

且需对电力系统进行安全用电性能测试。整体钢平台模架装备的照明电路系统设计需符合施工现场安全用电的规定。整体钢平台模架装备拆除前，需要将其电源完全切断，完整地拆除电缆及电线。

整体钢平台模架装备的施工用电通过专用电缆自工程结构楼层的一级配电箱接入，首先接入整体钢平台模架装备底部的二级配电箱，然后再通过固定的电缆接入位于施工作业区域的三级配电箱，最后逐次接入各自用电设备，见图7-16。

图 7-16　钢平台系统设置施工配电箱

例如某工程整体钢平台模架装备结构施工中，施工用电主电缆采用 3 根 95mm² 电缆经由地下一层接入整体钢平台模架装备底部的 3 个 2 级配电箱，由于工程结构进入高区钢结构用电量随之减少，主电缆变为 2 根 95mm² 电缆经由地下一层接入整体钢平台模架装备底部的 2 个 2 级配电箱。伴随主电缆数量的减少，最初配电箱由 3 个 400A 的 2 级配电箱和 11 个 250A 的 3 级配电箱变化为高区设置 2 个 400A 的 2 级配电箱和 6 个 250A 的 3 级配电箱。需要注意的是，这个用电量是指接入整体钢平台模架装备，用于整个混凝土结构核心筒的施工用电。

整体钢平台模架装备照明用电的电缆直接与三级配电箱连接。整体钢平台模架装备内部施工区域的照明系统采用低压照明，照明灯具一般布置于吊脚手架以及筒架支撑系统的侧向各步距围挡板顶部，见图7-17。如需设置高空警示障碍灯，一般将其设置于高于整体钢平台模架装备的塔式起重机合适部位上。整体钢平台模架装备顶面施工作业区域，一般在整体钢平台模架装备上方的塔式起重机标准节上安装照明大灯，覆盖照明钢平台施工区域。

图 7-17　低压照明灯具

7.6.2　施工用水

　　整体钢平台模架装备的施工用水采用水管自距离最近的结构楼层施工临时水箱接入，接入点位于整体钢平台模架装备的底部。临时水管一般采用 DN50 规格，附着在混凝土结构核心筒沿整体钢平台模架装备筒架支撑系统到达钢平台系统顶部的专用水箱，专用水箱一般采用钢板制作。

　　整体钢平台模架装备上需要设置消防设施以及灭火装置，消防设施连接于专用水箱，消防龙头接至钢平台顶部，灭火装置一般采用灭火器，见图 7-18。整体钢平台模架装备需设置消防安全疏散通道，指明疏散路径。

图 7-18　消防龙头接至钢平台作业层

7.7 施工安全技术措施

整体钢平台模架装备安装、使用、拆除应由专业单位及专业人员负责，专业单位应具备健全的安全管理保证体系，完善的安全管理制度，作业人员应具备相应的操作资格。施工人员在进入整体钢平台模架装备开展施工作业之前，必须熟悉装备使用的要求以及注意事项，接受安全技术培训和安全技术教育。安装、使用、拆除等施工作业前，专业技术人员应根据专项施工方案以及安全操作规程对操作人员进行安全技术交底，安装和拆除过程专职安全人员要进行全过程监督。

7.7.1 总体施工安全技术措施

整体钢平台模架装备施工作业区域在楼梯出入口、临边洞口等位置应设置危险部位明示牌，需设置明显的安全标志和相应的防护设施，爬升动力系统的控制系统也需设置安全防护措施。在显著位置标识允许荷载，施工人员、物料堆放数量，器具的荷载不得超过允许范围。作业区域设置消防设施及灭火装置，施工消防供水系统随整体钢平台模架装备施工同步设置。在整体钢平台模架装备上进行电焊作业要有防火措施，并派专人进行监护。

整体钢平台模架装备安装、使用、拆除施工是一项复杂的系统工程，需要得到专业人员的密切配合，实施过程中实行统一指挥。安装作业通常不安排在夜间进行，当确需夜间作业时，应在施工现场设置足够的照明灯具。当安装过程不能连续完成时，必须将已安装完成的模架结构构件固定牢靠，以达到安全控制状态，并经检查确认无隐患后再停止作业。

整体钢平台模架装备在高空进行体形变换拆分时，不得在模架拆除区域内同时进行其他施工作业，未拆除区域需设置安全警戒线及安全防护设施。每吊运拆除一部分结构构件时，操作人员必须从拆除结构构件上离开，拆除施工人员必须全程系安全带。

整体钢平台模架装备爬升时，要根据不同平面区域特点进行分区监护。对一些特殊部位，如塔式起重机、人货两用电梯、混凝土输送管、水管以及电缆等进行专人重点监护。爬升过程中，设立安全警戒，装备上除了留有必须的操作监控人员外，其他无关人员一律不能进入。遇到大风天气施工时，提前对设备、工具、零散材料、可移动的构件等进行固定；遇到大雨、大雪、浓雾、雷

293

电等恶劣天气时，必须及时停止作业，进入安全防护模式。

整体钢平台模架装备施工期间，所有电缆均不能接触油类或受到挤压，电缆接头要保持牢固可靠，避免雨水及脏物侵入电箱接头，防止电缆磨损而绝缘破损。电缆及其接头在施工过程中需进行特殊保护，以保证用电安全。

7.7.2　各系统的安全技术措施

1. 钢平台系统

钢平台系统作为主要的施工堆放和施工作业场所，其上布置有电箱、电缆、电焊机、氧气及乙炔瓶、材料等施工机具设备，具体布置位置需根据平面布置图要求进行堆放，必要时设置稳固的技术措施。堆放钢筋时，需要均匀分布，不得集中堆放，便于绑扎人员水平运输。

钢平台盖板需长期保持固定，其下方是钢平台框架构件之间的洞口临边，洞口临边暴露极易造成人员、设备、材料的坠落，造成伤亡事故。如果钢平台系统局部区域的盖板需要临时拆除，必须先设置洞口临边安全防护措施，方能进行局部区域盖板的拆除，确保作业人员安全。

2. 吊脚手架系统

吊脚手架系统是工程人员进行施工操作的重要场所。当进行安装与拆除时，吊脚手架变成一个不稳定的结构体系，操作人员严禁站在吊脚手架上作业。

为了适应混凝土结构墙体收分施工的要求，保证吊脚手架系统和混凝土结构墙体之间留有合适的施工距离，吊脚手架系统在高空经常需要进行补缺施工以及平移作业，平移过程吊脚手架系统同样处于不稳定状态，故此过程同样不能利用吊脚手架系统进行其他的施工作业。

为避免发生坠物伤人事故，各工种在施工过程中一般不进行上下层的交叉立体作业。吊脚手架系统仅仅用于实现脚手架功能，所以吊脚手架系统不允许堆放超出规定范围的材料设备等。考虑吊脚手架设计荷载的限制，利用吊脚手架进行设计功能范围外的施工作业是严格禁止的，这包括但不限于进行物料吊运、缆绳拉扯、模板支撑等。

整体钢平台模架装备爬升过程中，吊脚手架系统下部防坠挡板要与混凝土结构墙体保持分离状态，以便于安全爬升。爬升结束后，应及时进行关闭。

3. 筒架支撑系统

筒架支撑系统安装前，检查是否符合设计要求，竖向支撑装置承力销和混凝土结构支承凹槽的相互位置是否匹配，混凝土结构支承凹槽混凝土结构强度和表面质量是否符合要求，这些都是整体钢平台模架装备安全使用的重要部分。

筒架支撑系统中的竖向支撑装置以及水平限位装置无法通过障碍物时，爬升过程将会受阻，故注意观察这些部位的状态，及时清理这些位置的障碍物也是安全使用的重要部分。

4. 钢梁爬升系统

钢梁爬升系统采用双作用液压油缸动力系统驱动时，各液压油缸顶升需基本保证顶升荷载的均匀，确保顶升的同步进行。双作用液压油缸活塞回提前，需检查爬升钢梁竖向支撑装置承力销和混凝土结构支承凹槽的位置关系是否匹配。

钢梁爬升系统采用蜗轮蜗杆提升机动力系统驱动时，提升前需检查蜗轮蜗杆提升机动力系统的提升螺杆是否完好，磨损程度是常规检查的重要内容。

5. 钢柱爬升系统

钢柱爬升系统位于混凝土结构顶端，不可避免会受到钢平台系统以及吊脚手架系统施工作业的影响，因此在施工过程中需要采取相应保护措施，防止爬升钢柱、双作用液压油缸、蜗轮蜗杆提升机等被意外碰撞而发生破坏。

工具式钢柱爬升系统或临时钢柱爬升系统安装过程中，需与预埋的钢筋或埋件连接后才能作为支撑系统，可靠的连接是安全性的有效保证。未经设计认可，钢柱爬升系统不得用于承受整体钢平台模架装备荷载以外的其他荷载。

采用双作用液压油缸动力系统，爬升过程各液压油缸顶升的同步性关键指标是控制的重点。当出现严重不均匀现象时，应及时进行调整，对于无法纠正的情况需停止爬升进行检查处理。

6. 模板系统

模板系统提升一般在钢筋绑扎完毕后进行，此时在其上方要确保无其他施工作业进行，立体交叉作业非常容易出现安全事故。模板系统提升与就位需依靠捯链，故模板系统安装就位后才可以短时拆除捯链。

7.7.3 施工机械安全技术措施

整体钢平台模架装备上人位置底部高于人货两用电梯能够到达的高度时，需设置供施工人员上下的人货两用电梯至整体钢平台模架装备的登高设施，为了方便周转使用，通常采用定制工具化的产品。

当人货两用电梯可以直达整体钢平台模架顶部时，可以方便快捷的将人员、物资、设备运输到装备顶面。在这种情况下，人货两用电梯将从整体钢平台模架装备中部通过，人货两用电梯附着架与钢平台框架及筒架支撑骨架需进行滑移连接，滑移连接的可靠性至关重要，滑移连接需有防止过大变形的技术措施。

混凝土浇筑输送管附着在整体钢平台模架装备上时，浇筑混凝土过程会产生较大的动荷载，采取减少水平荷载的技术措施非常重要。对于无技术措施的工程，原则不允许整体钢平台模架装备作为输送管的附着结构。

第 8 章
复杂结构层施工

8.1　概述

随着超高层建筑及超高构筑物的发展，超高结构的体型呈现出日益复杂多变的特点。整体钢平台模架装备除要满足体型相对单一的混凝土结构施工外，更要满足各类复杂体型结构的施工需要。超高结构的复杂体型主要表现在结构墙体收分层、结构劲性桁架层、结构劲性钢板层、特殊结构层等方面。针对结构各类复杂体型以及体型变化带来的施工难题，整体钢平台模架装备只有具备解决这些施工技术问题的能力，才能充分体现出整体钢平台模架装备的技术优势。整体钢平台模架装备经过长期的工程应用，技术得到了大力发展，复杂结构的施工适应性显著提高。整体钢平台模架装备基于标准化、模块化的设计特点，能够实现整体钢平台模架结构的柔性化变换，从而适应了各类复杂结构体型以及结构体型变化的施工需要。

整体钢平台模架装备可通过脚手走道板补缺技术、吊脚手架整体滑移技术、平台脚手整体滑移技术解决墙体收分施工问题。对于劲性桁架层的施工，由于处于混凝土结构顶部的钢平台系统阻挡了结构劲性钢构件的直接吊装，所以早期发展了模架空中分体组合式施工技术；目前采用柔性化的钢平台框架跨墙可拆卸连梁施工技术，很好地解决了劲性桁架层的施工难题。对于劲性钢板层的施工，同样因为钢平台系统阻挡结构劲性钢板的直接吊装，所以发展了柔性化的钢平台框架跨墙可拆卸连梁施工技术，也发展了滑移式安装劲性钢板的施工技术。对于特殊结构层模板的施工，技术也得到了很好的发展。

本章重点分析了各种复杂结构层的施工特点，介绍了整体钢平台模架装备适应复杂结构的施工技术方法，主要包括墙体收分施工技术、劲性桁架层施工技术、劲性钢板层施工技术，特殊结构层模板技术等。

8.2　墙体收分施工技术

根据超高结构的受力特点，混凝土结构核心筒厚度会随着建筑高度的增加而逐渐变薄，墙体收分会导致吊脚手架系统及筒架支撑系统与墙体的间距逐渐增大。当墙体收分尺寸较小时，增大的间距会给施工带来不便；但当墙体收分尺寸较大时，会造成施工作业困难，甚至带来安全隐患。

对于混凝土结构核心筒内部墙面，由于电梯井的原因，通常内部墙面不采用结构收分设计,只有部分工程会采用结构收分设计,但总体而言内墙面收分尺寸较小,故吊脚手架系统及筒架支撑系统一般采用补缺走道板的方法解决。

对于超高混凝土结构核心筒外部墙面收分,由于结构收分设计一般比较大,采用吊脚手架补缺走道板的方法往往还不能彻底解决问题,故吊脚手架系统还会采用整体滑移的施工方法。整体滑移通常有吊脚手架系统单独整体滑移和钢平台系统与吊脚手架系统整体滑移的施工方法。

8.2.1 吊脚手架及筒架支撑走道板补缺

核心筒结构内墙收分尺寸相对较小,实际工程一般为 50~300mm。整体钢平台模架装备爬升到收分部位后,吊脚手架系统或筒架支撑系统距离墙面的净距增大,可采用吊脚手架或筒架支撑增加走道板进行补缺的方法解决。按照走道板在吊脚手架系统上所处位置,分为中间层走道板补缺及底部走道板补缺。下面对两种不同类型走道板补缺施工方法分别作介绍。

1. 中间层走道板补缺

吊脚手架系统中间层位置走道板沿墙面周边设置,通常走道板初始设计位置距离墙面 450mm 左右,墙体收分后基本方法是增加靠墙一侧的脚手走道板宽度,即新增走道板。新增的走道板长度与脚手吊架间距一致,宽度与墙面收分尺寸一致,增加的走道板同样采用角钢框上铺钢板网制作。新增的走道板长边与原走道板可采用栓接或焊接连接固定,短边与相邻新增走道板采用栓接或焊接,并增设稳定装置,见图 8-1。

图 8-1 中间层走道板补缺方法

2. 底部层走道板补缺

吊脚手架系统底部层位置走道板沿墙面周边设置,通常走道板初始设计位置距离墙面 100mm，吊脚手架系统与墙体间设置防坠挡板，整体钢平台模架装备作业时防坠挡板紧贴墙面封闭。

当墙面收分尺寸不大于 150mm 时，吊脚手架底部补缺可直接采用防坠挡板滑移增加伸出距离方法解决，因为防坠挡板宽度设计一般具有冗余度。在结构收分层施工，底部走道板上的防坠挡板伸出距离较原始状态多 150mm。

当墙面收分尺寸大于 150mm 时，墙体收分后的基本方法是增加靠墙一侧走道板宽度，即增加走道板。新增的走道板长度与脚手吊架间距相同，宽度与墙面收分尺寸相同，增加的走道板采用角钢框上铺花纹钢板制作。新增的走道板长边与原走道板可采用栓接或焊接固定，短边与相邻新增走道板也可采用栓接或焊接固定，并增设稳定装置，使补缺后的底部层走道板距离墙面仍然保持100mm，见图 8-2。

图 8-2　底部层走道板补缺方法

吊脚手架系统完成补缺施工之后，整体钢平台模架装备可按照标准施工流程继续进行施工，直至混凝土结构再次收分。

8.2.2　吊脚手架的整体滑移

超高混凝土结构核心筒外部墙面设计一般会有比较大的收分，实际工程一般为 300 ～ 900mm 不等。这种情况通常可以采用吊脚手架系统单独整体滑移的施工方法来解决距离增大的问题。吊脚手架整体滑移主要针对直面墙体收分情况，对吊脚手架的角部有多种解决方法，直角转角也可采用滑移方法解决；对于非直角墙面一般不采用滑移方法，而采用脚手板补缺方法解决。

吊脚手架系统空中整体滑移施工需提前做好准备工作，包括清理吊脚手架上的杂物，检查各种施工工具，清除可移动的物料，并在地面设置警戒线等。

吊脚手架整体空中滑移通过滑移装置进行加以实现，滑移装置可见前述章节。根据驱动方式的不同，吊脚手架滑移施工分为牵引驱动和液压驱动两种方式。

　　牵引驱动方式所采用的工具主要是捯链，需提前设置好吊脚手架滑移所需的吊点板、钢丝绳以及捯链。为了使脚手吊架滑移过程能够整体受力，需要在吊架前立杆处设置通长水平脚手钢管，将脚手吊架连接形成整体。可以在滑移的吊脚手架对面的整体钢平台框架上设置吊点板，将捯链安装在吊点板上；捯链设置间距尽量均衡，保证吊脚手架系统滑移过程受力均匀，同步平稳移动到设定位置。

　　液压驱动方式所采用的工具主要是液压油缸，需提前设置好液压油缸安装所需的支架，安装完成的液压油缸需要进行同步性调试。为了使脚手吊架滑移过程能够整体受力，需要在吊架前立杆处设置通长水平脚手钢管，将脚手吊架连接形成整体；开启液压油缸泵站，液压油缸活塞杆驱动吊脚手架整体向墙面方向移动，移动的距离可精确控制，确保吊脚手架安全移动到设定位置，见图 8-3。

图 8-3　吊脚手架系统液压驱动滑移施工方法

8.2.3　平台脚手的整体滑移

　　对于墙面收分尺寸较大的情况，实际工程通常也可以采用钢平台系统与吊脚手架系统整体滑移的施工方法来解决距离增大的问题。钢平台系统的钢梁与吊脚手架系统整体滑移主要针对直面墙体收分情况进行，钢平台系统与吊脚手架系统整体滑移连成一体，从而实现钢平台框架梁带动吊脚手架同步滑移的目的。

在整体钢平台模架装备设计时，将所有需要滑移的脚手吊架布置在平行于墙体的前后钢梁上，连接前脚手吊架的钢梁设计为分段式滑移次梁，滑移次梁通过滚动装置在主梁上实现滑移；连接后脚手吊架的钢梁设计为通长式滑移次梁，滑移次梁通过滚动装置在主梁顶部连接实现滑移；故脚手吊架前后立杆在主梁上的滚动滑移方式不同，主要为了保证吊脚手架系统移动过程的安全性及整体性，见图 8-4。

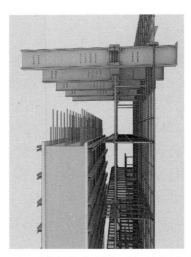

图 8-4　钢平台框架与吊脚手架整体滑移技术

脚手吊架前立杆连接的分段式滑移次梁与主梁等高，滚动连接装置嵌在主梁翼缘内沿翼缘滑动，滚轮装置与次梁连接形成整体。

脚手吊架后立杆连接的通长式滑移次梁与主梁采用顶部滑动的方式，次梁设置在主梁上部，次梁与主梁不直接发生接触，通过滚轮装置实现在主梁上的滚动滑移。限位连接板既起到安装滚轴的作用，同时也能够限制次梁的侧向移动，保证滑移过程的安全性。

在进行整体滑移施工之前，拆除脚手吊架前立杆次梁端部与主梁的连接螺栓，进行牵引驱动或液压驱动，实现钢平台框架钢梁带动吊脚手架同步移动。吊脚手架滑移到位后，脚手吊架前立杆次梁端部通过连接螺栓与主梁重复连接固定。

8.3　劲性桁架层施工技术

超高结构因为整体性要求，通常会在不同的高度设置若干劲性桁架层，将外围钢框架与内部混凝土核心筒连接为共同作用的整体结构。混凝土结构核心筒墙体中设置劲性桁架会增加整体钢平台模架装备施工难度，主要原因就是钢平台系统置于施工的核心筒上方，阻碍了劲性桁架钢构件的吊装施工，另外临时钢柱支撑站位也阻碍了劲性桁架钢构件的安装。为了实现劲性桁架层高效施工，需要解决劲性桁架钢构件安装受整体钢平台模架装备影响的技术问题，协调整体钢平台模架装备与劲性桁架钢结构、混凝土核心筒结构之间的施工顺序，通过相应的专项施工技术加以应对。

在整体钢平台模架装备早期发展中，劲性桁架层施工采用了作业简单，但危险性相对较大的空中分体组合施工技术。随着施工技术的发展，采用钢平台框架跨墙连梁可拆装式施工技术是普遍采用的方法，这种方法解决了钢平台系统阻挡劲性桁架钢构件吊装的问题，安全性和施工效率大大提高。

8.3.1 分体组合施工技术

在整体钢平台模架装备早期发展中，主要采用的是临时钢柱支撑式整体钢平台模架装备技术，由于临时钢柱既是支撑系统也是爬升系统，其与劲性桁架钢结构的位置冲突决定了在劲性桁架层不能采用临时钢柱，另外此类整体钢平台模架装备的钢平台框架跨墙连梁起到将吊脚手架系统等荷载传递给临时钢柱的作用，无法采用可拆装跨墙连梁方式，故给施工带来了困难。为了解决上述技术问题，通常采用整体钢平台模架装备空中分体组合施工方法，即整体钢平台模架装备从非劲性桁架层施工到劲性桁架层底部，将整体钢平台模架装备稳固支撑在混凝土核心筒结构，拆除临时钢柱支撑，利用钢平台系统搭设劲性桁架层施工的脚手架，在脚手架上施工劲性桁架层，劲性桁架层先行吊装劲性桁架钢构件，然后进行钢筋工程及模板工程施工，完成劲性桁架层混凝土浇筑。劲性桁架层施工完成后，在完成的劲性桁架层顶部安装提升机支架，利用提升机提升整体钢平台模架装备。提升前拆除所有钢平台系统跨墙连梁，整体钢平台模架装备完成分体，以每个分体为单元分别进行提升，所有单元提升通过劲性桁架层后再进行重新组合连成整体[33]，继续进行以上非劲性桁架结构施工。整体钢平台模架装备空中分体组合过程，必须采取技术措施保证整个过程模架结构的承载力、刚度和稳固性。

临时钢柱支撑式整体钢平台模架装备空中分体组合施工方法流程如下：

1）利用整体钢平台模架装备施工混凝土结构至劲性桁架层底部，将整体钢平台模架装备稳固支撑在混凝土结构上，可以利用临时钢柱进行支承，也可以根据需要设置临时支架系统支承，原则以不影响劲性桁架钢构件安装；

303

2）拆除蜗轮蜗杆提升机动力系统，将高于钢平台框架部分的临时钢柱割除，为劲性桁架层施工创造条件，劲性桁架层按传统方法施工；

3）在钢平台框架上搭设脚手架，利用脚手架作业，完成劲性桁架钢构件吊装，进行劲性桁架层混凝土结构施工，钢平台框架跨墙连梁将被浇筑在混凝土结构中；

4）劲性桁架一般为若干层高度，利用脚手架作业，按层分别进行混凝土结构钢筋工程、模板工程、混凝土浇筑施工；直至完成劲性桁架层的施工；

5）在劲性桁架层顶部，埋设用于支承提升机支架及临时钢柱支撑的混凝土预埋件，首先安装临时提升机支架，在临时提升机支架上安装蜗轮蜗杆提升机动力系统；

6）拆除钢平台框架上的脚手架，随脚手架拆除过程安装分段式蜗轮蜗杆提升机吊杆，并与钢平台框架连接；拆除模板系统并固定于吊脚手架底部，模板系统将随整体钢平台模架一同提升；

7）拆除埋设于混凝土结构中的钢平台框架跨墙连梁，完成整体钢平台模架装备的分体，准备提升整体钢平台模架装备，提升过程以各个分体单元分别进行；

8）由于蜗轮蜗杆提升机的提升螺杆长度有限，所以提升过程采用分段式提升吊杆置换的方法；提升机提升过程分两组进行，一半提升机先行提升，完成提升螺杆长度范围的提升后由另外一半提升机连接钢平台框架进行两组提升机转换，然后接力继续提升各分体单元；

9）两组提升机不断重复置换提升，过程中不断分节拆除分段式提升吊杆，将各分体单元提升至劲性桁架层顶部整体钢平台模架装备重新组合的高度；

10）将整体钢平台模架装备各分体单元搁置支撑在混凝土结构墙体临时支架上，恢复安装钢平台框架跨墙连梁，跨墙连梁两端一般设计为可拆装的螺栓连接方式，整体钢平台模架重新组合成为整体；

11）拆除蜗轮蜗杆提升机动力系统及其支架，重新安装临时钢柱支撑系统，安装蜗轮蜗杆提升机动力系统；

12）整体钢平台模架装备空中分体组合施工结束，恢复标准层流程继续施工，直至各标准层施工结束或进入下一个劲性桁架层施工。

这种分体组合施工方法在金茂大厦、上海环球金融中心工程劲性桁架层的应用中取得了较好的效果，虽然分体组合过程繁复，但不失为一种解决问题的方法，见图 8-5（a）、（b）。分体组合方法在广州塔工程核心筒顶部的劲性钢板层也得到了进一步应用，其整体钢平台模架装备施工至劲性钢板层底部，在完成上部四层劲性钢板安装后，通过整体钢平台模架内外分体进行姿态控制的逐层提升逐层施工的方法也取得了很好的效果，见图8-5（c）。当然分体组合施工方法效率较低，空中安全防护要求高，目前已经很少采用，已被其他更为灵活的施工方法所取代。

（a）金茂大厦整体模架分体组合　　　　（b）上海环球金融中心整体模架分体组合

（c）广州塔顶部劲性钢板层整体模架分体组合

图 8-5　某工程整体钢平台模架分体组合施工方法

8.3.2　连梁拆装施工技术

随着整体钢平台模架装备技术的发展，钢梁与筒架交替支撑式和钢柱与筒架交替支撑式整体钢平台模架装备已成为最常用的两种类别。这两种类别的模架装备由于解决了支撑系统或爬升系统与劲性桁架钢构件重叠站位的问题，故可以采用新的技术方法加以解决。劲性桁架钢构件最简便的方法就是从钢平台系统上方直接吊入进行安装，所以只需解决钢平台框架跨墙钢梁部分相碰的技术问题，因此在平面上只要协调好劲性桁架钢构件吊装与钢平台框架跨墙钢梁的相互关系即可。经过研究，并对钢平台框架整体性进行了系统分析，采用了钢平台框架跨墙钢梁可重复拆、装的技术方法，具体如下：

1）劲性桁架钢结构根据钢平台框架跨墙连梁特点进行合理的分节、分段、设置，为了减少施工现场焊接工作量，钢构件宜大不宜小。

2）劲性桁架钢构件吊装与钢平台框架跨墙连梁相碰的部位，将钢连梁设置为可拆卸的螺栓连接方式，见图 8-6。

图 8-6 跨墙连梁螺栓连接方法

3）在不影响模架结构整体稳定性的前提下，跨墙连梁进行临时拆卸，吊装完成后重新进行安装。跨墙连梁螺栓连接方式也为钢平台框架结构标准化单元设计创造了条件。

4）模板系统置于劲性桁架层下方，根据劲性桁架钢构件竖向分节确定模板分步提升高度，为劲性桁架钢构件安装提供足够的空间。

5）在钢平台框架平面范围，根据模架结构整体稳定性确定分批拆除钢平台框架跨墙连梁的顺序，并在此基础上确定分批吊装劲性桁架钢构件的顺序。整个过程原则遵循流水安装施工的原则。

劲性桁架钢构件吊装时，拆卸连梁的区域形成钢平台上下连通的空间，为塔式起重机直接吊运劲性桁架钢构件安装创造了条件，施工人员在吊脚手架系统以及筒架支撑系统上进行劲性桁架钢构件安装固定，吊装结束后应立即恢复可拆卸连梁的位置。分区拆除钢平台框架跨墙连梁的顺序还应根据现场施工的实际情况和构件堆放位置灵活确定，通常按照影响最小的对角、中部顺序分别进行。具体而言，劲性桁架钢构件按四个对角分别进行吊装，钢平台框架上相应对角范围区域的跨墙连梁进行拆除，此区域劲性桁架钢构件安装后立即恢复，接着分别进行中部区域钢平台框架对边跨墙连梁的拆除，完成中部区域劲性桁架钢构件安装。

在钢平台系统上对荷载进行严格控制，拆卸跨墙连梁的区域严禁堆载。以某工程劲性桁架钢构件完成钢柱、下弦杆安装，完成相应混凝土结构施工，准备进行斜腹杆及上弦杆安装时钢平台框架跨墙连梁拆除及恢复的顺序，见图8-7。

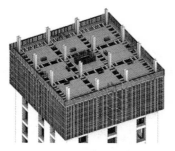
（a）跨墙连梁尚未拆除状态

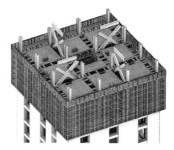
（b）一侧对角区域跨墙连梁拆除状态

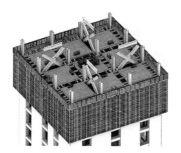
（c）另一侧对角区域跨墙连梁拆除状态

（d）中部区域对边跨墙连梁拆除状态

（e）中部区域另对边跨墙连梁拆除状态

（f）跨墙连梁恢复至开始状态

图 8-7 某工程跨墙连梁拆卸顺序

劲性桁架钢结构构件存在突出墙面的连接板时，通常也采用在钢平台框架中设置可拆卸边梁的方法解决爬升过程中钢平台框架钢梁位置与突出混凝土结构墙面连接板位置相碰的施工问题，见图8-8。钢平台框架根据劲性桁架钢构件突出混凝土结构墙面的空间位置，确定爬升过程会遇到的突出墙面连接板位置。在设计钢平台框架钢梁的位置时，与连接板不碰的钢梁按照常规方式布置，与连接板相碰的钢梁设计为可拆卸式，并保持不小于500mm的距离。为了钢平台框架边梁拆除方便，可拆卸部分边梁一般设计成斜面连接形式。需要注意的是，在可拆卸边梁上要避免设置吊脚手架系统的脚手吊杆，否则会给钢梁拆卸施工带来不便。

图 8-8　突出墙面连接板的工况

劲性桁架钢构件的水平分段、竖向分节涉及许多因素，主要包括劲性桁架钢结构特点、运输条件、塔式起重机起重性能、整体钢平台模架工艺、焊接工艺等。通常劲性桁架钢结构由下弦杆、斜腹杆、上弦杆三部分组成，吊装遵循先下弦杆、再斜腹杆、最后上弦杆的安装顺序。以钢柱与劲性桁架层跨墙连梁拆装式施工技术方法如下：

1）初始状态整体钢平台模架装备位于浇筑完成的混凝土结构核心筒顶部，根据劲性桁架钢结构竖向分节高度，整体钢平台模架装备爬升至第一预定高度，预留出满足劲性桁架下弦杆安装的净空高度；

2）根据劲性桁架下弦杆的安装顺序，分步拆除与劲性桁架下弦杆安装位置相碰的钢平台格栅盖板、钢平台框架跨墙连梁以及边梁，形成适合劲性桁架下弦杆水平长度的吊装空间环境，确保塔式起重机能够直接吊运安装；

3）分步将下弦杆构件吊装就位，及时将相应区域拆除的钢平台框架跨墙连梁、边梁以及格栅盖板复位；将吊装到位的下弦杆相互连接，完成下弦杆安装；

4）混凝土结构核心筒按常规进行施工，将劲性桁架下弦杆构件浇筑在混凝土核心筒结构中；

5）整体钢平台模架装备爬升至第二预定高度，预留出满足劲性桁架斜腹杆安装的净空高度；

6）根据劲性桁架斜腹杆的安装顺序，分步拆除与劲性桁架斜腹杆安装位置相碰的钢平台格栅盖板、钢平台框架跨墙连梁以及边梁，形成适合劲性桁架斜腹杆水平长度的吊装空间环境，确保塔式起重机能够直接吊运安装；

7）分步将斜腹杆构件吊装就位，及时将相应区域拆除的钢平台框架跨墙连梁、边梁以及格栅盖板复位；将吊装到位的斜腹杆相互连接并与下弦杆固定，完成斜腹杆安装；

8）混凝土结构核心筒按常规进行施工，将劲性桁架斜腹杆构件浇筑在混凝土核心筒结构中；

9）整体钢平台模架装备爬升至第三预定高度，预留出满足劲性桁架上弦杆安装的净空高度；

10）根据劲性桁架上弦杆的安装顺序，分步拆除与劲性桁架上弦杆安装位置相碰的钢平台格栅盖板、钢平台框架跨墙连梁以及边梁，形成适合劲性桁架上弦杆水平长度的吊装空间环境，确保塔式起重机能够直接吊运安装；

11）分步将上弦杆构件吊装就位，及时将相应区域拆除的钢平台框架跨墙连梁、边梁以及格栅盖板复位；将吊装到位的上弦杆相互连接并与斜腹杆固定，完成上弦杆安装；

12）混凝土结构核心筒按常规进行施工，将劲性桁架上弦杆浇筑在混凝土核心筒结构中，完成劲性桁架层施工。

伸臂桁架层施工，整体钢平台模架装备的爬升次数可根据模架装备类别以及劲性桁架分节高度灵活确定。对于钢梁与筒架交替支撑式整体钢平台模架装备具备双层同步施工的特点，所以整体模架装备爬升至第一预定高度并施工完成相应高度混凝土结构核心筒后，可直接爬升至上弦杆的上方位置，预留出斜腹杆和上弦杆同时安装的空间环境，使得整体模架装备爬升次数减少，劲性桁架层施工更为高效。对于劲性桁架层高度较大的工程，有时也需要针对斜腹杆吊装的施工要求进行高度上的分节吊装，故整体钢平台模架装备在劲性桁架层的爬升次数尚需根据工程实际确定。

钢平台框架连梁拆装式劲性桁架层施工技术依托整体钢平台模架装备沿劲性桁架层竖向分节、水平分段逐层安装爬升，安装劲性桁架过程中分区域拆除钢平台框架跨墙连梁以及边梁的技术方法，为劲性桁架层施工创造了一个全封闭的并可直接进行钢结构安装、钢筋绑扎以及模板施工的空间环境，保证了高空作业安全，提高了功效，节约了施工工期，降低了施工成本[34-37]。

8.4 劲性钢板层施工技术

随着超高层建筑高度的不断增加，为了提高混凝土结构核心筒的延性，设置劲性钢板的方法逐渐增多，具体是劲性钢板通过栓接或焊接进行分块连接，309

形成混凝土结构核心筒的劲性钢板剪力墙层。施工关键同样在于劲性钢板与整体钢平台模架装备在平面及立面的关系协调，空间位置避让等。就平面位置关系而言，劲性钢板构件从钢平台系统上方吊装进入，安装就位受钢平台框架跨墙连梁的影响和制约；就立面位置关系而言，劲性钢板构件的竖向分节对整体钢平台模架装备的爬升高度也会带来一定的影响。针对以上问题，根据工程实际使用的整体钢平台模架装备类别，可采用钢平台框架跨墙连梁装拆施工技术，也可以利用跨墙连梁作为支点进行滑移安装的施工技术，实现劲性钢板层的安全高效施工。

8.4.1　钢板滑移安装技术

混凝土结构核心筒设置劲性钢板的层数较多或劲性钢板在结构墙体分布较密集的情况，采用相碰跨墙连梁拆卸的施工方法效率低，一般采用钢板滑移安装的施工技术。钢板滑移安装技术通过附着于钢平台框架跨墙连梁的钢板滑移装置实现劲性钢板滑移施工安装。滑移装置由滑移安装轨道、滑移驱动装置等组成，滑移驱动装置设置在滑移安装轨道上，采用电动方式控制其在滑移安装轨道上行走，直至到达安装位置。

采用劲性钢板滑移安装技术施工需要根据混凝土墙体结构特点对劲性钢板进行合理的分节、分段单元设置。根据安装单元，在整体钢平台模架装备覆盖墙体的合适位置设置塔式起重机劲性钢板吊装入口，其尺寸大小需满足每个劲性钢板安装单元的吊装要求。在钢平台框架梁底部沿墙体方向设置滑移安装轨道，每侧滑移安装轨道上均设置滑移驱动装置，见图 8-9。整体钢平台模架装备在劲性钢板层的爬升施工流程根据劲性钢板竖向分节确定。

|（a）塔式起重机劲性钢板吊运|（b）劲性钢板滑移安装|

图 8-9　劲性钢板滑移式安装技术

滑移安装轨道可采用栓接或焊接形式固定于钢平台跨墙连梁底部，一般沿墙体通长布置，以满足劲性钢板构件的水平滑移运送需要。滑移安装轨道通常采用 H 型钢制作，规格根据轨道跨度以及承受荷载情况确定。滑移驱动装置的滚轮连接于轨道梁腹板两侧，轨道行走位置以满足劲性钢板构件安装就位需要。

以钢梁与筒架交替支撑式整体钢平台模架装备为例，叙述劲性钢板滑移安装的施工方法如下：

1）整体钢平台模架装备爬升阶段。初始状态整体钢平台模架装备位于浇筑完成的混凝土结构核心筒顶部，模板系统通过对拉螺栓固定于混凝土墙体局部；整体钢平台模架装备爬升到预定高度，确保钢平台框架底部至混凝土结构顶部之间的距离能满足劲性钢板分段安装的要求，爬升过程中模板系统随整体钢平台模架装备同步爬升。

2）劲性钢板构件吊装阶段。施工前拆除覆盖在预留吊装入口处上方的格栅盖板，利用塔式起重机将劲性钢板构件单元吊运至预留吊装入口，劲性钢板构件吊运至入口并悬挂于滑移装置吊钩，驱动滑移装置吊钩并沿滑移安装轨道平移至安装位置，由吊脚手架系统以及筒架支撑系统上的施工人员进行安装。分区进行墙体内劲性钢板的安装，安装完毕及时将吊装入口处的格栅盖板安装复位。按照上述施工方法，依次完成所有劲性钢板构件的吊运及安装工作。

3）混凝土墙体结构施工阶段。主要工作包含钢筋工程、模板工程以及混凝土工程等。吊脚手架系统以及筒架支撑系统上的施工人员进行钢筋绑扎，之后进行模板工程，再通过整体钢平台模架装备的布料机进行混凝土浇筑，完成劲性钢板层的施工。

滑移式劲性钢板安装技术，可以实现劲性钢板的快速高效安装，滑移装置构造简单，现场可操作性强，避免了钢平台框架跨墙连梁反复拆装对混凝土结构施工效率的影响。

8.4.2　连梁拆装施工技术

混凝土结构核心筒设置劲性钢板的层数较少或劲性钢板在结构墙体分布较少的情况，一般采用跨墙连梁拆卸与安装交替进行的施工方法。基于整体钢平台模架装备标准模块化的设计特点，根据劲性钢板分布位置在钢平台框架中采用可拆卸跨墙连梁的设计方法，跨墙连梁通过螺栓连接于钢平台框架主梁上。施工过程根据劲性钢板安装顺序依次拆除与劲性钢板吊装单元相碰的跨墙连梁，利用塔式起重机直接吊运至钢平台框架下方进行安装就位。

劲性钢板层施工，跨墙连梁拆装施工方法可参见第 8.3.2 节，具体方法与劲性桁架层跨墙连梁拆装施工方法类同，技术关键在于合理设置可拆卸跨墙连梁。劲性钢板进行分段后，根据分段长度在钢板分布位置设置可拆卸跨墙连梁，每块劲性钢板对应位置均需设置可拆卸跨墙连梁，这样在吊装的每个位置都能形成吊装空间，使劲性钢板构件能够直接安装就位。

以钢梁与筒架交替支撑式整体钢平台模架装备为例，叙述跨墙连梁拆卸与安装的施工方法如下：

1）整体钢平台模架装备根据劲性钢板竖向分节进行爬升，爬升至预定高度为劲性钢板安装创造空间环境。

2）根据劲性钢板构件吊装位置，拆除与吊装位置相碰的钢平台格栅盖板、钢平台框架跨墙连梁，由塔式起重机将劲性钢板构件吊入相邻位置入口，劲性钢板由吊脚手架系统及筒架支撑系统上的施工人员进行安装，安装完成立即进行跨墙连梁、格栅盖板的复位安装。

3）重复上述劲性钢板构件安装步骤，完成不同区域钢平台框架跨墙连梁的拆除以及劲性钢板的安装，直至完成劲性钢板的施工。

4）混凝土墙体结构施工，主要包括钢筋工程、模板工程以及混凝土工程等施工。直至完成劲性钢板层混凝土浇筑工作。

劲性钢板层结构施工采用拆卸钢平台框架跨墙连梁的施工方法，现场可操作性强，局部性的跨墙连梁临时拆卸不会影响整体钢平台模架装备的整体性以及全封闭性，施工安全有保证。

8.5　特殊结构层模板技术

为了适应复杂超高混凝土结构建造以及混凝土结构体形变化的需要，模板系统应结合工程实际需要进行专项设计，相应技术方法应适应工程需要。

8.5.1　曲面墙体模板

曲面模板主要用于非直面的混凝土墙体结构。曲面模板设计的原则在于解决标准化、周转率等问题。曲面模板通常根据曲面曲率半径大小采用两种不同的方法解决，对于大曲率半径可采用曲面模板分块拼配的施工方法，对于小曲率半径可采用直面模板折线分块拼配的施工方法。标准化曲面模板分块的原则是分块拼装拟合曲面与设计曲面吻合度高，混凝土结构表面偏差满足施工规范要求。

在标准层曲面模板设计中，首先应全面了解混凝土结构全高范围的曲面变化规律，寻找用于标准层专用曲面模板设计的基准曲面，根据基准曲面设计各分块模板大小，分块模板根据曲面曲率半径大小决定采用曲面分块或直面分块方法，以初步确定的分块模板去拟合各种情况的曲线，验算分块模板两端以及中间点与各楼层曲面的吻合度，有效控制分块模板与各楼层曲面的矢高偏差，矢高偏差范围需符合混凝土结构表面平整度要求，最终确定分块模板大小。

8.5.2 抽条收分模板

抽条模板施工方法既适用于曲面模板，也适用于直面模板。当遇到混凝土结构体形变化进行收分时，会引起混凝土结构表面周长的变化和曲率的变化等，为了解决一套标准化模板适应混凝土结构收分的体形变化问题，通常可采用抽条模板的方法，即在标准化模板的基础上增加或减少非标准化的条块模板，通过装、拆条块模板以适应随混凝土结构高度变化的混凝土墙体结构收分需要。

8.5.3 墙厚转换模板

墙厚转换模板主要用于混凝土墙体厚度变化时的转换。在混凝土墙体厚度收分转换过程，为了利用标准模板进行转换层过渡施工，保持对拉螺杆水平间距和竖向间距不变，可以仅通过技术措施解决标准模板转换施工的问题。

在模板设计时，考虑到竖向结构的收分次数和每次的收分量，可以按照最大周长配置大模板，并在墙面收分一侧的角部配置条形模板，在模板转换施工时进行抽条，以减少抽条模板来满足混凝土结构收分的要求，水平施工缝留设位置和施工流程可根据工程实际需要进行适当调整。

8.5.4 曲率变化模板

对于混凝土墙体结构为圆弧形状且混凝土结构收分引起圆弧曲率变化的情况，通过控制混凝土结构表面周长的方法配制相应的抽条模板，同时采用配制折中圆弧曲率模板拟合的方式，以减少因圆弧曲率变化而引起的矢高差，使模板工程表面平整度质量满足混凝土结构施工规范要求。

8.5.5 层高转换模板

对于混凝土墙体结构层高发生变化的情况，当吊脚手架系统底部与模板系统底部相互位置不发生冲突的前提下，可采用标准大模板上端接临时木模板进

313

行转换的施工方法，临时木模板对拉螺栓位置需适应标准大模板的再次利用；当吊脚手架系统底部与模板系统底部相互位置发生冲突时，需根据非标准层层高的变化规律制定分次浇筑高度的转换施工方法，原则是非标准层最后分次浇筑范围的模板对拉螺栓位置必须适应标准大模板的再次利用。

第 9 章

数字化建造技术

9.1　概述

在制造行业，2010 年德国发布《德国 2020 高技术战略》报告，即"工业 4.0"明确提出工业生产数字化发展目标，通过数字化来实现智能制造；2015 年我国政府颁布《中国制造 2025》行动纲领，将信息化和数字化放在实现制造强国战略目标的首要关键步骤；数字化已成为时代发展的热点，将会深刻影响和改变各行各业。在工程建设领域，信息技术的应用程度和水平相对滞后，但建筑信息模型技术的发展给精益建造提供了新的途径。全面应用数字化技术方法可以改变传统工程建造模式，提高工程质量、加快施工进度、降低安全风险、减小劳动强度以及工程建设成本。

数字化就是人与信息终端交互形成可读信息的过程，主要体现在表达、分析、计算、模拟、监测、控制及其全过程的连续信息数据的构建。运用数字化技术辅助工程建造，称之为数字化建造技术，数字化建造的本质就是实现在计算机上的数字化虚拟仿真建造。数字化分析建造各个重要环节，实现优化建造过程；数字化方法可以解决工程建造过程中的各类技术难题，实现精益的工程建造。建立全过程数字化数据信息库，构建数字建造产业链，利用物联互联网络积累的大数据，融入可以深度学习的人工智能技术，赋予工程建造智能属性，为智能建造创造条件。近年来，建筑造型复杂化、多样化、个性化趋势带来的挑战，数字化建造的有益尝试不断增多，数字化技术应用的深度与广度不断拓展，在上海中心大厦、上海迪士尼乐园等复杂工程建造中数字化技术的应用已经达到很高的水平。

随着数字化建造技术的发展，整体钢平台模架装备技术深度融入了数字化技术，实现设计和施工各环节信息数据的交互和传递。在整体钢平台模架装备设计中，采用基于三维建筑信息模型的模块化设计以及基于有限单元模型的数值仿真设计为技术方法的数字化设计技术；在整体钢平台模架装备施工中，采用基于三维建筑信息模型的虚拟仿真分析施工以及基于物联互联网络的结构监测施工控制为技术方法的数字化施工技术；改变了传统技术手段，显著提升了整体钢平台模架装备的工业化及数字化水平。

本章根据整体钢平台模架装备广泛采用的数字技术，分别从设计和施工方面介绍了数字化技术方法、数字化模型库构建、数字化应用场景等内容。

9.2　数字化设计技术

整体钢平台模架装备的数字化设计主要包括运用三维建筑信息模型技术的模块化设计以及运用有限单元模型技术的数值仿真分析设计。前者重点对模架装备的整体结构、系统单元、系统构件等进行三维空间尺度及其相互关系方面的设计；后者重点对整体结构、系统单元、系统构件等进行力学性能和物理状态以及系统构件截面的设计。

模块化设计方法就是将整体钢平台模架装备分解为标准化构件和非标准化构件，建立数字化的构件模型库，在设计时可在构件库中选取标准化构件，再根据工程特点设计非标准化构件，以标准构件为主结合非标准构件组合形成整体模架结构。这种设计理念不仅可以方便整体钢平台模架装备施工过程，而且标准构件还可以实现重复周转使用，从而达到大幅减少材料成本[38]目标。数值仿真分析设计方法就是利用有限单元分析软件对整体钢平台模架装备进行结构分析，根据分析结果确定构件及节点选型，通过结构分析优化模架结构形式。模块化设计与数值仿真分析相辅相成，有着密切的内在联系。模块化设计选取模型库的标准构件及非标准构件组装形成模架装备的三维建筑信息模型，包含着模架结构诸如构件长度、截面尺寸、材料属性、节点类型等各种数字化参数信息，对其进行精简就可获得有限单元分析模型的基础信息，利用有限单元分析软件可构建精细的有限单元数值模型，进而进行模架结构数值仿真分析计算，得到的诸如应力、应变等数值仿真分析结果是整体钢平台模架装备结构及其系统构件和节点选型的重要依据，由此反馈三维建筑信息模型，重新优化确定更合适的标准构件及定制非标准构件。

整体钢平台模架装备的数字化设计是模块化设计与数值仿真分析的交互与迭代，旨在为各种混凝土墙体结构施工选择标准化程度高、受力可靠、经济合理的整体钢平台模架装备。

9.2.1　模块化设计方法

整体钢平台模架装备模块化设计按照部件受力特点和功能需求进行划分，以模数标准、存储运输、安装拆除等技术要求进行单元划分和标准构件系统设计，建立模架装备标准构件模块化产品系列，为整体钢平台模架装备周转使用、数字化管理奠定基础。根据模块化设计方法，可以构建参数化建模、模型库管理、模型虚拟预拼装、可视化仿真建造等为一体的整体钢平台模架模块化组合设计软件平台系统，见图 9-1。

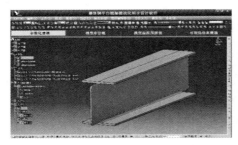

（a）参数化建模

（b）模型库管理

（c）模型虚拟预拼装

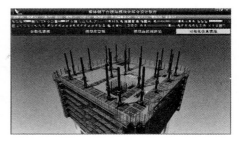

（d）可视化仿真建造

图 9-1　构建模块化组合设计软件平台系统方法

　　整体钢平台模架装备通过模块化设计分为标准构件和非标准构件。标准构件指的是尺寸和规格固定不变的通用构件，通用构件通常根据模数形成产品系列，例如钢平台系统中的跨墙连梁、吊脚手架系统中的走道板及围挡板、筒架支撑系统的标准节及爬升节、钢柱爬升系统中的爬升钢柱及爬升靴组件装置等。非标准构件指的是尺寸和规格随工程变化的非通用构件，例如非标准构件钢平台框架、脚手走道板及围挡板、模板等[39]。

　　整体钢平台模架装备采用模块化设计方法，在设计、加工制作及施工阶段均能发挥标准化的作用。在设计时，从数字化构件模型库中选取标准构件，如果库中无适用的非标准构件可以采用根据工程实际设计定制非标准构件，并通过标准构件和非标准构件组装形成整体模架，达到模块化设计整体钢平台模架装备的数字化目的；这种数字化设计方法能够缩短设计周期，提高设计效率，体现工业化建造理念。在进行加工制作时，对于建立了数字化构件模型库的条件下，新加工制作的非标准构件将会占很小的比例，可以大大节约工程投入成本；在安装过程中，由于构件标准化程度高，且各系统或构件之间大量采用了螺栓连接方式，安装精度提高，安装速度加快。在施工过程中，通过模架装备局部结构的移位和拆卸就能应对各种复杂体形混凝土结构变化的施工需要，构件出现损坏更换过程也变得更加简单。

以实现整体钢平台模架装备系统单元功能需要为前提，采用模块化拆分的数字化技术方法进行分解，通过对系统单元标准要素的归纳、替代、排除和扩展，将整个模架结构分解成若干模块与子模块，对不同的模块和子模块分别进行数字化设计，可以为构建数字化的整体钢平台模架装备设计、施工软件平台系统打下基础。通过体系化研究，精细化设计，建立数字化构件模型库软件平台系统；通过加工制作导入三维建筑信息模型的方法，进行数字化构件制造；通过标准构件和非标准构件的集成，建立可调用数字化构件模型库进行构件、单元组装的整体模架仿真设计、仿真施工过程的软件平台系统；提高数字化的设计、加工制作以及施工过程控制的技术水平。具体而言，整体钢平台模架装备可分解为钢平台结构部件、吊脚手架结构部件、筒架支撑结构部件、爬升结构部件、标准通用部件等标准模块。

钢平台结构的数字化标准部件主要有钢平台框架单元、跨墙连梁、盖板、格栅盖板、围挡、安全栏杆、模板吊点梁等，各标准构件具有模数化系列规格；非标准部件主要有钢平台框架单元、盖板、格栅盖板、围挡等；非标准部件在某工程应用后可以纳入数字化构件模型库，作为异型部件供选择使用。各部件之间主要通过螺栓连接或搁置连接形成整体，以实现部件功能要求，见图 9-2。

图 9-2　数字化钢平台结构部件示意图

吊脚手架结构的数字化标准部件主要有脚手吊架、走道板、围挡板、防坠挡板、楼梯、滑移装置及抗风杆件等，各标准构件具有模数化系列规格；非标准部件主要有走道板、围挡板；非标准部件在某工程应用后可以纳入数字化构件模型库，作为异型部件供选择使用。各部件之间主要通过螺栓连接形成整体，以实现部件功能，见图9-3。

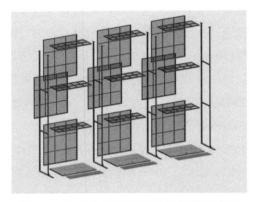

图 9-3 数字化吊脚手架结构部件示意图

筒架支撑结构的数字化标准部件主要有筒架上标准节、下标准节、爬升节、脚手吊架、走道板、围挡、防坠挡板、楼梯等，各标准构件具有模数化系列规格；非标准部件主要有走道板、围挡等；非标准部件在某工程应用后可以纳入数字化构件模型库，作为异型部件供选择使用。各部件之间主要通过螺栓连接形成整体，以实现部件功能，见图9-4。

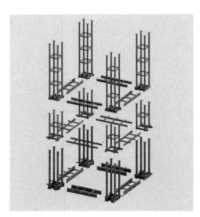

图 9-4 数字化筒架支撑结构部件示意图

爬升结构的数字化标准部件主要有临时钢柱支撑、工具钢柱支撑、工具钢柱支撑加长节、爬升钢框或钢柱及活塞杆端球形支座等，各标准构件具有模数化系列规格；非标准部件主要有劲性钢柱支撑等；非标准部件爬升钢框或钢柱在某工程应用后可以纳入数字化构件模型库，作为异型部件供选择使用。

标准通用的数字化标准部件主要有竖向支撑装置、水平限位装置、钢梁限位装置、爬升靴组件装置、液压油缸、涡轮涡杆提升机、活塞杆连接件、螺杆连接件等，各标准通用部件具有系列化规格。

为了方便在模块库中选取合适的模块，整体钢平台模架装备的模块可分为基本模块、必选模块、可选模块和其他模块等类型。基本模块是指实现模架功能的基本模块，且结构不改变的模块，如钢平台模块、吊脚手架模块等。必选模块是指功能性不可或缺，但结构有多种选择的模块，如钢梁爬升模块和钢柱爬升模块[40]。可选模块是指可被替代或者不需要集成在整体钢平台模架装备中的模块，如辅助设施等模块。设计过程首先将混凝土结构特点以及混凝土结构施工要求具体化成为整体钢平台模架装备的设计参数，并作为选择规则对各级功能模块进行选择，然后逐级选择设计直至形成初步完整的模架结构，最后在对连接接口和局部细节进行深化设计。

9.2.2 数值化分析技术

整体钢平台模架装备的数值分析在于确定模架结构在各工况组合条件下的受力状态，进而确定最不利的工况组合效应，为模架结构、构件和连接节点的设计及优化提供依据。整体钢平台模架装备的数值分析主要包括整体结构分析、局部结构分析、构件分析以及连接节点的有限单元分析。

整体钢平台模架装备的整体结构分析模型可针对主要受力系统，对附属受力系统可进行简化处理，见图 9-5。这种处理方式可以加快分析效率，而且不会对计算结果产生影响。整体结构分析模型主要包括钢平台系统主要受力构件、支撑系统主要受力构件、爬升系统主要受力构件等。钢平台围挡、吊脚手架等附属部件均不包含在整体结构分析模型中，但附属部件的自重及所承受的施工活荷载、风荷载等将被简化为作用力施加在整体结构分析模型相应的部位。

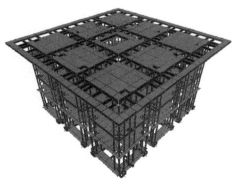

图 9-5 某工程整体结构数值分析模型

整体钢平台模架装备的施工过程分为作业阶段、爬升阶段及非作业阶段。整体结构分析按作业、爬升两个阶段进行；非作业阶段依靠混凝土结构抵抗风荷载作用，所以不纳入整体结构分析。在作业阶段，根据不同的施工工序，主要分为绑扎钢筋、模板提升以及吊装劲性钢结构三种不同的工况。三种工况下整体结构都要承受结构自重、风荷载以及活荷载的作用。在绑扎钢筋工况中，钢平台系统上的材料放置区的钢筋堆载需进一步考虑确定；模板提升工况中，混凝土核心筒墙体两侧需进一步考虑悬挂模板系统的荷载；在劲性钢结构吊装工况下，钢平台框架的跨墙连梁需要临时拆卸，分区拆卸工况需重点考虑。在爬升阶段，整体钢平台模架装备上由于不允许有钢筋等堆放荷载且非爬升作业人员必须离场，此时模架结构的荷载主要有自重、风荷载以及活荷载。

根据某工程案例，对整体钢平台模架装备的数值分析方法介绍如下：

1. 数值仿真分析工具

（1）正常工况的模架结构分析

针对案例工程模架整体结构的特点，采用有限单元法运用仿真分析技术，选择 Midas GEN 软件进行。Midas GEN 软件是土木工程领域通用的结构分析及优化设计工具，具有便捷输入功能，适用大型模型的建模、分析、设计及验算过程。能够处理各种结构分析类型，包括用于研究时间相关材料属性和构造顺序的分析，用于计算次要力矩和挠度的 p-delta 分析，用于计算失效模式和压缩强度极限的屈曲分析以及材料非线性分析位移限制检查等。

（2）极端工况的模架结构安全分析

针对案例工程模架结构的部件特点，可对大风、地震等极限工况进行受力分析，也可以对竖向支撑装置承力销以及爬升靴组件装置等标准通用部件的稳固性与安全性进行受力分析。分析过程采用 SAP2000 与 Abaqus 通用有限单元计算软件，SAP2000 拥有强大的可视界面和方便的人机交互功能，可以完成模型的创建、计算分析、优化设计等多种结构分析方法；Abaqus 是功能强大的有限单元软件，可以分析复杂的固体力学结构系统，特别适用于模拟高度非线性问题。

（3）整体模架施工安全风险评估方法

整体钢平台模架装备是由多系统多构件组成的大型复杂施工装备，在不同阶段复杂工况下，不同模块层级的构件面临不同程度的风险等级，采用失效模式与影响分析法 FMEA 方法进行安全风险评估。FMEA 方法是一种定性分析方法，具有分析效率高，使用便捷，适合大型施工装备的可靠性分析，图 9-6 展示了基于 FMEA 方法的整体钢平台模架不同模块及构件分析内容。

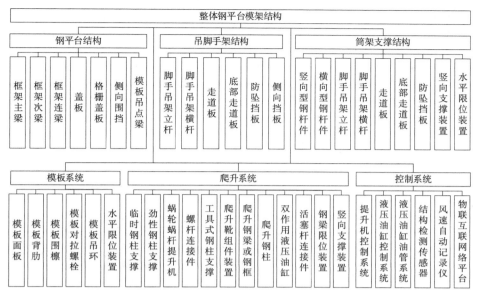

图 9-6 整体钢平台模架结构及构件分解

基于 FMEA 方法的模块化分析思路，继而采用风险耦合分析、集成数据分析等方法进行整体钢平台模架结构超高复杂环境施工的风险分析。

2. 整体结构模型建立

根据模型库构件数字化模型，采用构件到系统以及系统到整体结构的建模思路，采用 Midas GEN 建立了整体钢平台模架结构有限单元数值模型，见图 9-7。

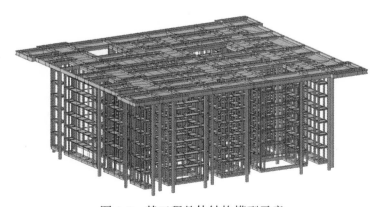

图 9-7 某工程整体结构模型示意

3. 整体模型分析结果

为了保证整体钢平台模架结构长期工作、频繁提升、安装拆分情况下的可靠性，对整体结构模型开展三种状态的数值仿真分析，分别为作业状态、爬升状态以及局部拆分状态。

（1）整体结构作业状态

整体结构作业状态以承力销搁置在混凝土墙体结构上，承受整体结构的重量和施工荷载。根据工程结构情况，作业状态共有三次体形变化工况需要计算，分别为第一工况整体结构、第二工况整体结构、第三工况整体结构。

对于整体结构的初始状态，通过有限单元数值仿真分析，主要承重构件应力计算结果见图9-8，最大应力比为0.79，结构设计满足要求。钢平台框架结构竖向变形结果见图9-9，结构最大竖向变形发生在钢平台框架顶面四个角部，变形最大理论计算值约56.1mm。

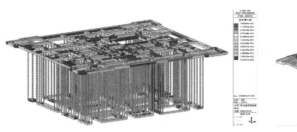

图9-8　第一工况结构应力比云图　　图9-9　第一工况结构竖向位移云图

整体结构第二工况作业状态结构应力比云图见图9-10；整体结构第三工况作业状态结构应力比云图见图9-11。在第二工况作业状态，筒架支撑系统竖向方管杆件应力比最大为0.81，钢平台框架结构最大应力比为0.83，结构最大竖向变形最大值为63.6mm；在第三工况作业状态，筒架支撑系统竖向方管杆件的应力比最大为0.72，结构最大竖向变形最大值为31.1mm。

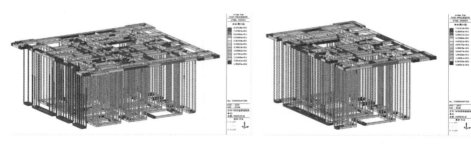

图9-10　第二工况结构应力比云图　　图9-11　第三工况结构竖向位移云图

数值仿真分析结果还表明，在整个作业状态条件下，钢平台框架顶层四个角部竖向位移最大为63.6mm，出现在第二工况。在非作业状态36.0m/s的设计计算风速作用下，整体结构X、Y方向的最大水平位移67.2mm，表现出较好的整体性，侧向变形较均匀。此外，数值仿真分析结果还表明承力销最大反力设计包络值为903.4kN。

（2）整体结构爬升状态

整体结构爬升状态分析与作业状态类同，同样也分为三个工况进行，分别为第一工况整体结构、第二工况整体结构和第三工况整体结构，图9-12、图9-13分别为第一工况整体结构爬升状态的应力云图及第一工况整体结构爬升状态竖向位移云图。

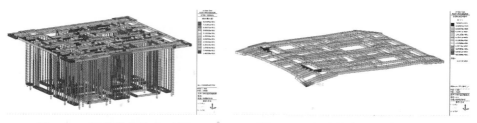

图 9-12 爬升状态应力云图　　　　图 9-13 爬升状态竖向位移云图

数值仿真分析结果表明，各杆件应力比均小于0.8，结构最大竖向变形发生在悬挑较大部位，变形最大理论计算值为40.2mm。在爬升状态20.0m/s的设计计算风速作用下，钢平台框架顶面水平方向的最大位移不超过14mm，此状态整体结构性能良好，有比较大的安全储备。

（3）整体结构局部拆分状态

针对案例工程混凝土墙体结构有三道劲性桁架层，整体结构过劲性桁架层会临时拆除部分钢平台框架跨墙连梁，以满足劲性桁架层钢结构吊装需要。因此，需针对此工况开展数值仿真分析，图9-14、图9-15分别为整体结构局部拆分下的劲性桁架层状态的应力比云图和顶部钢平台框架变形情况。

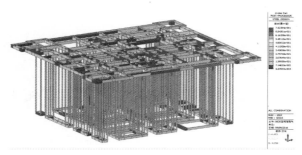

图 9-14 第一道劲性桁架层施工状态的应力比云图

数值仿真分析结果表明，整体结构过第一、第二道劲性桁架层，最大应力比为0.75，竖向位移最大值为65.4mm，水平位移最大值为18.6mm。整体结构过第三道劲性桁架层，最大应力比为0.86，竖向位移最大值为68.0mm，水平位移最大值为16.5mm。

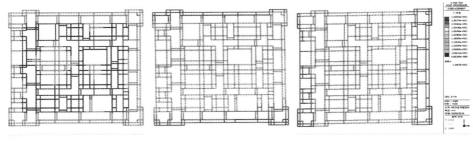

（a）竖向位移　　　　　　（b）X 向位移　　　　　　（c）Y 向位移

图 9-15　第一道劲性桁架层施工状态的钢平台框架位移

4. 整体对比验证分析

为了验证以上数值仿真分析的准确性，采用 SAP2000 软件平台系统建立整体结构模型进行有限单元数值分析，图 9-16、图 9-17 分别为作业状态整体结构的应力云图与位移云图，两种建模分析软件的计算结果具有较高的相符性，进一步验证了数值仿真分析结果的正确性。

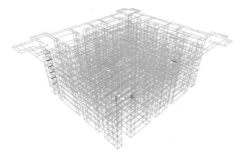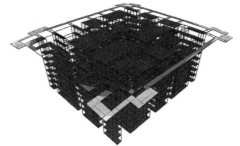

图 9-16　作业状态应力云图　　　　　图 9-17　作业状态位移云图

5. 通用部件数值分析

（1）竖向支撑装置承力销数值分析

建立关键部件承力销有限单元分析模型，由于该工程的结构特点局部位置选择重型承力销。在数值仿真分析中，双作用液压油缸与承力销的连接销轴用于限制水平位移，箱体反力座用于限制承力销竖向位移，承力销的荷载按照线荷载作用施加。重型承力销与标准承力销数值分析结果分别见图 9-18、图 9-19。

（2）箱体反力座数值分析

建立关键部件承力销箱体反力座有限单元分析模型，仍然按照重型及标准箱体反力座模型建模分析。箱体反力座与横向型钢杆件通过高强度螺栓和焊缝连接，连接节点部位均按铰接考虑。重型箱体反力座与标准箱体反力座数值分析结果分别见图 9-20、图 9-21。

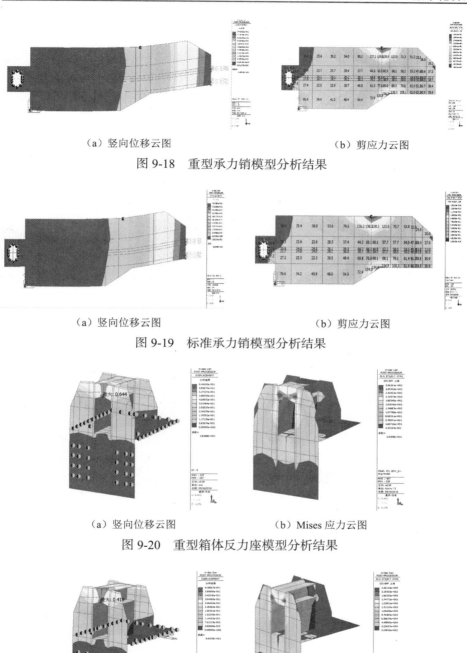

（a）竖向位移云图　　　　　　　　　　（b）剪应力云图

图 9-18　重型承力销模型分析结果

（a）竖向位移云图　　　　　　　　　　（b）剪应力云图

图 9-19　标准承力销模型分析结果

（a）竖向位移云图　　　　　　　　　（b）Mises 应力云图

图 9-20　重型箱体反力座模型分析结果

（a）竖向位移云图　　　　　　　　　（b）Mises 应力云图

图 9-21　标准箱体反力座模型分析结果

（3）爬升靴组件数值分析

工具式钢柱爬升系统的爬升靴组件是重要传力构件，采用 Abaqus 有限单元软件系统进行爬升靴组件整体建模分析。在爬升状态下，爬升靴组件处于动态受力平衡，以双作用液压油缸连接销轴限制其水平位移，竖向位移由换向支撑爬升爪自平衡，荷载作用在换向支撑爬升爪与工具式爬升钢柱的搁置部位，按均布荷载考虑。爬升靴组件的应力云图、位移云图见图 9-22、图 9-23；换向支撑爬升爪的应力云图见图 9-24。数值仿真分析结果表明，爬升靴组件主要部件在爬升状态具有较高的稳固性和安全性。

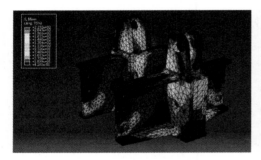
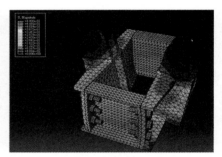

图 9-22　爬升靴组件应力云图　　　　　图 9-23　爬升靴组件位移云图

图 9-24　换向支撑爬升爪应力云图

9.3　数字化施工技术

整体钢平台模架装备的数字化施工技术包括数字化虚拟建造技术和数字化监控技术，见图 9-25。数字化施工的数据信息基础来源于数字化设计提供的三维建筑信息模型与数值仿真分析模型。

基于数字化设计的三维建筑信息模型，用虚拟建造技术对整体钢平台模架装备的施工工艺进行过程虚拟，判断施工工艺的合理性及模架装备各系统及构件在施工过程空间的相互关系，对可能出现的碰撞进行干预，完善模型及单元

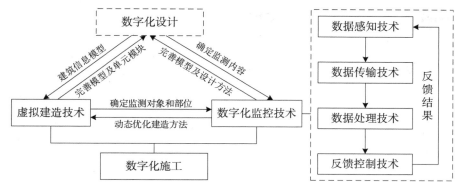

图 9-25　数字化施工技术原理

模块。基于数字化监测技术，对整体钢平台模架装备重要部位的应力、变形及环境参数进行监测，通过信息监测平台系统进行实时数据处理，形成潜在危险状态的预警机制；通过实时监测数据，完善模型及设计方法，并动态优化建造方法；针对潜在的不安全状态，通过具有反馈控制能力的功能部件及信息系统，对模架装备进行主动调控，可以显著提升模架装备施工过程的风险防控水平。数字化施工技术是数字化设计技术在施工过程的延展，通过施工过程大量数据信息的实时采集、自动分析、有效识别，并在此基础上实现主动控制，可以大幅提高模架装备的感知及反馈能力，为整体钢平台模架装备的智能化发展提供重要技术支撑。

9.3.1　虚拟建造技术

模架装备虚拟建造是以三维建筑信息模型为基础，集成模架装备、施工工况等信息，实现模架装备施工全过程的可视化虚拟建造。

在模架装备施工过程中，爬升是一个复杂且风险较大的作业阶段，涉及支撑系统及爬升系统的受力转换，故有必要进行施工前的爬升模拟。基于三维建筑信息模型模拟其爬升过程，可以提前查看墙体结构预留的混凝土支承凹槽以及相关钢牛腿支承装置的设计是否满足实际爬升过程的需要，还可以提前查看模架装备在整个爬升过程中是否会与凸出混凝土墙体结构的劲性钢结构碰撞等。通过爬升阶段的过程模拟，可以及时对爬升过程可预见的不利工况进行干预，从而避免实际爬升过程发生未预见的工况。

模架装备进行劲性桁架层、劲性钢板层施工时，由于工序交织且模架装备自身需进行体形变化，故有必要对复杂且风险大的特殊结构层施工过程进行模拟。在模架装备过劲性桁架、劲性钢板层时，模架装备的自有系统与劲性

329

钢结构之间的位置关系错综复杂，通过三维建筑信息模型技术能够虚拟相关之间的关系，对施工过程提出优化方案。模架装备进行结构体形变化层施工时，自有系统与混凝土墙体结构之间的相对位置关系会发生改变，通过三维建筑信息模型可以清晰查看模架装备关键部位的运行情况，及时对施工过程进行控制。

9.3.2　数字监控技术

为了确保整体钢平台模架装备全过程的施工安全，发展安全监控技术十分有必要。安全监控涉及监控对象、监测内容、监测方法、数据传输、数据处理以及基于监测数据的反馈控制等。

1. 监控对象

整体钢平台模架装备数字化监控既包括整体结构的关键受力系统及其相关构件，也包括影响模架装备施工的作业环境等。在实际工程应用中，可根据工程特点有选择性的确定监控对象。通常重点监控对象包括钢平台系统、筒架支撑系统、爬升系统以及作业环境等，辅助监控对象包括吊脚手架系统及模板系统等。以钢柱与筒架支撑式整体钢平台模架装备为例，常用的监测内容见图 9-26。

图 9-26　钢柱筒架支撑式整体模架装备监控对象及内容

2. 监测内容及监测方法

针对整体钢平台模架装备的结构特点，可选择适用的监测内容及监测方法进行监测，见表 9-1。

监测内容和监测方法 表 9-1

监测对象	监测内容	监测方法	备注
钢平台系统	钢平台水平度	静力水准仪	应测
	钢平台应力	应变计	应测
	作业舒适度	加速度传感器	选测
筒架支撑系统	竖向型钢杆件应力	应变计	应测
	筒架垂直度	倾角计	应测
	结构混凝土强度	强度演化测定法	应测
	承力销压力	智能支撑装置	应测
	承力销位移	智能支撑装置	应测
	承力销搁置状态	视频监控	应测
	承力销应力	应力传感器	选测
	底部封闭性状态	图像识别技术	选测
爬升系统	爬升钢柱垂直度	倾角计	应测
	爬升钢梁水平度	静力水准仪	应测
	爬升油缸压力	油压传感器、液压控制	应测
	爬升油缸位移	位移传感器、液压控制	应测
	爬升速度	可编程逻辑控制器	应测
	爬升位移	可编程逻辑控制器	应测
吊脚手架系统	结构应力	应变计	选测
	结构变位	静力水准仪	选测
	底部封闭性状态	图像识别技术	选测
模板系统	混凝土侧压力	压力传感器	选测
作业环境	风速风向	风速风向仪	应测
	温湿度	温湿度测量仪	选测
	施工作业状态	视频监控技术	应测

（1）钢平台系统监测

钢平台系统通常应测的内容包括钢平台水平度和钢平台应力，选测的内容为作业舒适度状态。

钢平台水平度监测的目的是评估模架装备施工的平稳性。在模架装备爬升阶段，监测钢平台框架竖向差异变形，实现水平度数据与液压爬升同步控制系统的协同联动；在模架装备作业阶段，对模架装备的堆载进行评估。水平度可采用静力水准仪进行监测，监测点位置通常布设在钢平台框架 4 个角点的钢梁下翼缘部位，可根据工程的重要程度，在角点之间进行插值加密布设监测。

钢平台应力监测的目的是评估钢平台框架结构本体的安全性。应力通常采用光纤光栅式应变计或振弦式应变传感器等。测点的布设位置，需根据有限单元数值分析计算结果确定。监测点布置应综合考虑钢平台框架作业阶段和爬升阶段的工况变化，选择应力最大位置和应力变化幅度最大的位置。

钢平台系统作业舒适度监测的目的是评估爬升过程中实时振动情况，可选用加速度传感器进行监测。测点可布设在钢平台框架主梁的底部，数量通常为若干个，以全面观察钢平台不同部位的振动情况。

（2）筒架支撑系统监测

筒架支撑系统应测的内容包括竖向型钢杆件应力、筒架垂直度、结构混凝土强度、承力销压力、承力销位移、承力销搁置状态等；选测的内容为承力销应力、底部封闭性状态等。

竖向型钢杆件应力监测的目的是评估筒架结构本体的安全性。通常采用光纤光栅式应变计或振弦式应变传感器监测应力，测点的布设位置需根据有限单元数值分析计算结果确定，布设于竖向型钢杆件合适的位置。

筒架垂直度监测的目的是监测筒架标准节或筒架爬升节的垂直度，以反映筒架水平方向变形情况。通常可采用倾角计监测垂直度，测点位置布设于筒架竖向型钢杆件的合适部位。

结构混凝土强度监测的目的是评估混凝土实体强度，判断是否具备爬升的条件。混凝土强度监测手段主要包括实体结构强度演化测定法等，必要时可以采用回弹法、同条件试块法等。

承力销压力和承力销位移监测的目的是监测模架装备竖向支撑装置承力销荷载和监控承力销的水平伸缩量，以评估承力销承受荷载及安全使用状态。承力销压力采用智能支撑装置，其工作原理是采用新型传感和封装技术，将压力传感和位移传感集成，形成工具式监测装置，实现承力销压力和行程的感知。

承力销搁置状态监测的目的是用于可视化监测承力销水平伸缩状态，为承力销位移监测提供辅助手段。可采用视频监控技术进行监测。

承力销应力监测的目的是用于监测承力销本体关键受力点位的应力状态，以保证承力销处于安全工作状态。

筒架底部封闭性状态监测的目的是用于监测防坠挡板的开启状态和关闭状态，防止施工过程物体坠落。可采用图像识别技术进行监测。

（3）爬升系统监测

不同类型的爬升系统对应的监测内容略有不同。工具式钢柱爬升系统和钢梁爬升系统应测的内容包括爬升柱垂直度、爬升梁水平度、爬升油缸压力、爬升油缸位移、爬升速度和爬升位移等。

爬升钢柱垂直度监测的目的是监测模架装备爬升过程中爬升钢柱的双向倾角。可选用倾角计进行监测，为了减小对爬升的影响，测点位置优先考虑布设于爬升钢柱底部，也可布设于爬升钢柱其他合适位置。

爬升钢梁水平度监测的目的是监测模架装备爬升过程中爬升钢梁支撑点的高差。可选用静力水准仪监测，测点位置布设于爬升钢梁的侧向。

爬升油缸压力监测的目的是实时监测爬升阶段油缸的压力，同时进行反馈控制。爬升油缸压力是爬升过程必测内容，通常采用油压传感器实时监测，并通过液压控制系统进行控制。

爬升油缸位移监测的目的是实时监测爬升油缸的位移，同时进行反馈控制。爬升油缸位移也是爬升过程必测内容，通常采用内置磁环式位移传感器实时监测，并通过液压控制系统进行实时控制。

爬升速度和爬升位移的监测目的是控制模架装备爬升的速度和计算爬升的总行程，均可以通过可编程逻辑控制器实现。

（4）吊脚手架系统监测

吊脚手架系统的主要安全风险在于作业阶段出现悬挂连接节点失效，使得吊脚手架底部局部发生较大相对竖向位移差，可采用应变计监测吊脚手架吊点的应力，采用静力水准仪监测，该监测内容是可选项。

（5）模板系统监测

模板系统在混凝土浇筑过程产生的侧压力较大，严重的可导致模板发生变形，造成混凝土墙体成型质量差。因此，可采用压力传感器监测浇筑侧压力，测点位置可布设在侧面模板的底部。该监测内容也是可选项。

（6）作业环境监测

作业环境应测的内容主要包括风速风向和施工作业状态等，选测的内容包括温湿度等。风速风向的监测目的是实时监测模架装备的风速风向，保障在安全的环境下进行高空施工作业。可采用机械式或超声波式风速风向仪进行监测，风速风向仪位置可设置在模架装备钢平台顶部以上的位置，距离钢平台需具有一定的距离，数量不少于2台。

环境温湿度监测主要用于对现场工作条件进行评估。温湿度监测可采用一体式温湿度测量仪。

施工作业状态监测主要监测施工人员的作业情况和安全行为，可采用视频监测技术进行监测。摄像头一般可布置在塔式起重机、吊脚手架、筒架支撑系统以及人货两用电梯上。布置数量要确保实现模架装备的主要工作区域的全覆盖。

3. 数据传输

整体钢平台模架装备监测传感器主要包括应变传感器、加速度传感器、风速风向传感器、压力传感器、静力水准传感器、倾角仪、位移传感器等。上述传感器可根据采集原理划分为数字输出传感器、电流输出传感器、电压输出传感器以及光纤光栅传感器等，其中电压输出传感器在信号传输路径过长的情况下其衰减较为严重，故不用于模架装备的监测。数字输出传感器可直接通过数据传输技术将接收的数据传至现场工控机，电流输出传感器和光纤光栅传感器则需分别通过电流型采集仪及光纤光栅采集仪转换成数字数据后传至现场工控机。从本质上来看，数据采集在最后环节均以数字量为输入，按照协议进行解析后，即可转换为真实物理量，基于此特点可进行采集功能的软件集成。

根据上述不同类型传感器的特点，数据传输可采用总线式数据传输、无线式数据传输、有线与无线结合的数据传输等。

4. 数据处理

整体钢平台模架装备的监测数据是基于信息监测平台系统进行自动化分析处理及实时显示。数字监测平台系统上可呈现整体钢平台模架装备的三维建筑信息模型，管理人员可以从任意视角选择查看各个测点的监测数据，见图9-27。

信息监测平台系统自动对数据进行分析处理，还原整体钢平台模架装备在各个时刻下的空间受力状态，包括液压油缸压力自动分析、风玫瑰图、疲劳分析、预警算法分析、各测点数值的统计分析等，见图9-28。

信息监测平台系统可以定制具有辅助施工现场管理工作功能的移动端，见图9-29。用户可在移动端通过连接部署在云服务器上的数据库快速查看各个检

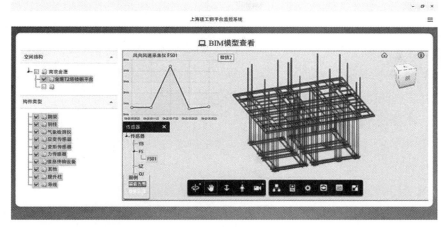

图 9-27　某工程整体钢平台模架装备信息监测平台系统

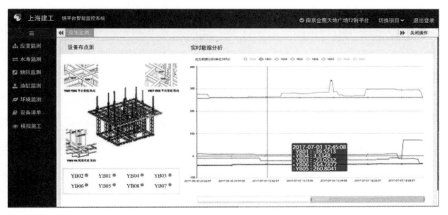

图 9-28　某工程整体钢平台模架装备信息监测平台系统数据处理及分析

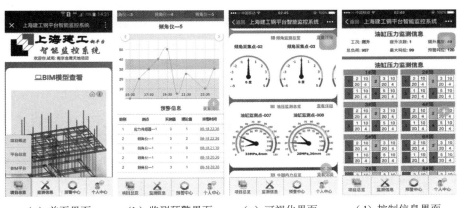

（a）首页界面　　（b）监测预警界面　　（c）可视化界面　　（d）控制信息界面

图 9-29　某工程整体钢平台模架装备信息监测平台系统移动端

335

测点的数据，包括测点信息、实时数据查看、历史数据等。移动端远程监测系统同时具有安全预警功能，接收来自服务器端的安全预警信息，将测点、当前监测值、理论阈值、安全等级等基本信息实时发送给相关管理人员，便于其尽快进行处理，并支持直接上传问题分析照片、处理结果照片等资料，实现基于移动端的预警问题迅速处理。

5. 数据反馈控制

整体钢平台模架装备智能化控制技术能够实现数字化监测的预警信息及实时安全评估危险状态结果的有效反馈控制，使整体钢平台模架装备具备安全状态自我调控能力，大幅提高了整体钢平台模架装备数字化管控能力。

（1）控制原理

模架装备智能化控制通过智能式的自传感反馈控制系统执行，该控制系统由传感装置、智能监控平台系统、反馈控制装置等组成。在施工过程中，通过实时监测的数据评估模架装备的安全性。当超过报警值时，智能监控平台系统向反馈控制装置发出控制指令，反馈控制装置驱动功能部件进行相应的调整，从而达到控制模架装备的作用。

智能监控平台系统是监控系统的核心，是以组态软件为基础开发而来的，包含了整个监控系统的实时数据、历史数据、统计分析、报警信息和数据服务请求，可完成与现场反馈控制装置的点对点双向交互信息传递。

模架装备的反馈控制装置主要包括高性能工控机、可编程控制器、液压泵站、双作用液压油缸以及压力、位移传感元件。高性能工控机实现对控制器参数变量设置，可编程逻辑控制器进行逻辑运算处理，液压泵站为双作用液压缸顶升和回缩提供动力，双作用液压油缸作为执行机构完成具体操作，传感元件监测双作用液压缸的位移和压力数据，并及时反馈给可编程逻辑控制器。

反馈控制装置与智能监控平台系统结合，通过指令控制双作用液压油缸活塞杆的顶升和回缩。在爬升阶段，双作用液压缸提供模架装备爬升的动力以及爬升系统回提活塞杆的动力；钢梁爬升系统中，双作用液压缸驱动钢梁运动进而带动模架装备爬升，爬升到位后双作用液压油缸带动爬升钢梁回提；工具式钢柱爬升系统中，双作用液压油缸驱动爬升靴组件装置在工具式钢柱上运动进而带动模架装备爬升，爬升到位后双作用液压油缸带动工具式钢柱爬升。在作业阶段，双作用液压油缸提供功能部件运行的动力；双作用液压油缸驱动滚轮装置移位，带动吊脚手架系统进行空中滑移；双作用液压油缸驱动竖向支撑装置承力销水平伸缩，控制承力销在混凝土结构支承凹槽上的搁置与脱离。

（2）控制流程

控制流程主要采用液压油缸荷载和位移综合调控的补偿技术，设定爬升指令，动态调节液压油缸输出的液压和位移，通过荷载监测系统实时监控荷载数据，通过位移监测系统实时监测位移数据，荷载和位移数据实时反馈到液压控制室作为控制指令的依据，保证模架装备爬升过程的同步平稳；模架装备爬升到预定高度后，通过智能监控平台系统设定控制指令，使得竖向支撑装置承力销精准搁置在混凝土结构支承凹槽上。其中，爬升速率通过液压控制系统直接进行控制；爬升平稳度及爬升同步性通过监测各液压缸的位移差进行控制，当位移差超过预警值，通过智能监控平台系统调节液压缸的顶升距离，同时实时接收位移差监测数据，直到预警消除；搁置安全性通过智能支撑装置和视频监控设备实现竖向支承装置承力销完全搁置在混凝土结构支承凹槽内[41, 42]。

6. 典型工程案例

根据某工程案例，对钢柱与简架交替支撑式整体钢平台模架装备的数字监控技术方法以及智能平台应用介绍如下：

1）模架装备爬升准备阶段，通过智能平台自动监测的风速和混凝土结构强度数据，进而自动判断模架装备是否具备爬升条件，见图9-30。

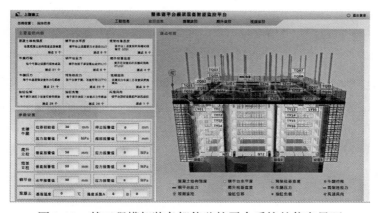

图 9-30　某工程模架装备智能监控平台系统的信息界面

2）通过智能平台发送预爬升指令，预爬升高度一般控制在5cm左右，观察智能平台所监测到的液压油缸压力和位移数据，自动判断液压油缸工作状态是否具备爬升条件。

3）通过智能平台自动监测承力销压力状态，再通过智能平台观察承力销是否处于非支撑脱离状态，在满足要求的情况下进行下一步作业。

4）通过智能平台发送的简架支撑系统竖向支撑装置承力销回缩指令，通过智能平台自动监测承力销位移数据，并通过智能平台观察承力销是否回缩到位，进而判断模架装备是否可以进入爬升状态。

5）模架装备正式进入爬升阶段，智能平台发送爬升指令，模架装备进行爬升，爬升过程通过智能平台自动监测钢平台水平度、筒架垂直度、工具式爬升钢柱垂直度、钢平台框架应力、爬升油缸压力、爬升油缸位移等，并自动评估爬升过程是否处于安全状态，见图9-31。

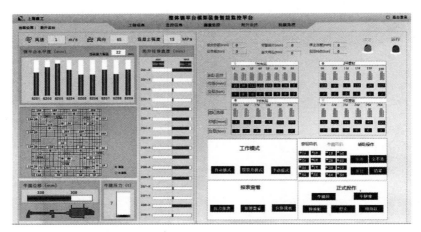

图 9-31　某工程模架装备智能监控平台系统爬升阶段监控界面

6）爬升过程，智能平台根据设定的预警值自动评估模架装备结构的安全状态以及模架装备结构的爬升姿态。若实时监测数据达到预警值，则智能平台将自动发出调整液压油缸位移及压力指令，实现模架装备的动态调姿，直至完成模架装备的爬升。

7）爬升到位后，通过智能平台发送的筒架支撑系统竖向支撑装置承力销伸出指令，再通过智能平台自动监测承力销位移数据，并通过智能平台观察承力销是否伸出到位，进而判断模架装备是否可以进入搁置状态，直至处于正确位置的搁置状态。

8）作业过程，进行绑扎钢筋、模板施工、混凝土浇筑施工。通过智能平台自动监测风速、钢平台水平度、筒架垂直度、钢平台应力等数据，实现模架装备安全状态的可视化监测、评估和预警，达到智能监控的目标，见图9-32。

通过整体钢平台模架装备数字化监控技术的应用，可以实现混凝土结构施工全过程模架装备的智能化的实时监测和反馈控制，提高了安全保障能力。

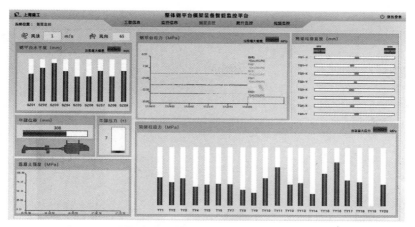

图 9-32 某工程模架装备智能监控平台系统作业阶段监控界面

第 10 章

模架与机械一体化技术

10.1　概述

随着建筑行业向绿色化、工业化、信息化转型发展的不断深入，对超高结构工程建造装备技术提出了新的要求，改变传统建造模式，提高自动化程度，加强施工装备与机械设备的协同，提高施工装备效率已成为行业发展的迫切需要。在超高结构施工现场，传统的建造模式大型施工装备与大型机械设备是相互分离作业的，而大型机械设备往往会占用关键线路工期，消耗大量资源，探索大型施工装备与大型施工机械的一体化技术是提高工程建造效率的重要途径。通过将整体钢平台模架装备与人货两用电梯、混凝土布料机、垂直运输塔式起重机等大型机械设备进行集成，能够促使整体钢平台模架装备向高度集成化、高度适应性的大型工业化建造平台升级，从而提升超高结构工程建造的工业化及智能化水平。

整体钢平台模架装备与人货两用电梯一体化，旨在解决人货两用电梯与施工平台协同程度不高、施工人员及物料设施与整体钢平台模架装备之间运输效率不高的问题，实现人员及物料流动的无缝衔接，提高施工效率。

整体钢平台模架装备与混凝土布料机一体化，旨在解决传统布料机需借助塔机吊运、重复拆装影响施工效率以及传统布料机施工控制精准度不高、智能化程度低等问题，实现混凝土布料机的同步爬升、精准输送的定位以及实时状态的监控，保证施工质量和提升施工效率。

整体钢平台模架装备与垂直运输塔式起重机一体化，旨在解决塔式起重机单独爬升过程占用时间长、附墙连接作业繁复等问题，实现整体钢平台模架装备与塔的协同工作和同步爬升，显著提高模架装备的通用性和适用性。

整体钢平台模架装备与辅助起重行车一体化，旨在解决混凝土核心筒内部结构钢构件、设备管路等在模架装备遮挡的影响下无法采用塔式起重机进行常规吊装施工的问题，实现构件吊装与核心筒墙体施工的同步进行，提高垂直运输的效率。

本章依次介绍整体钢平台模架装备与人货两用电梯、混凝土布料机、垂直运输塔式起重机、辅助起重行车一体化的关键技术。通过探索和实践整体钢平台模架装备与各类施工机械设备的集成应用技术，提升超高结构的工业化建造技术水平。

10.2 人货两用电梯一体化技术

超高结构体量大、高度高，在建造过程中作业面的施工人员众多、物料运输量大，因此施工人员和工程物料的垂直运输效率是关键。当前施工人员及部分物料通过人货两用电梯达到施工作业面是最主要的垂直通行及运输的内容。由于人货两用电梯因附墙高度的问题，在通常情况下电梯是无法到达顶部混凝土结构施工作业面的，往往只能到达顶部混凝土结构施工作业面下部的若干层，最多可达10层左右，这导致施工人员及工程物料垂直运输效率低，对施工进度也产生了一定的影响。如何充分利用整体钢平台模架结构的侧向刚度，使其与人货两用电梯附墙形成一体化，通过电梯附墙的高附着，实现人货两用电梯直接到达整体钢平台模架装备顶部，成为提高运输效率及加快施工进度的关键，见图10-1。

（a）模架装备电梯安全围挡　　　　（b）模架装备钢平台入口

图 10-1　某工程人货两用电梯直达模架装备顶部案例

目前整体钢平台模架装备与人货两用电梯一体化主要有两种路径，分别为人货两用电梯至整体钢平台模架装备底部和人货两用电梯至整体钢平台模架装备顶部的施工方法。

10.2.1 梯笼转换运输到达方法

人货两用电梯至整体钢平台模架装备底部技术方法，主要通过设置一种下挂梯笼形式的中转通道，满足施工人员和物料上下整体钢平台模架装备的需要。下挂梯笼设置在整体钢平台模架装备底部，由梯笼架体、防护网、楼梯及安全栏杆组成，见图10-2。梯笼架体外侧设防护围挡，梯笼架体的顶端与整体钢平台模架装备吊脚手架底部固定连接，楼梯及安全栏杆位于梯笼架体的内部。下挂梯笼下部设有出入口，出入口与人货两用电梯出入口位置衔接，满足人员及物料进出的需要。下挂梯笼依附于整体钢平台模架装备提升，当整体钢平台模架装备爬升时可带动下挂梯笼向上爬升，此时人货两用电梯也可向上加节爬升，保证电梯出入口与下挂梯笼出入口位置的对接。下挂梯笼在满足整体钢平台模架装备与人货两用电梯连通需求的同时，也可连通结构水平通道至永久楼梯，增加施工人员疏散的通道。由于梯笼设置于整体钢平台模架装备下部，未占用顶部平台作业空间，在一定程度上增加了顶部平台的堆载面积。此施工技术成功应用于广州塔、上海白玉兰广场、苏州东方之门等项目。

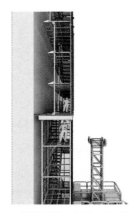

（a）电梯直达吊脚手架下部的转换梯笼　　（b）转换梯笼到吊脚手架的通道

图 10-2　梯笼转换运输到达顶部施工方法

人货两用电梯至整体钢平台模架装备底部的施工方法操作方便，在通常情况下都可以实现，也是整体钢平台模架装备早期采用的施工方法。但由于这种登高方式相对比较繁琐，施工人员上下耗时较多，较大物料难以通过运输，整体钢平台模架装备内部的工程废弃物也较难通过电梯运输下来。

10.2.2　直接登顶运输到达方法

为了提高施工人员及工程物料垂直运输施工效率，解决梯笼转换运输到达顶部方法存在的问题，研究提出利用整体钢平台模架装备侧向刚度大的特点，在整体钢平台模架装备上设置人货两用电梯附墙，并使人货两用电梯可以直达整体钢平台模架装备顶部的施工方法。采用该施工方法时，如果仍然采用电梯常规附墙，由于电梯标准节的悬臂长度远大于限制要求，在整体钢平台模架装备爬升及新附墙安装期间，就需要用辅助设施确保电梯标准节的稳定，这不仅增加了施工不安全因素，还会严重影响施工效率。因此，为实现人货两用电梯直达整体钢平台模架装备顶部，就需对电梯的附墙体系进行专项设计，采用不脱离可滑动的新型附墙架与整体钢平台模架装备进行连接，提高电梯附墙架与整体钢平台模架装备的一体化程度，实现人货两用电梯直达整体钢平台模架装备顶部目的。按照附墙架与模架装备的连接方式，通常分为滑移式附墙架和固定式附墙架两种方式。

1. 模架装备与附墙架通过滑移连接的爬升技术

这种滑移式附墙架主要由导轨架、传动马达机构、附墙架等组成。滑移式附墙架具有独立的驱动装置，依靠小齿轮与导轨架上的齿条啮合实现上下运动。导轨架通过焊接固定在整体钢平台模架装备侧面，焊接过程控制垂直度偏差不大于 0.2%。

整体钢平台模架装备爬升前，暂停人货两用电梯的运行，打开传动马达机构的松闸手柄，确保附墙架与整体钢平台模架装备处于相对滑动状态，调整附墙架连接点与导轨架之间的间隙，使人货两用电梯结构不受整体钢平台模架装备爬升的影响；整体钢平台模架装备爬升结束后，将附墙架的传动马达机构设置为锁紧状态，同时调整导轮偏心轴，确保导轮与导轨架的良好接触，保证整体钢平台模架装备与附墙架连接的可靠性；加装人货两用电梯标准节，拆卸人货两用电梯固定杆与最下面一道附墙架之间的销轴，启动传动马达机构，将附墙架上升至上一层位置，销轴连接固定杆，完成最下一道附墙架的上升；重复上述过程，分别将中间的附墙架及最上面一道附墙架上升至上一层位置；验收合格后方可投入正常使用。

滑移式附墙架施工技术应用在上海中心大厦工程，在之后的大量工程也得到了广泛的应用，很好地实现了人货两用电梯直达整体钢平台模架装备顶部的目标，见图 10-3。

图 10-3 某工程滑移式附墙架装置施工案例

2. 模架装备与附墙架固定连接的滑移爬升技术

这种固定式附墙架主要由附墙架、片式辅助节、连接臂等组成。每个固定式附墙架通过上、下附墙构件与整体钢平台模架装备连接固定，滑移端通过 12 组滚轮与固定在标准节上的片式辅助节滚动连接，实现固定式附墙架沿电梯片式辅助节的上、下移动。固定式附墙架、片式辅助节、连接臂均可设计成通过螺栓进行连接，便于装拆及周转重复使用。片式辅助节及连接臂采用标准化拼装方法，从下至上依次安装使用，随人货两用电梯爬升不断重复翻装，其安装的垂直度偏差不大于 0.2%。

整体钢平台模架装备爬升前，人货两用电梯标准节、片式辅助节加节安装，连接臂连接标准节及片式辅助节；整体钢平台模架装备与固定其上的附墙架同步爬升，爬升过程无需安装或拆除部件，人货两用电梯仍然处于可正常使用状态。整体钢平台模架装备与固定附墙架爬升到位后，即可进行人货两用电梯标准节的安装，利用电梯厢体拆卸底部片式辅助节以及连接臂，并安装至顶部重复周转使用，满足下次爬升作业的需要。

固定式附墙架施工技术在上海真如副中心塔楼、昆明恒隆广场工程得到应用，实现了人货两用电梯直达整体钢平台模架装备顶部的目标，见图 10-4。

图 10-4　某工程固定式附墙架装置施工案例

10.3　混凝土布料机一体化技术

整体钢平台模架装备与布料机一体化集成，可以实现二者的同步爬升和混凝土全覆盖浇筑的精准布料，提高施工效率，节省施工成本。

10.3.1　固定式一体化施工技术

针对以往超高结构施工中混凝土布料机需每层组装拆卸且提升需要依靠塔式起重机辅助的技术问题，通过在整体钢平台系统上设定固定区域，采用螺栓连接的方式将混凝土布料机固定在整体钢平台系统上，实现整体钢平台模架装备与混凝土布料机的一体化。

在进行整体钢平台模架装备设计时，在整体钢平台框架上预留用于混凝土布料机固定的螺栓连接节点，并在设计计算过程考虑布料机的自重荷载和施工活荷载。在整体钢平台模架装备安装完成后，将布料机通过螺栓连接固定到设计指定位置。施工过程随着整体钢平台模架装备的爬升，布料机同步升高到新的作业高度，如图 10-5 所示。

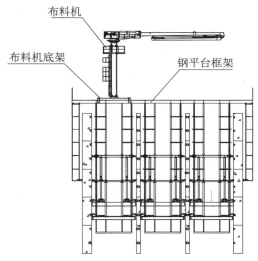

图 10-5　混凝土布料机固定式一体化

混凝土布料机固定式一体化方法既利用了整体钢平台模架装备爬升系统实现了同步爬升，节省了塔式起重机的使用时间，也避免了以往混凝土布料机每层进行组装和拆卸的人力和物力，大幅提高了施工效率。目前，混凝土布料机与整体钢平台模架装备固定式一体化技术在超高结构施工中得到广泛采用，见图 10-6。

（a）布料机固定位置安装作业　　　　（b）布料机设置在钢平台系统

图 10-6　某工程混凝土布料机固定式一体化施工案例

混凝土布料机固定于整体钢平台模架装备上占用了一定的空间，减小了钢平台系统材料堆放场地，对现场施工组织提出了更高要求。

10.3.2　升降式一体化施工技术

针对混凝土布料机与整体钢平台模架装备固定连接存在的问题，通过研究采用了混凝土布料机位置灵活可变的一体化技术方法。当混凝土布料机处于非工作状态时，将混凝土布料机降低置于整体钢平台模架装备钢平台系统底部；当混凝土布料机需进行混凝土布料施工时，将混凝土布料机升高至整体钢平台模架装备钢平台系统上部。通过在整体钢平台模架装备中设置可自动升降的混凝土布料机，实现整体钢平台模架装备与混凝土布料机的新型一体化。

混凝土布料机升降系统主要由升降平台、爬升钢柱导轨、爬升靴组件装置、双作用液压油缸、伸缩式竖向支撑装置等组成。混凝土布料机固定连接于升降平台上，爬升钢柱导轨设置在整体钢平台下部，一般可设置在竖向支撑装置及竖向型钢杆件的侧面，也可与竖向型钢杆件进行一体化设计，爬升钢柱导轨上开设等间距爬升孔。爬升靴组件装置与升降平台连接，搁置支撑在爬升钢柱导轨爬升孔中，由双作用液压油缸驱动，通过上、下爬升靴交替支撑实现升降，从而带动升降平台及混凝土布料机实现升降。爬升到位后，升降平台的竖向支撑装置在内置双作用液压油缸的驱动下伸出承力销与钢平台框架形成支撑连接，并将混凝土布料机施工过程产生的竖向荷载、水平荷载以及倾覆弯矩可靠地传递给钢平台系统。

当混凝土布料机处于非工作状态时，混凝土布料机降至钢平台系统的下方，爬升靴组件带动升降平台下降搁置支撑于爬升钢柱导轨的下部，见图10-7（a）；当混凝土布料机需进行混凝土布料浇筑施工时，混凝土布料机升至钢平台系统的上方，爬升靴组件带动升降平台沿爬升钢柱导轨爬升至钢平台框架梁位置，并通过升降平台的竖向支撑装置承力销与钢平台框架连接，见图10-7（b）。

为配合升降式混凝土布料机的使用，钢平台系统在混凝土布料机升降的部位设置开合式平台盖板。当混凝土布料机处于非工作状态时，开合式平台盖板处于平铺状态，提供材料及设备堆放的场地；当需进行混凝土布料浇筑施工时，开合式平台盖板竖直升起，形成混凝土布料机范围区域的保护围挡。

上述混凝土布料机升降式一体化技术，通过控制混凝土布料机的升降改变混凝土布料机与整体钢平台模架装备的空间关系，减少了混凝土布料机对整体钢平台模架装备施工的不利影响，有效保证了整体钢平台模架装备施工操作面的最优化利用。

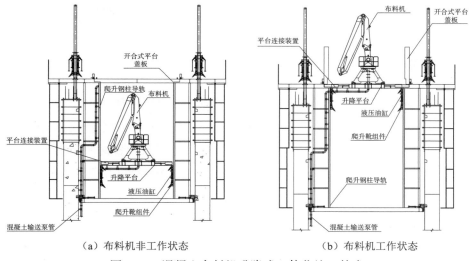

（a）布料机非工作状态 （b）布料机工作状态

图 10-7 混凝土布料机升降式一体化施工技术

10.3.3 全覆盖智能化布料技术

混凝土布料机与整体钢平台模架装备的一体化，不仅在于实现混凝土布料机与整体钢平台模架装备在结构上的一体化，还需实现混凝土布料机与整体钢平台模架装备一体的混凝土布料浇筑施工能力的提升。目前，超高结构施工现场混凝土布料浇筑往往会因阻挡而产生浇筑死角的问题，对施工质量带来影响。随着超高结构工程的不断增加，对智能化控制提出了新的要求。为此，通过研发多维度全覆盖自动化混凝土布料装备及工艺技术，并建立基于物联网的混凝土布料机远程智能管控系统，形成混凝土布料机与整体钢平台模架装备一体化的全覆盖智能化混凝土布料浇筑施工技术，实现超高结构混凝土高效、精准浇筑，更好的保证施工质量和施工效率。

为解决布料机在整体钢平台模架装备顶面实现混凝土全覆盖浇筑的问题，通过改进混凝土布料机臂架结构，研发超长多维布料机臂架系统及精准控制技术。这种臂架系统采用一种 Z 型折叠臂与横折臂相结合的多关节超长臂架结构，解决混凝土布料点受塔式起重机等障碍物阻挡时的布料浇筑施工难题；另外，通过建立轨迹精确控制技术以及系统约束及轨迹规划实时算法、速度闭环控制算法、轨迹闭环修正等独立模块，对混凝土布料机臂架轨迹及布料浇筑路径进行精确控制，实现混凝土的精准浇筑。

为解决整体钢平台模架装备爬升后混凝土布料机与输送管的快速精确连接难题，建立一种混凝土布料机与输送管的快速精确装配化的施工方法。基于装

349

配空间的数字化测量，建立输送管误差补偿尺寸数据库，通过安装输送管误差补偿装置，对输送管进行快速定位、连接、拆装及更换，实现施工现场管路与布料装备的快速精准定位连接，从而能够迅速开展混凝土布料机浇筑工作，提高工作效率。

为解决混凝土布料设备状态监控的问题，研发基于物联网的布料设备监控管理系统。为有效识别臂架操控动作、姿态变形和设备核心电液元件故障情况，选用高精度同步监测传感设备，形成有效的监测系统数据源。通过开发物联网数据采集终端、现场无线组网模块、远程无线数传模块等独立模块，实现现场设备与远程设备之间的数据交互及反馈控制。通过开发现场大屏显示即时监控管理系统、数据分析预警系统、移动端远程监控管理系统并进行有效集成，实现基于互联物联的从施工现场到远程监控端的多层级设备监控、故障诊断、安全管理、分析统计等功能。

上述混凝土布料机与整体钢平台模架装备一体化的全覆盖智能化布料技术，通过装备机械集成布料能力的升级，推动常规布料设备向与整体钢平台模架装备一体的全覆盖智能化布料设备的发展。

10.4　垂直运输塔机一体化技术

超高结构工程施工垂直运输塔式起重机通常都采用爬升式升高方法，由于塔式起重机型号规格越来越大，塔式起重机在混凝土结构上的附着点荷载也越来越大，相互之间的连接节点种类繁多，施工复杂又耗时。预埋件规格大、数量多，连接焊缝复杂且量大，这些已成为爬升式塔式起重机高空作业的明显特征。为了应对这个复杂施工问题，现场需要安排一组专业施工队为其服务，往往若干天时间才能完成塔式起重机的爬升准备工作。实现整体钢平台模架装备与垂直运输塔式起重机的一体化，发展协同爬升技术，有效提高施工效率已成为一种选择。

根据工程实践所得数据可知，人货两用电梯、混凝土布料机与整体钢平台模架装备一体化并不会增加模架装备用钢量。但对于塔式起重机，由于自重荷载及吊运荷载都很大，塔式起重机与模架装备一体化势必会明显增加模架装备用钢量，而使得模架装备造价明显提升。工程实践告诉我们，如果只追求塔式起重机与模架装备的一体化，而忽略了模架装备的成本是不可持续的。只有在适量增加模架装备成本的基础上，实现塔式起重机与模架装备的一体化才是发展方向。

塔式起重机与整体钢平台模架装备一体化方式众多，选择合适的方式至关重要。虽然塔式起重机与模架装备一体化技术避免了塔式起重机附着混凝土墙体结构增加的复杂繁琐施工过程，但会增加模架装备附着混凝土墙体结构的复杂程度。故模架装备附着混凝土墙体结构的技术方法应简单便于实施，不能简单了塔式起重机而复杂了模架装备。

10.4.1　塔式起重机一体化结构设计

垂直运输塔式起重机与整体钢平台模架装备一体化的技术路线遵循简单易行，保持模架装备与混凝土墙体结构连接采用承力销接触式的支撑方法，不增加模架装备与混凝土墙体结构的连接难度；塔式起重机与模架装备一体化表现在同体爬升和异体作业，塔式起重机荷载传递给模架装备的筒架支撑系统，再由筒架支撑系统传递给混凝土墙体结构，故塔式起重机与模架装备的一体化关键在于相互结构的一体化。

在整体钢平台模架装备设计中，根据荷载设置大承载力筒架支撑系统与大承载力钢梁爬升系统。塔式起重机标准节支撑连接于筒架支撑系统结构的顶部，形成塔式起重机结构与筒架支撑结构的一体化，见图 10-8。在作业阶段，塔式起重机的自重荷载及作业产生的竖向荷载、水平荷载、倾覆弯矩通过筒架支撑系统直接传递给混凝土墙体结构；在爬升阶段，塔式起重机的自重荷载通过筒架支撑系统传递至钢梁爬升系统，再传递给混凝土墙体结构，塔式起重机的水平荷载通过筒架支撑系统直接传递给混凝土墙体结构。

筒架支撑系统由竖向型钢杆件、水平型钢杆件、斜腹杆、

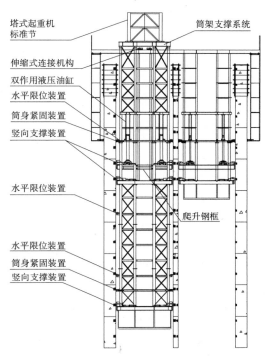

图 10-8　塔式起重机与模架装备一体化

筒架吊脚手架、伸缩式连接机构、筒身紧固装置、水平限位装置、竖向支撑装置等组成；钢梁爬升系统由爬升钢框、双作用液压油缸动力系统、钢梁限位装置、竖向支撑装置、活塞杆连接件等组成。筒架支撑系统设置高承载力的筒身紧固装置用于顶紧混凝土墙体结构，保证与塔式起重机一体化的筒架支撑系统处于稳固承力状态，见图10-9。筒架支撑系统上设置两道竖向支撑装置、三道水平限位装置、两道筒身紧固装置、一道伸缩式连接机构；钢梁爬升系统上设置一道竖向支撑装置、一道钢梁限位装置。竖向支撑装置、筒身紧固装置均由双作用液压油缸动力系统驱动。

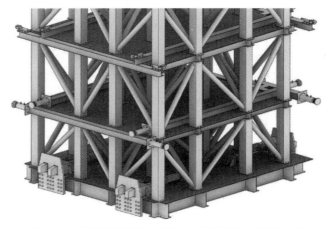

图 10-9　筒身紧固装置可用于顶紧混凝土墙体结构

筒架支撑系统的竖向型钢杆件、水平型钢杆件，钢梁爬升系统的爬升钢框、双作用液压油缸等相比常规筒架支撑系统及钢梁爬升系统，在型钢规格及油缸额定承载力方面都有明显的增大。筒架支撑系统还通过增设斜腹杆来提高整体抗侧刚度，以保证塔式起重机在作业阶段倾覆弯矩的顺利传递。顶部的伸缩式连接机构与钢平台框架在爬升阶段进行一体化连接形成相互约束状态，在作业阶段进行分离保证相互的独立性，见图10-10。整体钢平台框架连接与塔式起重机一体化的筒架支撑系统以及其他常规筒架支撑系统，共同实现协同爬升以及分离作业。

为满足塔式起重机重型荷载向混凝土墙体结构传递的严苛要求，保证混凝土墙体结构的受力安全，实现相应的结构受力转换，对于与塔式起重机一体化的筒架支撑系统从常规的一道竖向支撑装置增加到二道，水平限位装置从二道增加到三道，增设筒身紧固装置二道；但其他非一体化的筒架支撑系统仍然采用常规的筒架支撑系统。

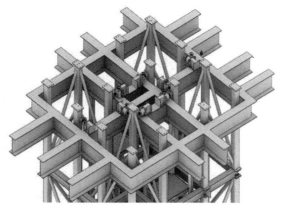

图 10-10　伸缩式连接机构用于相互的约束或分离

　　竖向支撑装置承力销接触式支撑连接方式不变，设计新型的多点接触式传力方式，设置双承力销的竖向支撑装置分担竖向荷载，相应预留成对的混凝土结构支承凹槽，见图 10-11。在爬升阶段，筒架支撑系统的上竖向支撑装置与钢梁爬升系统的竖向支撑装置进行交替支撑，完成爬升作业；在作业阶段，筒架支撑系统的下竖向支撑装置承受竖向荷载，二道筒身紧固装置承受水平荷载，确保筒架支撑结构及塔式起重机结构的作业稳固性。

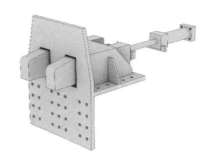

　（a）成对混凝土结构支承凹槽　　　　（b）双承力销竖向支撑装置

图 10-11　多点接触支撑式竖向支撑装置

　　筒架支撑系统的水平限位装置在作业阶段和爬升阶段均需实现水平荷载的可靠传递，因此，采用液压油缸动力系统控制的筒身紧固装置与水平限位支撑装置交替工作的方式。在作业阶段，筒身紧固装置顶紧混凝土墙体结构，用于将塔式起重机作业过程由倾覆弯矩分解产生的上、下水平荷载传递给混凝土墙体结构；在爬升阶段，筒身紧固装置退出工作，水平限位装置的滚轮与混凝土墙体结构进行滚动接触支撑，实现水平荷载向混凝土墙体结构的可靠传递。

10.4.2 塔机一体化施工技术

整体钢平台模架装备与塔式起重机一体化施工需实现作业阶段二者的异体独立工作以及爬升状态二者的同体集成。在作业阶段，顶部的伸缩式连接机构回缩，使得塔式起重机结构与整体钢平台模架结构分离；筒架支撑系统的下道竖向支撑装置承力销搁置支撑于混凝土结构支承凹槽，将竖向荷载均匀传递给混凝土结构；二道筒身紧固装置在自锁油缸动力的作用下顶紧混凝土墙体结构，用于平衡塔式起重机作业过程产生的倾覆弯矩。在爬升阶段，顶部伸缩式连接机构伸出，在筒架支撑系统与钢平台框架之间形成相互约束状态；二道筒身紧固装置在油缸动力的作用下回缩，水平限位装置的滚轮沿混凝土墙体结构滚动支撑，保证筒架支撑系统的空间姿态，将爬升过程产生的水平荷载传递给混凝土墙体结构；筒架支撑系统与钢梁爬升系统进行交替支撑爬升，在双作用液压油缸动力系统的驱动下，实现塔式起重机与整体钢平台模架装备的同步爬升。

下面介绍整体钢平台模架装备与塔式起重机一体化的爬升作业流程。以下流程仅描述涉及与塔式起重机连接的筒架支撑系统以及钢梁爬升系统的爬升作业，位于非塔式起重机一体化位置的整体钢平台模架装备爬升作业流程见第7.3.1节。

塔式起重机与整体钢平台模架装备一体化的爬升作业流程如下：

1）前续混凝土结构层施工完毕进行爬升准备工作，塔式起重机停止作业转为爬升模式，驱动顶部伸缩式连接机构使得筒架支撑系统水平顶紧钢平台框架，水平限位装置滚轮就位，筒架支撑系统上、下两道筒身紧固装置油缸回缩使其脱离混凝土墙体结构，见图10-12（a）；

2）通过双作用液压油缸活塞杆回缩带动钢梁爬升系统上升，钢梁爬升系统的竖向支撑装置承力销伸出搁置支撑于混凝土墙体结构，完成与筒架支撑系统的受力转换；

3）筒架支撑系统的下竖向支撑装置承力销回缩；双作用液压油缸顶升筒架支撑系统升高半层，筒架支撑系统的上竖向支撑装置承力销伸出搁置支撑于混凝土墙体结构，双作用液压油缸活塞杆回缩带动爬升钢梁系统上升，钢梁爬升系统的竖向支撑装置承力销伸出搁置于混凝土结构，完成与筒架支撑系统的受力转换；

4）筒架支撑系统的上竖向支撑装置承力销回缩；双作用液压油缸再次顶升

筒架支撑系统升高半层，筒架支撑系统的下竖向支撑装置承力销伸出搁置支撑于混凝土墙体结构，完成与钢梁爬升系统的受力转换，从而实现塔式起重机与整体钢平台模架装备同步爬升一层的高度，见图 10-12（b）；

5）爬升完成后，驱动顶部伸缩式连接机构回缩，实现筒架支撑系统与钢平台框架的分离，筒架支撑系统上、下筒身紧固装置的自锁油缸顶紧混凝土墙体结构，进行混凝土结构层施工，塔式起重机可进行作业，见图 10-12（c）。

整体钢平台模架装备与大型塔式起重机的一体化，实现了整体钢平台模架装备与超高结构施工现场最为重要的垂直运输施工机械的集成应用，为超高结构工程建造提供了一种新的施工模式。

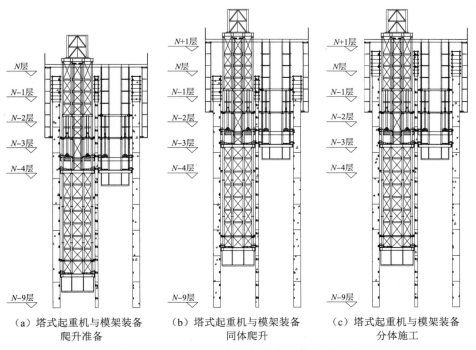

（a）塔式起重机与模架装备　　（b）塔式起重机与模架装备　　（c）塔式起重机与模架装备
　　　　爬升准备　　　　　　　　　　　同体爬升　　　　　　　　　　　分体施工

图 10-12　塔式起重机与模架装备一体化施工流程

10.5　辅助起重行车一体化技术

针对整体钢平台模架装备覆盖混凝土核心筒结构施工，使得混凝土核心筒内部构件塔式起重机无法吊装，研发了整体钢平台模架装备与辅助起重行车一体化的施工技术。辅助起重行车设置在整体钢平台模架装备底部，并与整体钢平台模架装备实现同步爬升协同施工。辅助起重行车所吊物料从施工的结构层中部进入，由辅助起重行车负责混凝土核心筒结构内部相应构件的吊装，提高工作效率。

在超高结构施工中，混凝土核心筒结构内部受整体钢平台模架装备阻挡，混凝土核心筒内部的构件难以利用塔式起重机直接吊装，大量的钢构件、设备管道、施工材料通常只能通过混凝土核心筒结构门洞运送至混凝土核心筒内部施工区域，这种水平运输依靠人工居多，给施工进度带来了影响。为了解决这个问题，有两种可以选择的施工方法。一是在核心筒空格上方位置的整体钢平台框架上设置可以开启的钢平台盖板，吊装时打开钢平台盖板，吊装完关闭钢平台盖板；二是辅助起重行车与整体钢平台模架装备一体化的施工方法，采用依附在整体钢平台模架装备底部的单轨辅助起重行车，物料从完成的结构外侧进入，通过辅助起重行车完成核心筒内部构件的吊装工作，这种施工方法既不占用整体钢平台模架装备的作业空间，又可节约混凝土核心筒结构施工时间。

辅助起重行车的单轨钢梁采用工字钢制作，通过高强度螺栓连接于整体钢平台模架装备底部钢梁。在单轨吊钢梁的下翼板两侧嵌装电动提升机的双排滚轮，电动提升机沿着单轨吊钢梁移动。作业时将构件水平运输至电动提升机工作范围进行吊装，在牵引电机的驱动下，电动提升机带动构件沿着单轨吊钢梁的延伸方向前后移动，将构件运送至待安装的位置。

为满足辅助起重行车检修需要，在单轨吊一侧平行设置作业人员检修平台，检修平台由型钢、脚手钢管制作形成。为方便检修人员进入检修平台，在整体钢平台模架装备底层靠单轨吊钢梁端开设通道，非检修状态通道处于封闭状态。

辅助起重行车与整体钢平台模架装备一体化，提供了混凝土核心筒内部构件吊装的一种选择，实现了混凝土核心筒内部水平结构的高效安全同步施工，提高了施工效率。

参考文献

[1] 中华人民共和国建设部 . GB 50113—2005.滑动模板工程技术规范 [S]. 北京：中国计划出版社，2005

[2] 中华人民共和国住房和城乡建设部 . JGJ 195—2010.液压爬升模板工程技术规程 [S]. 北京：中国建筑工业出版社，2010

[3] 范庆国，龚剑 . 华夏第一楼——上海金茂大厦主体结构的模板系统 [J]. 建筑施工，1998（5）：8-14

[4] 龚剑，周虹，李庆，刘伟 . 上海环球金融中心主楼钢筋混凝土结构模板工程施工技术 [J]. 建筑施工，2006，28（11）：855-859

[5] 龚剑，李鹏，扶新立，刘伟 . 上海环球金融中心核心筒结构施工中格构柱支撑式整体自升钢平台脚手模板系统施工技术 [J]. 建筑施工，2006，28（12）：953-958，963

[6] 周虹，龚剑，李庆 . 上海环球金融中心主楼核心筒钢平台模板脚手系统超高空转换施工技术 [J]. 建筑施工，2008，30（5）：386-389

[7] 李鹏，龚剑 . 上海环球金融中心核心筒劲性桁架层结构模架施工创新 [J]. 建筑施工，2008，30（8）：633-636

[8] 李鹏 . 南京紫峰大厦整体自升式钢平台脚手模板体系通过钢结构桁架层的施工技术 [J]. 建筑施工，2008，30（8）：671-673

[9] 范胜东 . 紫峰大厦钢平台整体提升穿越桁架层施工技术 [J]. 建筑施工，2009，31（10）：864-866

[10] 孙允英，唐雄威 . 金陵第一楼——南京紫峰大厦主楼第一道桁架层施工技术 [J]. 建筑施工，2007，29（9）：691-693，699

[11] 林海，龚剑，倪杰，崔晓强，李子旭，胡志乔 . 整体提升钢平台系统在广州新电视塔核心筒施工中的应用 [J]. 施工技术，2009，38（4）：29-32

[12] 龚剑，林海 . 广州电视塔建造中的劲性钢柱联合内筒外架支撑式整体钢平台模架技术应用 [J]. 建筑施工，2014，37（3）：270-276

[13] 龚剑，朱毅敏，徐磊 . 超高层建筑核心筒结构施工中的筒架支撑式液压爬升整体钢平台模架技术 [J]. 建筑施工，2014，36（1）：33-38

[14] 龚剑，佘逊克，黄玉林 . 钢柱筒架交替支撑式液压爬升整体钢平台模架技术 [J]. 建筑施工，2014，36（1）：47-50

[15] 扶新立，李阳，梁颖元，黄立雄 . 钢柱筒架交替支撑式整体爬升钢平台模架装备技

术研究及应用 [J]. 建筑施工，2014，36（4）：390-394

[16] 中华人民共和国住房和城乡建设部 . GB 50009—2012. 建筑结构荷载规范 [S]. 北京：中国建筑工业出版社，2012

[17] 黄玉林，夏巨伟 . 超高结构建造的钢柱筒架交替支撑式液压爬升整体钢平台模架体系计算分析 [J]. 建筑施工，2016，38（6）：743-746

[18] 王小安，梁颖元，李阳，黄国华 . 筒架与筒架交替支撑式液压爬升整体钢平台模架设计计算分析 [J]. 建筑施工，2014，36（4）：383-389

[19] 龚剑，周涛 . 上海环球金融中心核心筒结构施工中的格构柱支撑式整体自身钢平台脚手模板系统设计计算方法研究 [J]. 建筑施工，2006，28（12）：959-963

[20] 徐伟，孙旻，骆艳斌，龚剑 . 上海环球金融中心整体钢平台模板体系动力可靠性分析 [J]. 建筑技术，2008，39（5）：336-339

[21] 龚剑，赵传凯，杨振宇 . 筒架支撑式整体钢平台模架体系风致响应研究 [J]. 建筑结构学报，2016，37（12）：49-57

[22] 高原，龚剑，赵传凯，杨振宇，谢强 . 上海中心整体钢平台系统风致响应风洞试验研究 [J]. 建设科技，2015（3）：74-77

[23] 中华人民共和国住房和城乡建设部 . GB 50017—2017. 钢结构设计标准 [S]. 北京：中国建筑工业出版社，2017

[24] 王小安 . 整体爬升钢平台模架体系中的筒架支撑系统结构弹性屈曲性能分析 [J]. 建筑施工，2015，38（1）：62-65

[25] 王小安 . 筒架支撑系统在竖向荷载下的稳定承载性能及设计方法研究 [J]. 建筑结构，2017，47（增）：173-180

[26] 夏巨伟，黄玉林 . 钢柱筒架交替支撑式液压爬升整体钢平台模架体系爬升系统的稳定分析与设计 [J]. 建筑施工，2017，39（10）：1533-1535

[27] 扶新立 . 广州新电视塔核心筒整体自升式钢平台安装施工技术 [J]. 建筑施工，2009，31（8）：656-659

[28] 马静 . 上海国际航空服务中心核心筒液压爬升整体钢平台模架安装技术研究 [J]. 建筑施工，2015，37（11）：1301-1303

[29] 扶新立，马静，秦鹏飞 . 筒架支撑式液压爬升整体钢平台的模架安装 [J]. 建筑施工，2014，36（1）：39-42

[30] 倪冬燕 . 钢梁与筒架交替支撑式整体钢平台模架拆除技术 [J]. 施工技术，2018（06）：39-42

[31] 王长钢，扶新立 . 超高层建筑核心筒整体钢平台模架拆除技术研究 [J]. 建筑施工，

2015，38（2）：184-185

[32] 张秀凤.钢柱支撑式整体钢平台模架装备在上海国际航空服务中心塔楼施工中的应用 [J].建筑施工，2015，37（11）：1304-1306

[33] 朱毅敏，扶新立，秦鹏飞.筒架支撑式整体钢平台模架装备越过伸臂桁架层的施工技术 [J].建筑施工，2014，36（1）：43-46

[34] 张秀凤，扶新立.超高层建筑核心筒整体钢平台模架装备跨越桁架层的施工关键技术 [J].建筑施工，2018，40（2）：210-212，225

[35] 马静，扶新立.南京金鹰广场 T2 塔楼钢柱支撑式整体钢平台桁架层施工技术 [J].建筑施工，2018，40（1）：60-62

[36] 黄玉林，扶新立，范方华.钢柱筒架交替支撑式整体钢平台模架装备的桁架层施工 [J].建筑施工，2014，36（1）：54-56

[37] 扶新立.广州新电视塔核心筒整体自升式钢平台空中分体施工技术 [J].建筑施工，2009，31（8）：660-663

[38] 王小安.用于高层混凝土结构建造的爬升钢梁结构模块化设计方法研究 [J].建筑结构，2015，45（增）：1012-1018

[39] 秦鹏飞，王小安，穆荫楠，扶新立.钢梁与筒架交替支撑式整体爬升钢平台模架的模块化设计及应用 [J].建筑施工，2018，40（6）：919-921，932

[40] 秦鹏飞.工具式钢平台模架装备在超高层塔楼施工中的应用 [J].建筑施工，2015，37（11）：1295-1297

[41] 扶新立.上海大中里高层住宅建造模架装备整体同步顶升技术研究 [J].建筑施工，2014，36（6）：717-719

[42] 龚剑，李增辉，施雯钰，徐磊.整体钢平台模架装备液压同步顶升性能分析 [J].建筑施工，2014，36（4）：378-382，389